❖74種壽司料×161道下酒菜

壽司師傅的海鮮備料技法

前言

似乎沒有像壽司那樣，日新月異持續在進化的料理了——
聽到這樣的說法，是否覺得意外呢？

舉例來說，醋漬或醬油漬的技法，隨著流通網路的發達，
「保存」的用意漸漸變弱，轉變成為了讓素材保持原有的優良狀態，
並且做出美味料理的工序。
而且，因捕魚法的進步，處理的魚種增多，
每天都有配合該魚種的特徵所產生的備料新方法。

此外，「主廚搭配套餐」的普及和女性客人的增加促使握壽司小型化，
漸漸開始要求更加細緻的備料工作。

本書收錄了從資深老手到傑出新銳共35名壽司師傅所製作的，
74種變化豐富的壽司料和161道下酒小菜。

即使是處理相同的素材，也會因店、因人而有各種不同的考量。
星鰻外皮的黏液要清除還是要保留呢？
燙煮章魚時是否要加入蘿蔔泥呢……？
逐一看來，也許都是細微的不同之處。
但是，這類細小的差異層層累積下來，
就會糾結在一起，產生巨大的差異吧。

全靠海鮮一決勝負的壽司店才擁有的技術與
為了毫不浪費地將素材充分利用完畢所花費的心思，
對於與料理相關的所有從業人員而言，這是創意的寶庫。
裡面充滿了創新料理的靈感。

本書是以《專業料理月刊（月刊専門料理）》2013年1月號～2016年1月號連載的
「壽司師傅的握壽司和下酒菜（鮨職人の握りと酒肴）」單元為基礎，
進行大幅度的增刪、修正，增加重新拍攝的照片之後，匯集成書。

依照不同的店家，現今的備料內容或步驟
有的與連載當時並不相同。
如有這種情形發生，則是以連載當時的工作為本，針對變更的部分加以修正。

CONTENTS

蝦、蝦蛄、螃蟹的備料

烏賊、章魚的備料

貝類的備料

其他素材的備料

第二章　壽司店的下酒菜

生魚片　醋漬　昆布漬

珍味

拌菜　醋拌菜　醬漬菜

煮物　蒸物　水煮物

烤物 炸物

拼盤

湯品

米飯

攝影 合田昌弘
天方晴子
大山裕平
東谷幸一

設計 荒川善正(hoop.)

取材、編輯 河合寛子

編輯 淀野晃一(連載責任編輯)
丸田 祐

第一章　壽司料的備料

紅肉魚的備料

醬油漬鮪魚腹肉

岩 央泰（銀座 いわ）

「醬油漬」是由「醃漬」衍生出來的名詞，指的是用以醬油為主體的調味料醃漬而成的東西。這是在沒有冷藏設備的江戶時代，為了使鮪魚經得起久放而想出來的技法，原本是用來處理鮪魚赤身，現在則廣泛運用在鮪魚腹肉和白肉魚等食材上面。

黑鮪魚（本鮪魚）的大腹肉。這是油脂成分最多的腹肉部位，照片中是最靠近腹部，稱為「蛇腹」的部分。因為具有條紋狀的脂肪紋路而得此名。岩先生連中腹肉也會以長方形魚塊做成醬油漬。

◆製作稀釋液

醃漬鮪魚的稀釋液（醃漬液）。將醬油、酒、味醂或砂糖、水加在一起煮滾，待完全放涼之後才使用。調味料的比例在每次備料時都會依據預估的醃漬時間而有所變動。

◆以湯霜法處理鮪魚腹肉

為了使鮪魚腹肉的表面硬化，適度地去除油脂成分，要在滾水中汆燙一下。將鮪魚腹肉放入已經煮滾的熱水中，經過5秒左右，表面就會變白變硬（照片上）。為了避免加熱過度，迅速地將鮪魚腹肉移至冰水中（下），浸泡30秒左右使之變涼。

將切塊的鮪魚腹肉以湯霜法處理，再以壽司醬油醃漬

現今被稱為醬油漬的東西有兩種，一種是以長方形魚塊長時間醃漬而成，另一種則是將一貫份的魚片只醃漬1分鐘～數分鐘而成。以長方形魚塊製作的前者是以耐久放為目的的江戶前傳統方法，而醬油漬魚片則是藉由冷藏變得可以保持魚的新鮮度之後出現的新做法。

本店以這兩種方式將鮪魚赤身做成醬油漬，但是鮪魚腹肉只以長方形魚塊製作。這是因為鮪魚腹肉含有豐富的油脂成分，會排斥醃漬液，所以體積小的魚片只靠短時間的醃漬會無法入味的緣故。現代的醬油漬，不只是為了保存而已，另一個目的就是讓魚肉吸收醬油和酒的鮮味。

那麼，以長方形魚塊製作的醬油漬，一開始先浸泡在熱水中，以湯霜法處理表面，這是傳統的方法。原本是為了防止魚肉氧化所進行的工序，而今原本的目的雖已淡化，但是就鮪魚腹肉來說，卻有助於適度地去除油脂，讓醬油適度地滲透到魚肉裡。

以湯霜法處理表面之後，接著就是以醬油醃漬。在江戶時代好像是以純粹的生醬油醃漬，而現在一般的作法都是以加入酒等之後加熱過的「壽司醬油」醃漬，做出醇厚溫和的味道。本店將這種醃漬液稱為「稀釋液」，除了酒之外，有時會加入味醂或砂糖，有時會以水調稀，每次備料時調味料的比例和醃漬的時間都會有所變動。

如果設定以醃漬時間最短的4～5小時製作，當天提供的話，就要調整成甜度低，水分少，較濃的醬油味。如果要長時間醃漬1～2天的話，反而甜味要勝出，水分多一點，把醬油味調淡。今天買進的食材要何時端上桌這類管理上的問題，或是要做成什麼口味這類風味的變化等，從各種觀點切入來改變備料的方法。

◆在稀釋液中醃漬

以廚房紙巾擦乾表面（照片上），然後放入稀釋液中醃漬（下）。如果要當天使用的話就在常溫中醃漬4～5小時，如果預定在隔天、第3天使用的話，要放在味道清淡的稀釋液中醃漬，然後放入冷藏室保存。從稀釋液中取出之後，擱置一會兒魚肉就會變硬，所以直到使用之前都要放在稀釋液中備用。

經過數小時所完成的醬油漬。稀釋液也適度地滲入到內側。醬油漬「蛇腹」適合作為下酒菜，但是同樣的大腹肉也有網狀油花分布的「霜降」部分，因為不容易塌陷變形，所以適合用來製作握壽司。

醬油漬鮪魚大腹肉

厨川浩一（鮨 くりや川）

香氣豐富、鮮味濃縮、油脂的甜味入口即溶，三者融合為一體在嘴裡擴散開來的大腹肉。
將從熟成了10天左右的黑鮪魚切出的
大腹肉以壽司醬油醃漬，做成醬油漬，
即使油脂很多，肉質也緊實得恰到好處，風味也濃縮起來。

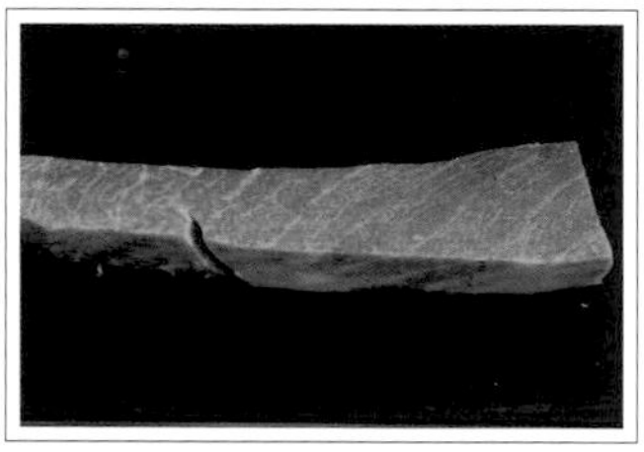

大腹肉是腹肉之中油脂成分最多的部位。照片中是已經熟成10天左右，青森縣尻勞產的黑鮪魚大腹肉。本店購入以數十kg為單位的大型魚塊，將它熟成之後依赤身、中腹肉、大腹肉各個部位分切開來，修整切塊。

◆將大腹肉熟成後修整切塊

因為在購入階段，熟成正進行到某個程度，所以在無法明確地斷定熟成期間的情況下，要靠表面的色澤和柔軟度來判斷最好吃的時候。這次是已經熟成10天左右。將大腹肉修整切塊，仔細切除已經變黑的部分。

◆以湯霜法處理

將大腹肉放入沸騰的熱水中過一下水。經過3～4秒，整個表面稍微變白之後即可取出（照片右），為了避免餘溫繼續加熱，立刻移至冰水中（左上）。浸泡30秒左右，待魚塊變涼之後以乾抹布包起來，徹底擦乾水分（左下）。厨川先生表示：「過一下熱水除了可以讓肉質變得緊實之外，表面變粗糙之後比較容易沾裹壽司醬油。」

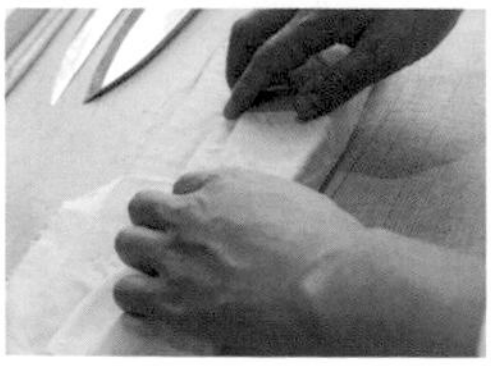

熟成之後直接以長方形魚塊醃漬

「醬油漬」是沒有冷藏設備的江戶時代，為了防止容易腐壞的鮪魚新鮮度降低而廣為利用的，以醬油醃漬的技法。據說當時喜歡以赤身製作，而油脂多的腹肉則遭到丟棄，而今則已經演變成各個部位的醬油漬鮪魚肉都能用來當成壽司料。我呢，也會綜合鮪魚的熟成程度、套餐的流程，以及客人的喜好等條件，每次都不限定使用哪個部位來製作醬油漬。

鮪魚在經過「味道最濃郁，最香醇」的判定之後，除了青森縣尻勞產的鮪魚之外，我只買進北海道噴火灣產等以定置漁網捕獲的鮪魚。鑑定品質時，顏色比油花的分布更重要。雖然是偏白色的大腹肉，但是呈鮮豔粉紅色的大腹肉，味道比較濃郁，也比較美味。

鮪魚到店裡後，立刻將以數十kg為單位的魚塊直接用廚房紙巾包住，裝入塑膠袋中，然後放入裝滿碎冰的保麗龍箱中冰鎮。要注意讓魚塊充分冷卻至中心部分，同時判定熟成後正適合享用的時機。

醬油漬一般有兩種作法，一種是以長方形魚塊為單位長時間醃漬，另一種則是將一貫份的魚片醃漬數分鐘，我的作法是前者。不過，為了將鮪魚的風味盡可能發揮到極致，醃漬時間以油脂豐富、不易入味的大腹肉大約是1小時，赤身則縮短為大約30分鐘。雖然成品率不高，但是熟成至最大限度的醬油漬鮪魚大腹肉卻格外美味。

藉由熟成使鮮味更明顯的大腹肉，比起直接以生魚肉製作，如果先以湯霜法處理之後再做成醬油漬的話，香醇的風味和甜味都會大增，味道也會變得更有深度。為了在入口時可以輕易地感受到鮪魚的油脂融化後釋出的鮮味，做成醬油漬的魚塊與其他的壽司料一樣，至少在捏製前30分鐘要放在常溫中回溫，這點也很重要。

◆以壽司醬油醃漬

將大腹肉淋上壽司醬油，直到有1/3左右浸泡在其中（照片上），以全體都淋到了醬油的狀態放置在常溫中。經過30分鐘左右，翻面（下），然後再放置30分鐘，合計醃漬大約1小時，讓大腹肉吸收醬油的味道和香氣。因為油脂成分多到會排斥醬油，所以要視情況調整醃漬的時間。壽司醬油是以香醇的能登產濃口生醬油為基底，加入酒和味醂、昆布和柴魚片調製而成（參照P.175）。

◆醃漬完成

醃漬完成的大腹肉長方形魚塊（照片上）。顏色變深，魚肉也變得緊實的狀態。以廚房紙巾徹底擦乾水分（下），放入木箱中，再放入冷藏室保存直到要上桌前。為了能更輕易感受到油脂融化後的鮮味，在上桌前30分鐘就從冷藏室取出，恢復至常溫。切下魚片，捏製成握壽司，以刷子刷上一層與醃漬大腹肉相同的壽司醬油之後即可上桌。

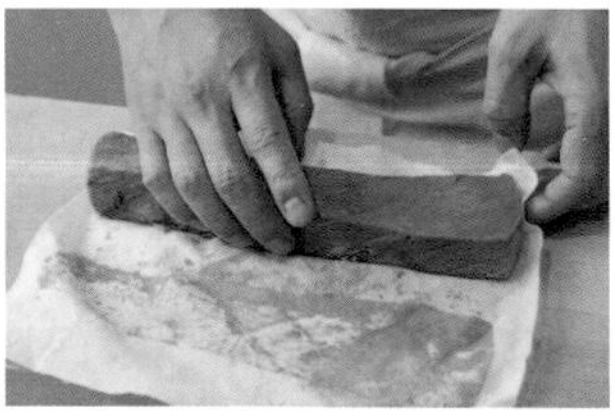

紅酒醬油漬鮪魚赤身

杉山 衞（銀座 寿司幸本店）

將傳統的醬油漬材料鮪魚赤身
以加入了紅酒的壽司醬油醃漬的「銀座 寿司幸本店」原創醬油漬。
這是現任店主杉山先生設計出來的菜色，
將醬油淋在赤身切片上面，增添風味。

黑鮪魚赤身。「醬油漬」一般都是以鮪魚的赤身來製作。「銀座 寿司幸本店」只有在製作紅酒醬油漬時，也會運用到油脂豐富的鰤魚、白魽和鯛魚。

◆將赤身切成一貫份

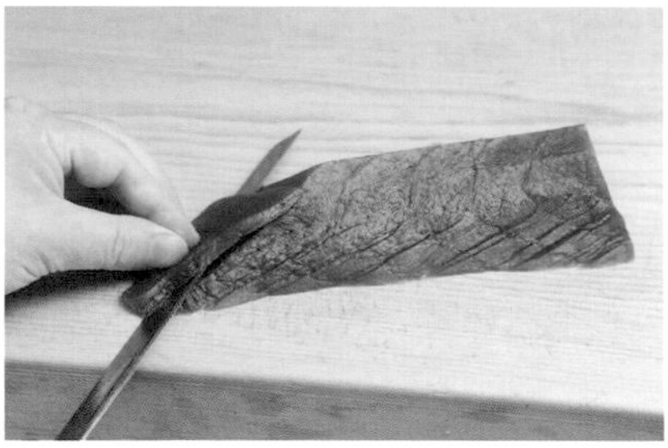

以前的醬油漬是以保存為目的，將每個長方形魚塊長時間醃漬在醬油中，到了現代則變成以調味為目的，以一貫為單位製作醬油漬的店家越來越多。從長方形魚塊分切成1片份。

◆淋上壽司醬油

將壽司醬油淋在赤身切片上。以將濃口、淡口的醬油與酒、味醂加在一起，煮到酒精成分蒸發而成的壽司醬油，製作出降低了鹹度的溫和味道。

為了佐以紅酒一起享用所製作的醬油漬握壽司

紅酒醬油漬是在壽司醬油中淋上一點紅酒，將鮪魚赤身醃漬而成。我從20多年前繼承這家店時開始端出這道料理。

因為我自己是葡萄酒的愛好者，而且希望能搭配壽司一起品嘗葡萄酒的客人也開始變多，所以就開始充實葡萄酒的陣容（現在的存貨大約有１００種）。有一次，我突然想到，對於正在喝葡萄酒的人來說，淋一點葡萄酒在醬油漬上的話，可以增添風味，變得更加美味。

原本是在用來製作醬油漬的壽司醬油中摻入日本酒。因為加入酒的鮮味，可以緩和醬油的鹹味，提高保存性，而葡萄酒同樣也是酒精所以使用葡萄酒製作也很合理。再加上紅酒的香氣和濃醇的味道與醬油很契合。因此，只針對正在品嘗紅酒的客人，以相同品牌的紅酒製作醬油漬。如果以不同的紅酒製作，風味會不協調，所以以相同的葡萄酒製作為原則。順便一提，不使用感覺與醬油漬鮪魚赤身不對味的白酒和燒酎。

這個紅酒醬油漬不是以長方形魚塊製作，而是使用以一貫為單位的魚片製作。因為在醬油漬已經不是以保存為目的的現代，每次捏製握壽司時逐次少量調味的醬油漬魚片，相較之下比較能以均等的最佳狀態端上桌。

醃漬的時間，不論是一般的醬油漬還是紅酒醬油漬都一樣，是4～5分鐘，但是赤身也會因個體和部位的關係，油脂的分布有多有少，所以視肉質的差異有1～2分鐘的調整幅度。油脂肥美的魚片，因為液體不易滲入，所以需要稍久一點的時間，而油脂少的魚片因為液體很快就滲透進去，所以需要的時間稍短。些微的差異便足以影響醬油漬的美味程度。

◆淋上紅酒

接著淋上紅酒（照片上）。因為是提供給正在品嘗紅酒的客人享用的醬油漬，所以使用相同品牌的紅酒製作。以相對於壽司醬油1成左右的分量淋在魚片上，沾裏兩面，放置5分鐘左右（左）。以抹布擦乾水分之後捏製成握壽司。

鮪魚背鰭肉

佐藤博之（はっこく）

鮪魚的魚身依照脂肪含有量的不同，分成「大腹肉、中腹肉、赤身」3個部分，「背鰭肉」是包含在中腹肉的部位。它是位於背鰭根部兩側稀少的薄層，佐藤先生認為「這是最具魅力的中腹肉」，是他喜歡使用的部位。

背鰭肉是在背鰭下方橫跨左右的部位。照片中是背部單側的魚塊，左下角看起來很像淺色三角形的就是背鰭肉。三角形左下方的頂點是背鰭的根部。

◆將鮪魚背鰭肉修整切塊

沿著背鰭肉的邊界線下刀，修整切塊。往右下方斜斜切入就可以切下整塊背鰭肉，而照片中採用的是筆直切下的修整切塊法（照片上）。肉質是均一的中腹肉（下）。

◆切除硬筋

已經切除魚皮的那一面（修整切塊時位於下側那面），有好幾條硬筋穿過，所以要薄薄地削除。

肉質細緻柔嫩的背鰭肉

鮪魚中腹肉的肉質介於赤身和大腹肉之間，實際上，因為像是圍繞在中心側的赤身周圍一樣生長著，所以靠近赤身的肉、離開赤身靠近魚皮的肉，或是靠近腹側大腹肉的肉，因位置不同，油脂的多寡和纖維的柔軟度等都不一樣。

因此，將中腹肉修整切塊之後，在切成壽司料的時候，鐵質濃厚、靠近赤身的部分，以及油脂濃密、典型的中腹肉部分都要設法均等地包含在內。換句話說，所謂「從赤身到中腹肉」，以在色彩上還有味覺上形成漸層的方式切成魚片，享用兩者摻雜而成的味道的是一般的中腹肉。

但是，這次切下的「背鰭肉」是例外。這是離開赤身，位於背鰭正下方的小部位，是油脂肥美、肉質均一的中腹肉。質地細緻，味道軟黏，超越了漸層之味，對我而言是「中腹肉之中的中腹肉」。因為很柔嫩，所以與醋飯合為一體的感覺也很出色，即使切得稍厚一點，在口中也會輕柔地化開，所以我覺得是可以充分品嘗到鮮味、理想的中腹肉。

鮪魚生長到體型很大之後貯存了濃郁的味道，雖然有的作法是將這樣的鮪魚靜置好幾天，讓魚肉變軟之後再端上桌，但是本店挑選鮪魚的標準是從進貨當天起吃起來就很美味的魚貨。換句話說，就是選用魚體較小且肉質柔嫩，富有鮪魚特殊香氣的鮪魚。我喜歡的鮪魚，主要是在近海的定置網捕獲，具有立刻達到美味巔峰的新鮮感。

此外，鮪魚的味道會隨著季節更迭而改變。有濃厚的味道深具魅力的冬鮪，另一方面也有以爽口的味道為優點的夏鮪……我會隨著季節的不同，選擇優良的肉質，心繫著希望讓客人品嘗到不同的味道。

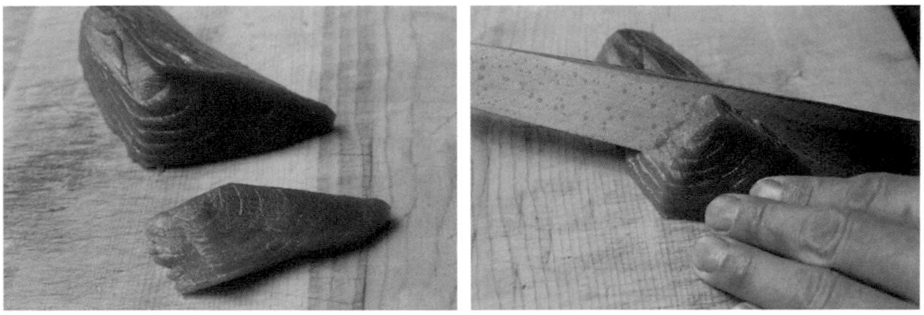

◆切成壽司料

從長方形魚塊切下握壽司用的壽司料（照片右）。因為肉質柔嫩，所以即使厚度切得比鮪魚的其他部位以及鮪魚以外的一般壽司料還要厚一點，吃起來依然很美味（左）。

◆以裝飾切法切入切痕

魚片切得較厚的時候，要以裝飾切法切入數道縱向的切痕。魚肉立刻在口中化開，口感變得鬆軟，容易入口。

黑鮪魚幼魚稻草燒

小宮健一（おすもじ處 うを徳）

鮪魚之王黑鮪魚（本鮪魚）的幼魚也很珍貴。
在關東稱為「MEJI」，關西則稱為「YOKOWA」。在「おすもじ處 うを徳」也一直備有成魚和MEJI。以稻草炙烤之後稍微以醬油醃漬，再捏製成握壽司。

MEJI是黑鮪魚的幼魚，市場上陳列的多半是20~30kg的幼魚。如照片中所示，將1尾幼魚縱切成1/4的魚塊販售，小宮先生購入的是背側的魚塊。

◆將MEJI分切開來

將1條魚塊分成3~4等份進行備料。照片中正在切除左邊的血合肉，將這個以大蒜醬油醃漬，調理成肉排或肉乾風味，作為下酒菜。

◆穿入鐵籤，以稻草炙烤

將鐵籤呈放射狀穿入魚塊中（照片上）。將稻草放入炒鍋中點火燃燒，在冒出火焰的地方烘烤魚塊，一邊翻面一邊以大約1分鐘半的時間將全體炙烤得很均勻（右）。

剛烤好時趁熱製作成醬油漬

本店以前只處理黑鮪魚的成魚，有一次，在築地市場被看起來很美味的MEJI肉吸引住目光，才首次嘗試購入。清爽的香氣和爽口的美味，與成魚相較，別具魅力，如今已是本店不可或缺的壽司料。

MEJI和成魚一樣，從赤身到大腹肉都有，本店購入的是可以輕易品嘗到爽口特性的背側肉（以赤身和中腹肉為主）。如果要將MEJI的優點發揮到極致，直接以生鮮狀態做成生魚片享用是最好的方法，捏製成握壽司的話，會比風味強烈的醋飯遜色，無法完全展現MEJI的優點。

因此，稍微以稻草炙烤一下再做成醬油漬，可以彌補香氣和味道的不足，與醋飯的味道保持均衡，努力做到即使是做成握壽司也很好吃。才剛吃進嘴裡，稻草燒的香氣和醃漬醬汁的味道便在口中擴散開來，在那之後MEJI原本的味道才會慢慢釋放出來。

此外，做成稻草燒的魚種以鰹魚為代表，一般來說是為了使魚皮變軟，或是要使魚皮沾染香氣才會使用稻草燒的作法。不過，MEJI在購入時就沒有魚皮了，還要達到讓全體帶有微微的香氣的目的，因此將1邊為20cm大小的稍大魚塊拿來炙烤，在短時間內燒烤至稍微加熱的程度。

還有，因為魚肉的體積大，餘溫繼續加熱的情況很輕微，所以剛烤好時不要急速冷卻，就這樣放置在常溫中放涼。我覺得在還留有餘溫的情況下直接製作成醬油漬，然後捏製成握壽司，似乎更能突顯出MEJI的美味程度。

基本上從第一位客人上門之後開始炙烤，將剛烤好的樣子給客人看過之後才捏製成握壽司。因為是以臨場感為訴求，所以這款令人印象最深刻的握壽司非常受到客人的喜愛。

◆放涼

將魚塊置於長方形淺盤中放涼。不須進行將它浸泡在冷水中之類的急速冷卻。「魚肉很厚，而且並沒有炙烤那麼久的時間，所以餘溫稍微加熱的程度恰到好處」（小宮先生）。

◆切開之後做成醬油漬

在還留著微溫的溫度時分切開來。看一下切面，發現周圍呈現稍微烤熟的狀態（照片上）。將它薄薄地切成握壽司使用的魚片，以加入了大蒜的割醬油（3種醬油、柴魚高湯、味醂）醃漬3分鐘左右（右），然後捏製成握壽司。

鰹魚半敲燒

中村将宜（鮨 なかむら）

**在秋～初冬時節由北方南下，油脂飽滿的鰹魚稱為返鄉鰹。
另一方面，被稱為初鰹、上行鰹魚的春～初夏的鰹魚，
脂肪少，肉質緊實，味道清淡。
這裡將以返鄉鰹為例，解說半敲燒的備料工作。**

將早上採買的鰹魚以三片切法剖開之後的狀態。採購事宜全權委託信賴的批發商，照片中雖是長崎縣對馬產的鰹魚，但是平常多半採用宮城縣氣仙沼產的鰹魚。新鮮鰹魚的特徵是，腹部魚皮的條紋很清楚，魚眼清澈透亮等。

◆將鰹魚清理乾淨

將以三片切法剖開的鰹魚切下頭側的部分，呈三角形，然後切除血合肉。削除有腹骨的部分，修整形狀讓腹肉側變得平坦。與魚皮相鄰的泛白部分是脂肪，「魚肉的顏色是鮮紅的，油脂肥美的魚肉味道濃郁又美味。」中村先生說道。

◆抹滿鹽

在魚皮那面抹上鹽20g，放置在常溫中20分鐘左右。雖然這是為了將水分排除之後去除鰹魚的腥臭味，但是也多少將味道濃縮起來。以廚房紙巾包住，吸收水分，並且擦掉鹽分。

◆在魚皮那面淋上酒

將鐵籤插入魚皮和魚肉之間，然後只在魚皮那面淋上少量的酒。這麼做除了很容易發生梅納反應烤得香氣四溢之外，也是為了沖洗掉鹽分。傾斜地拿著鰹魚，讓酒細細地流出，倒在鰹魚上。

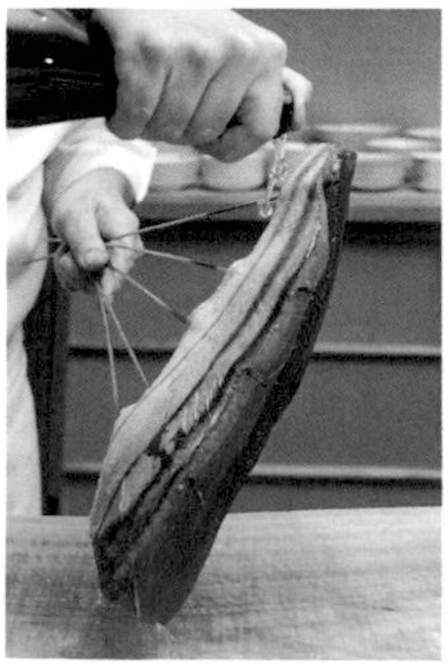

不要將魚肉烤熟，煙燻之後再炙烤

在江戶時代，鰹魚，尤其是初春時期的鰹魚好像大受歡迎。不過，當時並沒有把鰹魚當成壽司料，聽說變成用來捏製握壽司是從進入昭和時代之後才開始的。

鰹魚的產季有春～初夏和秋～初冬2次。我認為，軟黏又有濃郁鮮味，還微帶甜味的返鄉鰹，品質是最好的，所以只在秋～初冬時期採購鰹魚。因為鰹魚會很快劣化，色澤也會明顯變黑，所以1天之內要使用完畢是不可更改的鐵則。

以我個人來說，多半將鰹魚做成下酒菜，但是不論是下酒菜也好，還是捏製成握壽司，為了軟化魚皮、掩蓋獨特的腥味，一定都是做成半敲燒。

因為半敲燒會在口中留下濃郁的味道，所以做成下酒菜的話，要在套餐端出6道左右下酒菜的後半段提供。捏製成握壽司的話，要塗上一抹壽司醬油，再添上生薑泥之後端上桌。可以感受到軟黏的口感、鰹魚的鮮味，以及獨特的煙燻香氣，生薑的辛辣味道有畫龍點睛的效果。

將鰹魚做成半敲燒時的冒煙方式和加熱時間，在不把魚肉烤熟的情況下，為了找出可以沾染更多煙燻香氣的重點，不斷地反覆進行試驗。

一般來說，鰹魚多半是以直火炙烤，讓鰹魚籠罩在當時冒出的煙裡面，沾染好聞的香氣，但是我採用的手法是將稻草蓋在燃燒的木炭上讓它冒煙，先只用煙燻染之後，才將稻草點火燃燒，炙烤魚皮那一面。因為我覺得，燃燒的火焰很難調整火勢的大小，如果一邊炙烤鰹魚一邊同時用煙燻染，等待鰹魚沾染燻香時，魚肉就會加熱過度。為了防止那樣的情況發生，所以事先將充分燻香的工序和炙烤魚皮那一面的工序分別進行。

◆煙燻之後再炙烤

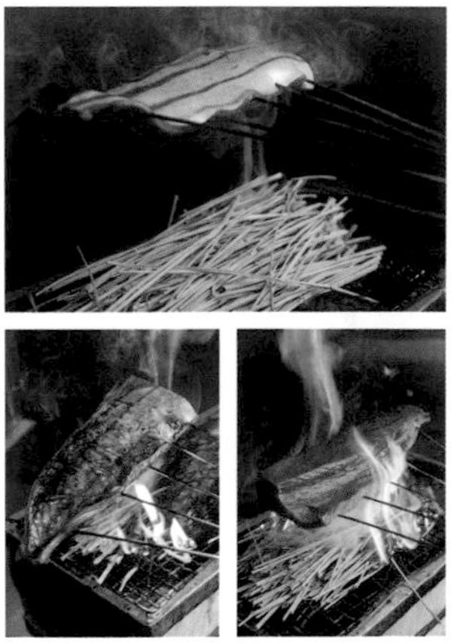

將木炭生起火之後蓋上稻草。冒出很多煙之後，把鰹魚的兩面放在煙上面燻香（照片上）。在炙烤之前先進行煙燻，可以不用在意火勢大小，讓鰹魚沾染煙燻的香氣。接著將稻草點燃，炙烤魚皮那一面。從堅硬的魚尾那端開始烤，慢慢移動位置，均勻地烤上色（下右）。經過不到1分鐘，翻面，將魚肉那一面迅速加熱一下（下左），然後立刻移離火源。魚肉不要烤熟，只是稍微變熱而已。此外，擱置一陣子之後香氣會變淡，魚肉也會變得水水的，所以這個工序要在即將上菜前進行。

◆切成魚片之後切入切痕

將鰹魚切成1cm左右的厚度。為了將魚片放在舌面上時能輕易感受到鮮味，在單側的切面切入細細的切痕之後，將那一面朝上捏製成握壽司。

真旗魚腹肉

油井隆一（㐂寿司）

以前真旗魚曾是代表江戶前壽司的壽司料，最近壽司店卻很少使用了。
除了漁獲量減少之外，鮪魚受到壓倒性的歡迎，
或是漸漸無人繼承技術等，主要的原因似乎很多。
「㐂寿司」自從創業以來就一直維持傳統，採用真旗魚為壽司料。

「㐂寿司」供應的是真旗魚的腹肉（照片右）。相當於鮪魚的大腹肉，是油脂最肥美的部位。左邊的照片是魚鱗。因為魚鱗的末端尖銳，像魚骨一樣堅硬，所以不能讓魚鱗殘留。

◆切除真旗魚的內臟膜

將位於腹肉的內側、包覆著內臟的膜，以菜刀從切面一路切過去，將它剝除（照片右），然後切除腹肉的邊緣（左）。因為魚肉柔嫩，尤其是成為蛇腹的部分，肌肉層容易散開，所以重點在於要減少菜刀多餘的動作，修整得乾淨俐落。此外，照片中的魚塊是將從胸鰭到腹鰭之間的腹肉分切成大約⅛的大小。

使用油脂肥美、滑潤又帶有甜味的腹肉製作

以壽司料來說是被分類為「赤身」的真旗魚，外表看起來也形似鮭魚，以微帶橙色、呈透明感的顏色為特徵。油脂非常肥美，口感柔嫩滑潤。油脂也帶有甜味，是毫無腥味的純正美味。聽說以前喜歡真旗魚的人也多過喜歡鮪魚的人。順便一提，劍旗魚是不同種類的魚。

時令是晚秋～櫻花凋零之時。不過，因為最近除了捕撈量受到限制之外，在料理店也受到重用，所以壽司店變得很難購買到真旗魚。本店因為長年一直使用，所以能夠持續買進，也許這是與中盤商的信賴關係特別重要的食材。

位於真旗魚背鰭下方兩側的「背鰭肉」，肉質特佳，適合做成壽司料，但是本店只使用相當於鮪魚大腹肉的腹肉部分。我覺得，腹肉的油脂非常肥美，是突顯真旗魚特色的部位。本店一次大量購入一尾份的腹肉，但是除了新鮮度之外，還注重油脂飽滿、色澤，如果不是具備這三個主要條件的上等腹肉，就不會用來製作成壽司料。

在店裡趁魚肉新鮮時用三種紙包起來，裝入塑膠袋中，放在裝滿碎冰的容器中冰鎮，靜置2～3天之後才使用。目的是為了讓油脂遍布全體，魚肉變得更加柔嫩。

之後，只需去除位於魚肉內側的內臟膜和外側的魚皮，再修整成長方形魚塊即可，但這卻是相當困難的工作。除了肉質柔嫩之外，因為一般稱為蛇腹的筋肉層有很多層，所以在切除魚皮或是分切的時候，肌肉層會移位變長，或是變形得很零亂。菜刀的角度、切動的方式、速度等，成功修整切塊的訣竅是需要累積經驗才能掌握的。

◆切成長方形魚塊，切除魚皮

不要切斷位於魚塊下側的魚皮，只將魚肉的部分分切成長方形魚塊的大小。這次是切成2等份（照片右）。接下來，分別從各個長方形魚塊切除魚皮（左）。以長方形魚塊為單位切除魚皮的話，魚肉比較不容易變形。在這之後，要切下魚肉作為壽司料使用時，筋肉也很容易散開，所以要將菜刀對著筋肉紋路呈垂直方向一口氣切斷。

醬油漬真旗魚

橋本孝志（鮨 一新）

使用真旗魚背肉的赤身捏製握壽司的是「鮨 一新」的橋本先生。
據說開始使用是在大約10年前，當時他重新審視了江戶前的傳統壽司料。
以長方形魚塊為單位放在醃漬液中醃漬一晚，然後將靜置1天的傳統醬油漬端上桌。

「鮨 一新」使用的真旗魚是在背側的中央部分、呈現漂亮朱紅色的赤身部位。位於背鰭正下方的部分（照片中的魚塊左側）是真旗魚的最佳部位，油脂非常肥美。

◆將真旗魚修整切塊

將材料照片中的魚塊縱向分切開來，修整切塊。這天的真旗魚切出了6片長方形魚塊。為了方便作業，分別再切成一半的長度之後再進行備料。

◆以湯霜法處理

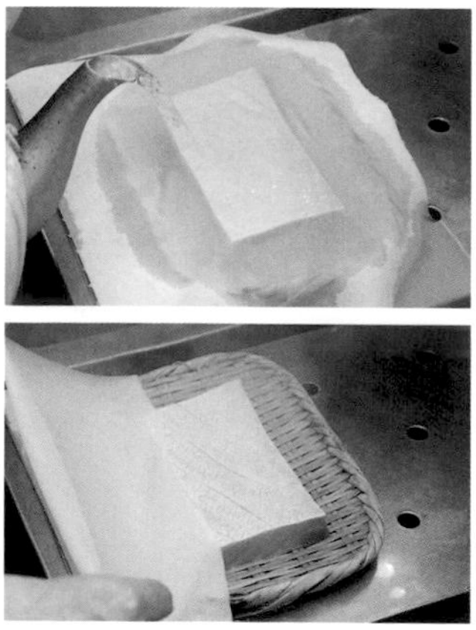

將廚房紙巾蓋在魚塊上面，迅速澆淋滾燙的熱水（照片上），讓表面變硬（下）。背面也這麼做，然後立刻放入冰水中，以防餘溫繼續加熱。如果沒有以湯霜法處理的話，會滲入過多的醃漬液，造成魚肉黏糊緊縮，變得不易切開。

在醬油漬的醃漬液中添加鮪魚柴魚片的高雅風味

年輕時我沒有機會認識真旗魚的優點，一旦開始嘗試使用才了解這是充滿魅力的魚，如今真旗魚已經成為本店的握壽司不可欠缺的重要壽司料。

雖然真旗魚與鮪魚一樣都是以冬季為時令，但是因為從三陸海域一直到和歌山的廣泛地區長期運送魚貨到築地市場，所以時令出乎意料地穩定。使用相當於鮪魚的一支釣漁法的「鏢刺法」捕獲的真旗魚，品質最高級，曾經有一陣子已經減少了，但從數年前起這個漁法就出現復活徵兆，如果進貨到築地市場，我一定會買進這種魚貨。

真旗魚的優點盡在鮮味的濃度。與鮪魚相較之下，香氣以鮪魚為佳，但是味道的濃度則是真旗魚獲勝。

本店使用的背肉正中央的部位是油脂也非常飽滿的赤身，我認為這個部位不論味道和口感都是最出色的。雖然未經加工的赤身也可以用來捏製握壽司，但是讓醬油味充分入味的傳統醬油漬，味道協調，與醋飯也非常融合，本店是以一條醬油漬來製作。

備料的方法與醬油漬鮪魚赤身相同。切成長方形魚塊之後以湯霜法處理，讓表面變硬，在醃漬液中醃漬一個晚上之後取出，再靜置1天才作為壽司料。

醃漬液是以相同比例的酒和醬油，加上1成分量的味醂，裡面再加入鮪魚柴魚片是本店的特色。這是摸索著把醬油漬做得好吃的方法得到的結果，雖然最初原本預定使用鰹魚柴魚片，但是感覺風味太過強烈。因此，著眼於帶有纖細又高雅的鮮味和香氣的鮪魚柴魚片時，就可以搭配得很協調了。

順便一提，這個醃漬液是重複使用相同的汁液，再將真旗魚釋出的風味一直添加進去，每使用數次之後就要以火加熱，追加新的調味料調整味道。

以醃漬液醃漬

浸泡在加入鮪魚柴魚片的醃漬液中10小時以上，在這段期間翻面1次。魚塊的油脂多的時候需要醃漬得稍久一點。醃漬液每使用3～4次就要加熱，撈除浮沫，以調味料調整味道之後重複使用。

照片右邊是從醃漬液中取出的真旗魚。用紙將它包好，放入容器中，放在冷藏室1天使之入味。左邊是已經放置1天的魚肉。

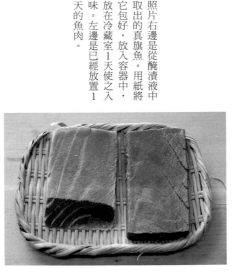

白肉魚的備料

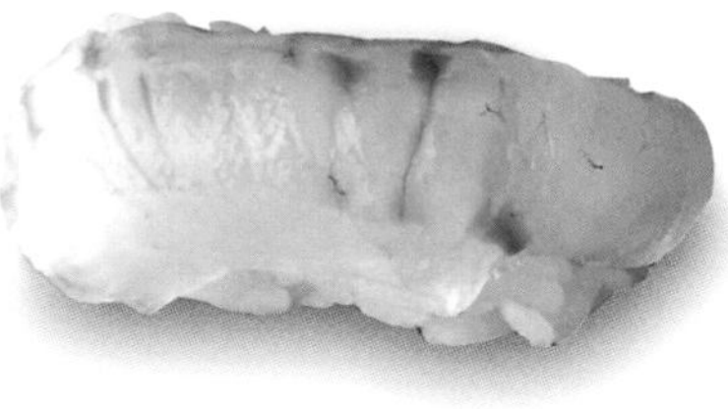

比目魚的活締法

山口尚亨（すし処 めくみ）

有一種長時間保持魚的新鮮度的技術，稱為「活締法」。
這是生魚片或壽司料要使用的魚在捕撈之後必須進行的作業，多半由漁夫或中盤商處理。
親自以活締法處理魚貨的山口先生，將以比目魚為例解說該項技術。

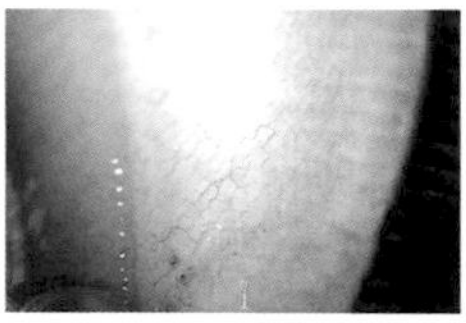

購入1．2～1．6kg大小的比目魚。活魚的優劣可藉由白色那面的微血管來判斷（照片左）。血管的數量多幾乎透明可見，表示捕撈之後產生的疲勞很少，吸收了氧氣，新鮮度佳。

◆以活締法處理比目魚

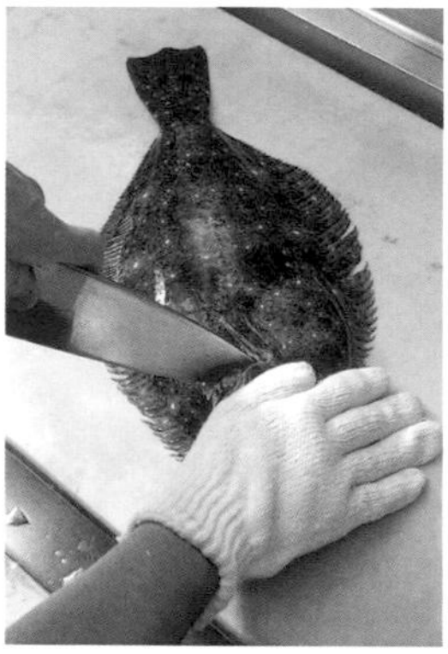

為了不讓活的比目魚亂跳，要牢牢壓緊，然後將菜刀的刀尖抵住胸鰭根部附近。一口氣切入背側，切斷有脊髓通過的中骨和動脈。為了把血放乾淨，切除尾鰭根部之後再切掉中骨和動脈。

◆放血和抽出神經

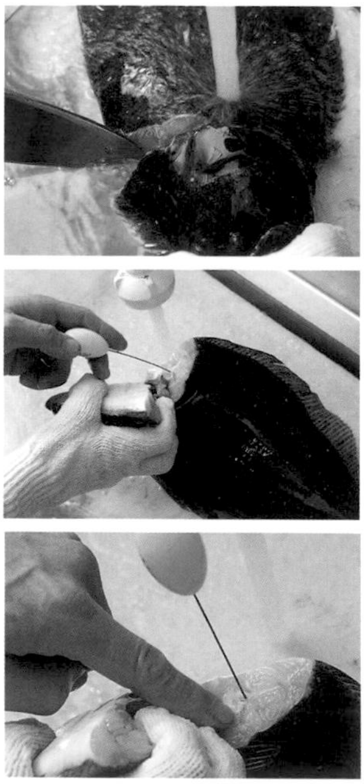

以流動的清水沖洗胸鰭側的切口，迅速地沖掉血液（照片上）。不再流出血液之後，將鐵絲扎入中骨中心的孔洞（中）反覆抖動，破壞脊髓。照片下為扎入鐵絲的位置。在這之後，切除周圍的魚鰭，去除魚鱗、內臟、魚頭。容納內臟的腹腔部，使用牙刷等器具用水仔細刷洗，將血合肉和髒汙完全刷除。

白肉魚直到2天之後，風味和觸感才達到高峰

本店將以活體狀態販售的魚和烏賊，全部在店裡以活締法處理。包含剛做完活締法之後的處理在內，一直到放在冷藏庫中讓狀態穩定下來為止，毫不間斷地進行一連串的工序是因為想要使長期保鮮的活締作業效果更好的緣故。

活締法要從切斷活魚的中骨、放血，一直到破壞脊髓（抽除神經）為止，連續進行這一連串的工序。因為血液會成為雜菌繁殖和腥臭味的根源，所以剛開始就要一口氣清除乾淨，這點很重要。此外，一旦破壞了中骨裡面的脊髓，就能延遲肌肉內重要成分的自我分解，延長死後變得僵硬前的時間，長久保持活著的新鮮狀態。

市場的活締法處理通常只到此為止。因此我們才會在店裡進行清除魚鱗和內臟、用水沖洗、浸泡鹽水以去除多餘的水分等工序，本店一直到最後放在冷藏室中靜置的階段，連溫度和鹽水的濃度都會細心注意，同時不間斷地在店裡進行，努力做到可以確實維持新鮮度。

以比目魚來說，完成備料工作之後，鮮味成分慢慢形成，經過6～8小時之後才是最適合享用的時刻，所以在上半天剖開，就這樣放置到夜間營業時段端上桌。需要好幾天時間熟成的是體型大且油脂豐富的褐帶石斑魚和石斑魚類、鰤魚、鮪魚，還有白鮒之類的魚，一般的白肉魚在完全死掉變得僵硬之後，鮮味就不會再繼續增加了，我認為2天左右，鮮味、觸感和鮮嫩感的平衡才達到高峰。

此外，不撒鹽，或不使用吸水紙，靠鹽水使魚肉脫水是基於避免過度去除水分和鮮味成分的考量。正因為具有保住水分的鮮嫩感，才能將鮮魚的美味發揮得淋漓盡致。

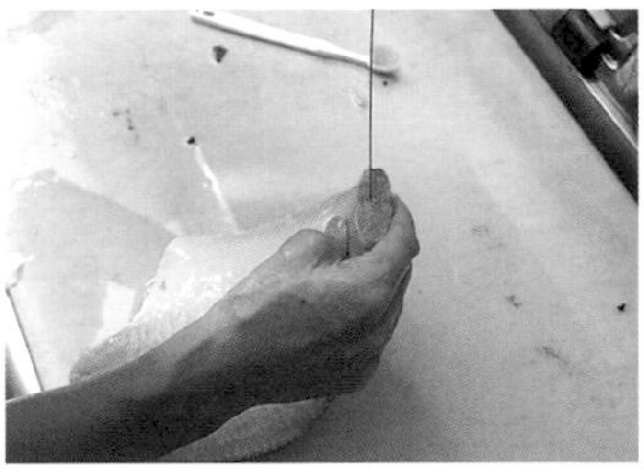

◆放掉中骨的血液

從尾鰭側的中骨斷面扎入鐵絲反覆捋動，用嘴巴吹氣等，排除積存的血液。因為會從腹腔部滲出來，所以要用水清洗。

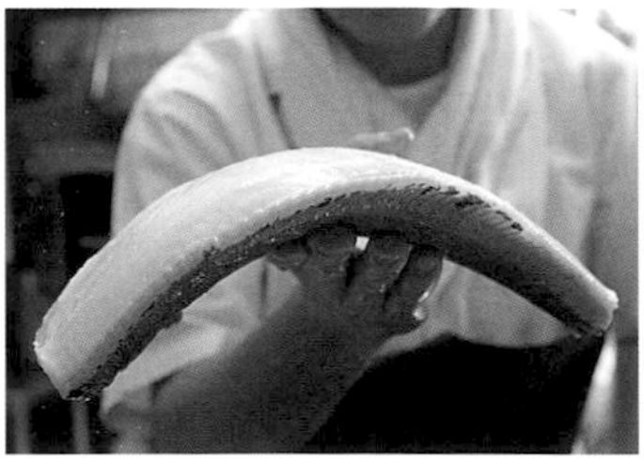

◆靜置

支撐住魚的中心時，魚身兩側會那樣下垂，就證明魚肉柔軟，保持住新鮮度。擦乾水分，為了避免魚皮過度乾燥，以吸收水分少的紙和塑膠袋包起來。為了避免變得太冷，所以收進保麗龍箱中，放入冷藏室，保持在5～8℃，靜置6～8小時。

◆浸泡在鹽水中

為了排除在清洗的過程中從切口滲入的水分，放入15℃左右的食鹽水（鹽分濃度1．8%左右）中浸泡2分鐘左右。浸泡過度的話會一直脫水，所以限定在2分鐘內。之後，迅速用水清洗直到沖掉鹽水的鹽分。鹽分要以濃度計正確地測量。

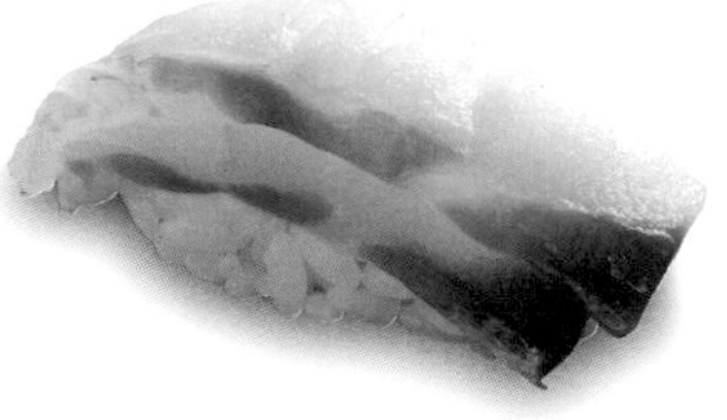

真鯛的備料

近藤剛史（鮓 きずな）

作為白肉魚代表的真鯛，在日本各地都捕撈得到，
但以瀨戶內海的明石海峽一帶捕獲的「明石鯛」特別受到喜愛。
從修業時代起就在當地處理明石鯛的近藤先生，
獨立開業之後也使用明石產的真鯛作為店裡的一道招牌料理，以多種作法提供客人享用。

在明石海峽的中心明石浦捕撈的真鯛。附有「明石鯛」品牌的認證標章。後方的明石鯛重1．5kg，前方的重1kg以上，近藤先生以1．1kg來劃分大小，改變備料的方式。

◆將真鯛剖成二片

切除魚頭之後剖開成兩片。以活締法處理完的當天，將沒有中骨的半邊魚身做成生魚片上桌，剩下的半邊魚身帶著魚骨靜置1天，然後做成壽司料。

◆靜置一個晚上

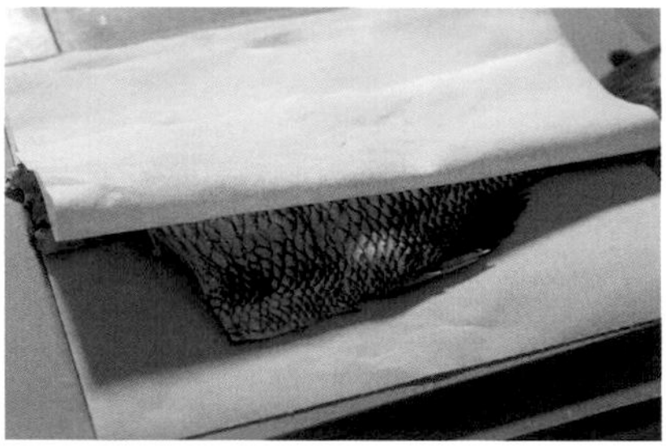

將吸水性強的魚專用包裝紙放在魚肉那一側，不易乾燥的普通廚房紙巾放在魚皮那一側，然後以報紙包起來，收進保麗龍箱中。放入4℃的冷藏室中，將魚保持在5℃，放置1天。

以活締法處理的當天做成生魚片，靜置1天後做成握壽司

所謂優質的天然真鯛，我認為是脂肪絕對不會太多，恰到好處的脂肪量、鮮味、甜味，還有香氣齊聚於一身的真鯛。明石的真鯛符合那個條件，同時在漁港以活越法或活締法等的處理、技術也很優良，獲得很高的評價。

我們可以端出上等真鯛的握壽司，也正是因為具備了那個代代相傳的技術。作為在關西開業的壽司店，這是我們特別想要投注心力的壽司料。

我們店裡為了想讓客人盡情享用這個真鯛，變化出生魚片、帶魚皮的握壽司、去魚皮的握壽司等菜色端上桌，握壽司有時會因為肉質的不同而製作成「二枚付」。

鯛魚從營業時間開始倒推大約8小時前，請人以活締法處理，送到店裡之後，剖開成二片。將沒有中骨的半邊魚身做成當天的生魚片，另一半的魚身帶著中骨靜置1天之後，做成隔天握壽司的壽司料。

生魚片趁著魚身有點處於活著的狀態時還能享受到咬勁，握壽司則是魚身在放置一段時間之後不僅提高了鮮味，同時為了與醋飯融合，稍微讓它產生黏稠的觸感。最近似乎也有花很長的天數使魚肉熟成的方法，但是我追求的是「保留咬勁的熟成」，除了真鯛之外，多數的魚都只靜置1天。

另一方面，魚皮的處理視魚體的大小決定。小型的真鯛，魚皮柔軟，所以帶著魚皮。大型的真鯛，成長之後魚皮會變硬，所以要切除魚皮。劃分的界線為重量1・1kg。

帶皮的真鯛，還可以品嘗到緊臨魚皮內側的脂肪鮮味和富有彈性的魚皮，非常美味，而去皮的真鯛在快要營業前稍微以鹽醃漬，濃縮之後的鮮味和魚肉緊實的觸感充滿魅力。我想，可以享受到這種味道對照的魚，也只有上等的真鯛才辦得到。

◆魚皮以湯霜法處理（小型真鯛）

1・1kg以下的真鯛帶著柔軟的魚皮直接捏製成握壽司，所以要以湯霜法處理魚皮那面。去除中骨和腹骨之後，直接將半邊魚身的魚皮那面朝上，放上蒸棉布，迅速地澆淋滾燙的熱水（照片上）。立刻泡在冰水中使魚身緊縮，撈起之後擦乾水分，就完成備料了（下）。

◆去除魚皮之後以鹽醃漬（大型真鯛）

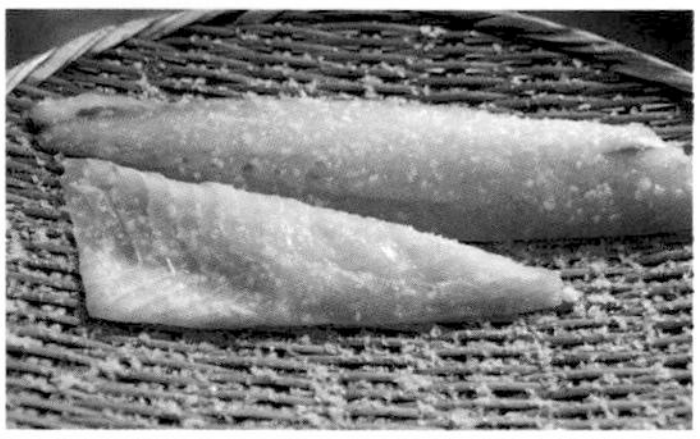

如果是1・1kg以上的真鯛，就要去除已經變硬的魚皮之後再捏製成握壽司。與右邊一樣，將靜置了1天的半邊魚身去除魚骨，將魚身切成2等份之後去除魚皮（照片上）。在快要開始營業之前在魚身的兩面撒上鹽，擱置10～15分鐘之後，稍微去除水分（下）。將水分和鹽沖洗乾淨，再用冰水使魚身緊縮。

白肉魚的熟成—①

伊佐山 豊（鮨 まるふく）

多數的魚，以活締法處理之後立刻使用，不如擱置一段時間後肉質會更柔軟，鮮味也更濃郁，所以最近將靜置的時間拉得更長，追求鮮味的壽司店越來越多。「鮨 まるふく」也是正在嘗試使白肉魚熟成的店家之一。

這次是以11～2月為時令的比目魚為例來介紹。比目魚是購入以活締法處理過的魚貨。

◆將比目魚靜置

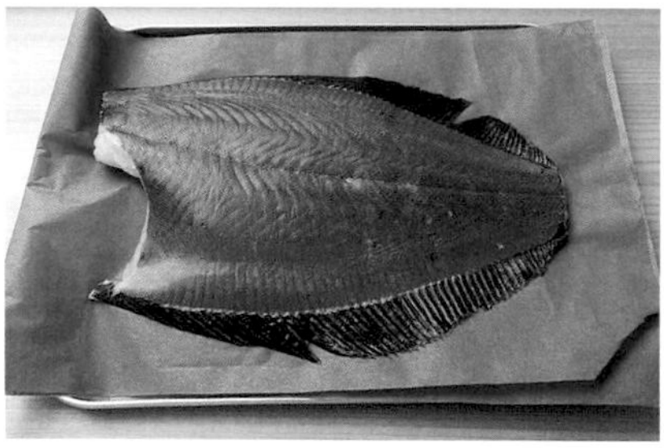

去除比目魚的魚頭和內臟，以薄紙（硫酸紙）和塑膠袋包起來，放入冷藏室中。靜置2天的時間，讓原本還活著的魚身穩定下來。

◆以鹽醃漬

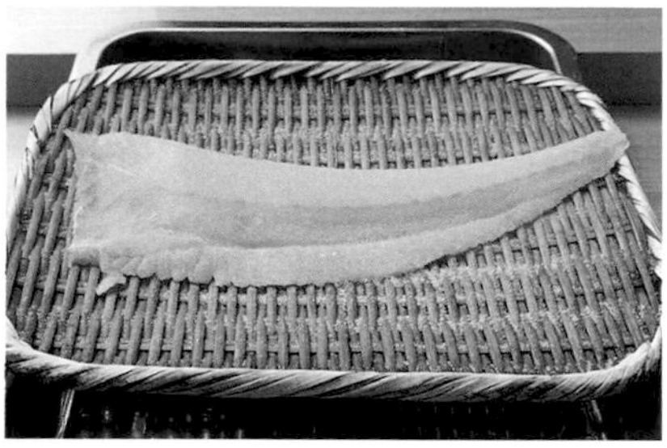

以五片切法將魚剖開之後將皮剝除，在兩面薄薄地抹滿鹽。視魚身的大小放置20分鐘左右，去除多餘的水分。

前半時期直接使用1尾，後半時期則以剖開的魚片來熟成

開始正式研究魚的熟成是從數年前開始的。機緣來自於將大型的褐帶石斑魚製作成昆布漬的時候，魚肉放置的時間比平常稍久一點，在試嘗味道時注意到熟成的效果。

自此之後，江戶前壽司的工作就是充分引出魚的鮮味，以及嘗試把褐帶石斑魚以外的中型魚熟成。以一整組的魚做實驗，探查適當的熟成時間等，但是熟成這門技術很深奧，至今我還在不斷摸索的路上。

本店的魚，熟成期間合計3～10天。除了像褐帶石斑魚這樣的大型魚之外，平均需要5～6天。以活締法處理之後，將去除了魚頭和內臟的整尾魚先靜置3天左右。接著以三片切法或五片切法剖開魚身，撒點鹽，去除多餘的水分之後再靜置3天左右，分成2個階段進行熟成。

在切成淨肉之前的靜置，目的是讓原本還活絡的魚身安定下來。如果不制定這個時間就立刻撒鹽的話，魚身中心的水分無法順利去除就會變得容易腐壞，魚身的透明感也會出現混濁，外表的美麗程度減半。要引出魚的鮮味，靠的是後半階段切成魚塊之後的熟成。

熟成時所使用的器具是吸水性強、具有耐水性，稱為「硫酸紙」(Parchment Paper) 的薄紙，以及塑膠袋。以1次的熟成為期3天左右來說，中途不需重新撒鹽或是換紙，就這樣靜置不動即可。

從此，我想著，不只是白肉魚，連亮皮魚也包含在內，費時2～3週長期熟成的方法也積極地努力嘗試看看吧。因此，我重新審視魚貨的供應商，也改變熟成和管理的做法，探尋更能引出鮮味的方法。

◆以紙和塑膠袋包住，使之熟成

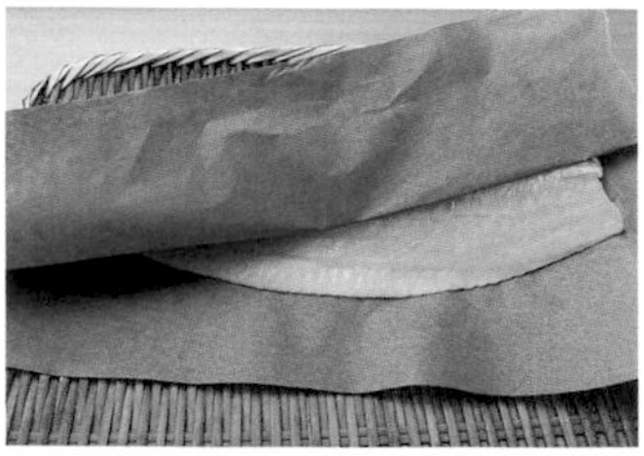

沖掉滲出來的水分和鹽之後將水分仔細擦乾，進入第2階段的熟成。以薄紙將魚片緊密包好（照片上），裝入塑膠袋中，抽出空氣之後密封起來（下）。埋在冰塊裡，在冷藏室中放置2～3天。

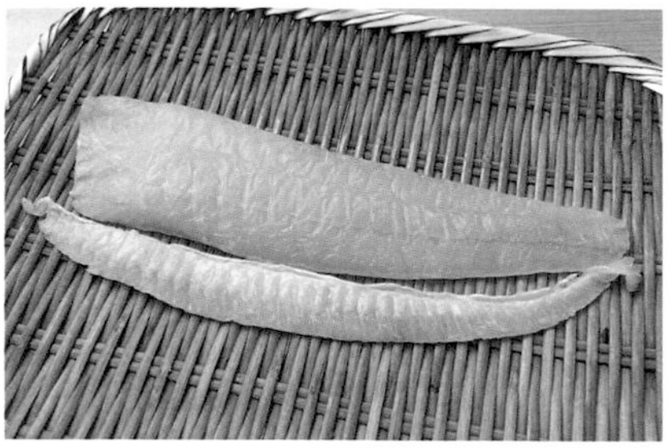

經過熟成之後的比目魚的淨肉和鰭邊肉。去除水分之後，觸感變得軟黏，表面出現光澤。而且鮮味也變濃了。

白肉魚的熟成—②

佐藤卓也（西麻布 拓）

「西麻布 拓」運用各種塑膠膜和薄紙，
將大多數的白肉魚，依據魚種費時3～10天左右熟成，才捏製成握壽司。
雖因魚的種類或大小在處理上多少有所不同，但佐藤先生將以真羽太為例為大家解說熟成的過程。

大型且味美的一種白肉魚，真羽太。將同屬鮨科的褐帶石斑魚、鯛魚，和比目魚等大部分的白肉魚，在去除水分的同時讓它熟成，然後做成壽司料。

◆撒鹽

以真羽太為例。以三片切法剖開之後，在兩面撒上鹽，放置10分鐘左右去除表面的水分。在熟成期間也撒鹽慢慢去除水分，就不會一次撒上太多的鹽。剛開始是帶皮的魚肉。

◆擦乾水分，以紙和塑膠膜包好之後熟成

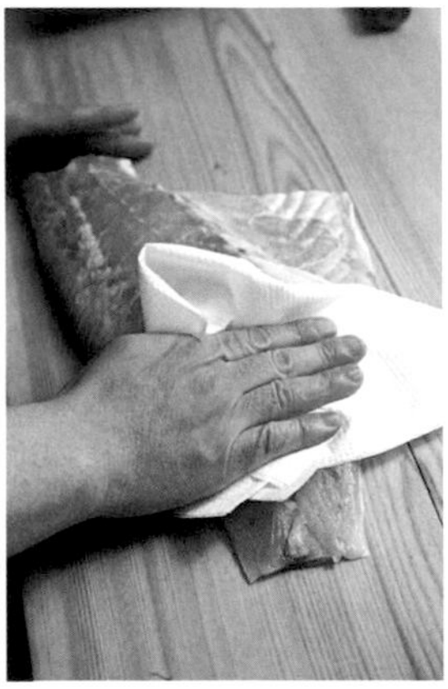

以半天～1天為單位撒上鹽，慢慢地去除水分

經常使用熟成的技法來製作壽司料，是因為放置數天之後魚肉會變得柔嫩，確實地增加鮮味、甜味的緣故。

剛剖開的白肉魚，一般來說魚肉還是活的，肉質硬，水分也多，所以適合做成重視新鮮度的生魚片。不過，做成握壽司的話與鬆軟的醋飯缺少整體感，風味也還沒完全散發出來，所以對於重視鮮味的握壽司來說，感覺不能讓人十分滿意。雖然金眼鯛和鰆魚等油脂肥美、風味強烈的魚也做成昆布漬，但多半要費時數天使之熟成，才能變成美味的壽司料。

熟成的基本流程是在剖開的淨肉上撒鹽，以吸水紙等包起來，然後以冰冷藏，靜置數天。我的作法是剛開始每隔半天，後半階段則以1天為單位，視需要重新撒鹽，或是更換新的紙重新包起來，反覆進行，慢慢去除水分，提升鮮味。鹽不是用來調味，而是用來去除水分的東西，分階段每次撒一點，有效地排出水分。如果一次撒上大量的鹽，除了會變鹹，也無法完全去除中心的水分。

而且，魚皮和魚肉的邊界有豐富的鮮味，所以剛開始直接帶著魚皮，到了魚肉穩定之後的後半段，切下魚皮之後再進行熟成，這是基本的作法。

熟成的調整很難，全靠累積經驗培養眼力。因魚種、大小、部位、個體差異等，水分、油脂分布和鮮味的強度都有不同，所以每隔半天或是1天，用眼睛確認狀態，用舌頭確認味道，在那時決定所需的鹽量，分別使用吸水性和透氣性等都不相同的薄紙，往鮮味的高峰一直保持下去。

因為超過高峰之後就會開始劣化，發出腥臭味等，所以要持續熟成到什麼地步也是重要的判斷。

將從魚釋出的水分和鹽分只在剛開始迅速用水清洗1次，然後擦乾水分（照片右）將透明的吸水紙貼在魚肉那面（左上），放入長方形淺盤中，上面再包覆保鮮膜（左下），然後放在冷藏室中熟成。每隔半天～1天就撒鹽或是更換塑膠膜或紙，使之冰藏熟成。中途將魚皮切除。

考量魚種、部位和油脂多寡，熟成3～10天完成。照片中是熟成了10天的褐帶石斑魚。肉質緊緻，纖維柔嫩，鮮味和甜味也增多了。

在熟成過程中包住魚的塑膠膜和紙。將吸水紙、保鮮紙、廚房紙巾等吸水性、透氣性、柔軟度等各不相同的5種紙材，配合魚的水分和熟成的進行分別使用。

白肉魚昆布漬

植田和利（寿司處 金兵衛）

在壽司店，昆布漬所使用的昆布也會根據想要的風味分別使用不同種類和產地的昆布。
「寿司處 金兵衛」使用的是熟成3年以上、增加了風味的「熟成昆布」。
店主植田先生在繼任為第3代店主時，就企圖重新審視材料並且著眼於此。

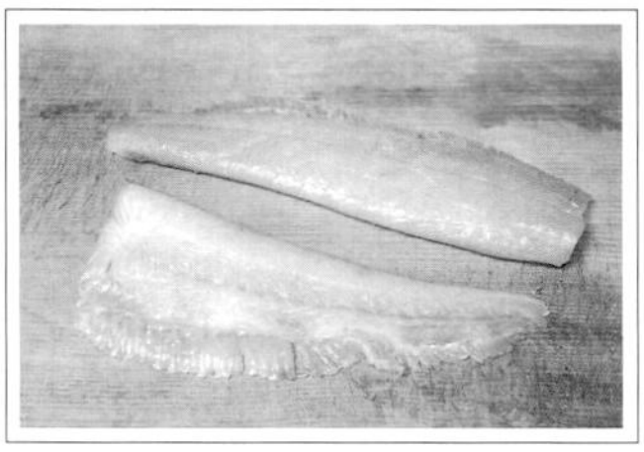

這裡要介紹的是以熟成昆布（照片左）醃漬比目魚（右）的方法。比目魚以五片切法剖開之後，切除魚皮，使用脂肪多的腹肉。昆布是函館產真昆布的三年熟成品。

◆以酒擦拭熟成昆布

配合魚的尺寸大小裁切熟成昆布，以浸泡在酒裡面的布巾擦拭要接觸比目魚的那面，輕柔地擦拭。如果用力擦會把附著在表面具鮮味成分的白粉擦掉，所以要用輕輕撫過的方式擦拭。

◆在比目魚的腹肉上撒鹽

只在比目魚的魚肉內側撒鹽。在昆布漬的前置作業中所撒的鹽，依照不同的店家和魚種，使用的分量和擱置的時間各不相同，在「寿司處 金兵衛」不論是哪種魚都只在單面撒一下，便立刻以昆布夾住。

以香甜溫潤的「熟成昆布」醃漬

熟成昆布，顧名思義是以年為單位長時間熟成，提升風味的昆布。將剛製作完成的一般昆布放在有空調設備的庫房等處，花費1年，或2年、3年的時間靜置。

開始使用這種昆布的機緣是經由昆布店的推薦。在重新檢討食材的時候，店家介紹這種有意思的東西給我。即使直接使用也帶有香甜的氣味，嘗試用它來製作昆布漬也很美味。在熟成期間來自昆布的雜味好像就消散了，所以沒有昆布特有的海腥味或澀味之類的怪味，實際感受到與之前的昆布漬有著截然不同的味道。順便一提，聽說這樣的香氣和味道的特徵，在科學家的分析實驗中也變得很明確。

熟成昆布的外觀與一般昆布無異，但是因為在熟成期間水分蒸發的緣故，所以厚度較薄，重量也較輕。用來製作昆布漬的時候，或許是因為鮮味已經濃縮起來，所以鎖住海鮮的水分或入味的時間都很快，感覺黏性也很強。雖然調理的程序與一般昆布相同，但是要注意調整時間，而且因為容易黏在魚肉上所以要小心地仔細剝除。雖然鮮味濃郁卻給人溫潤的印象，實際上，客人也感覺到差異。

本店使用的是真昆布的熟成品，市場上又稱為「折昆布」。價格比一般的昆布昂貴，等級也大約分成3個等級。也可以用利尻或羅臼的昆布製作，日本料理店似乎多半用來製作清湯的高湯，但是本店目前只用於昆布漬的製作。此外，還想有個新嘗試，把熟成昆布做成舟形，代替「酒蒸牡蠣」的容器使用，有效地利用昆布高湯的鮮味。

◆以昆布夾住

以2片熟成昆布夾住比目魚的魚肉（照片上），以廚房紙巾包住，上面再以保鮮膜緊密地包住（右）。不要疊在一起，就這樣放在冷藏室中2小時半~3小時，一邊去除比目魚的水分，一邊讓它吸收昆布的鮮味。於當天或次日提供。

◆剝下昆布

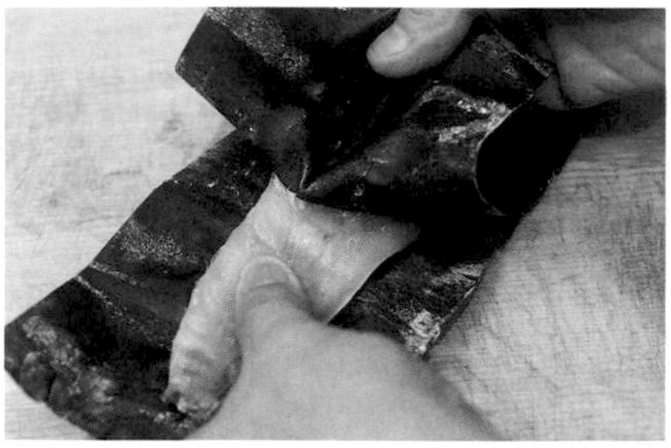

醃漬完成之後剝下昆布，將比目魚放入密閉容器中冷藏保存。因為熟成昆布比一般昆布更容易使水分蒸發，所以很容易貼在魚肉上。要仔細地剝除以免魚肉崩散。

薄鹽漬甘鯛

松本大典（鮨 まつもと）

甘鯛在西日本的漁獲量很多，尤其是在京都料理中更是必備的菜色，以前因為不是在江戶前的海（東京灣）捕撈的魚貨，所以不能成為江戶前壽司的壽司料。但是，近來漸漸開始使用各種魚來製作，連甘鯛握壽司都登場了。

在京都被用來製作各種不同料理的甘鯛。照片中是在京都市中央批發市場購入的長崎縣對馬產紅甘鯛，所謂「最好用的」（松本先生）不到1kg的大小。

◆以三片切法剖開甘鯛

甘鯛雖然也有利用魚鱗的料理，但是壽司料不需要魚鱗。細小的魚鱗也要清除乾淨。以三片切法剖開之後，去除腹骨和小魚刺。

◆以鹽醃漬

使用以鹽醃漬1小時的「薄鹽」技法將味道濃縮起來

開店之初並沒有特別想要採用當地的魚貨製作壽司料，但是京都有品質優良的甘鯛大量上市，而本地的客人中對甘鯛很熟悉，喜歡它的人又很多，所以我想到可以採用甘鯛來製作。

近海的甘鯛有3個品種，而因為漁獲量大所以市面上流通的大半是紅甘鯛。油脂分布均勻，鮮味也很濃郁，所以是容易使用的品種。購入的標準是魚身飽滿直到魚尾，而且魚皮很薄，不到1kg的魚貨。雖然秋冬時期的甘鯛油脂最肥美，但是因為平常就有漁獲，而且品質都一樣好，所以不論什麼季節都會使用。

甘鯛原本水分就很多，如果直接使用的話肉質會水水的，味道也很平淡。調理的時候，絕不能少了預先撒鹽排出水分的「薄鹽」這道工序，在製作壽司料的時候也一樣。

不過，如果像醋漬鯖魚那樣裹滿大量的鹽，會變得很鹹，相反的，太少的話效果也會減弱，所以弄清楚鹽的用量和時間很重要。本店是將顆粒細小的鹽薄薄地、均勻地撒在魚肉那面之後，在常溫中放置1小時。以到最後鹽粒會完全溶化，滲入魚肉之中的用量，徹底去除多餘的水分。

此外，在這之後用水清洗的話又會回到水分很多的狀態，所以只需用布巾擦掉滲出的水分。使用將這點也考慮進去的鹽量很重要。已經去除水分的甘鯛滲出鮮味和甜味，還帶有軟黏的觸感，是很適合壽司料的味道。

此外，甘鯛的魚皮和皮下脂肪都很美味，所以建議大家最好讓甘鯛帶著魚皮。雖然也可以使用湯霜法讓魚皮變軟，本店卻是在切成壽司料使用的魚片之後，迅速炙烤一下，增添香氣之後再捏製成握壽司。

將魚肉那面朝上擺放在網篩中，只在魚肉上均勻地撒鹽（照片上），在常溫中放置得稍久一點，大約1小時左右，釋出多餘的水分（下）。因為在這之後不會用水清洗，所以鹽不要撒得太多，設法控制在溶化之後會滲入魚肉裡的程度。滲出來的水分要用布巾徹底擦掉。

◆靜置3天

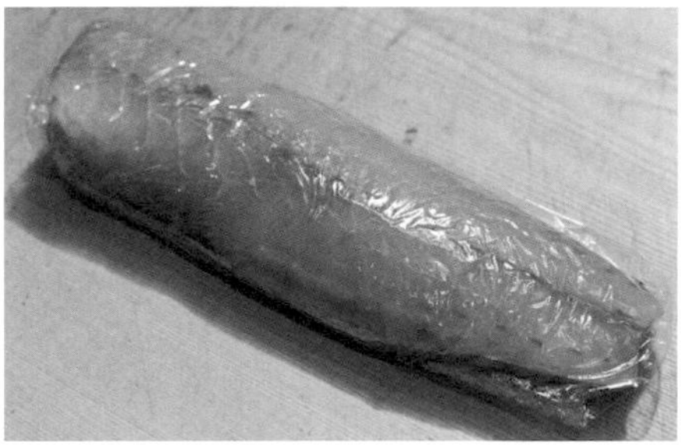

將2片魚身的魚皮那面朝向內側，貼合在一起，以保鮮膜緊密包好，在冷藏室中靜置。為期2～3天，最短也要放置一整天。這麼一來，鹹味會滲透到魚肉的深處，引出鮮味。

◆炙烤魚皮那面

要捏製成握壽司的時候，切成壽司料的大小，稍微炙烤一下魚皮那面。基本上會撒上鹽（西班牙產海鹽）和酢橘汁之後端上桌，其他的壽司料要使用鹽的時候隨機應變塗上壽司醬油等。要做成生魚片的話，備料的方式也一樣，但要切得稍厚一點。

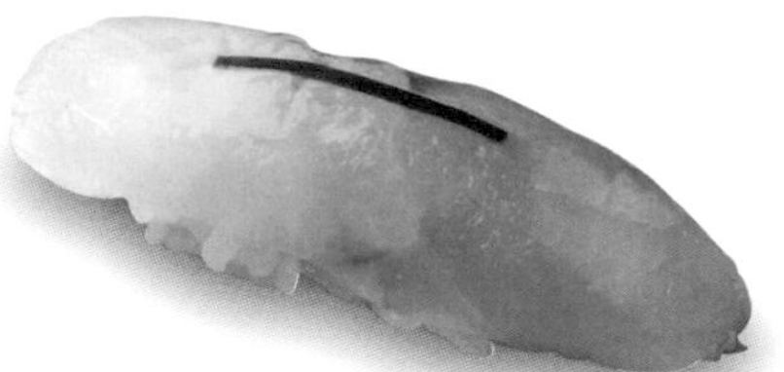

甘鯛昆布漬

岡島三七（藏六鮨 三七味）

上等的鮮味和柔嫩的口感充滿魅力的甘鯛，不只在主要的產地關西，也滲透到關東了。在東京開業的岡島先生也表示，這是他常備的一種壽司料。在這裡，他將以紅甘鯛為例，解說切除魚皮之後做成昆布漬的方法。

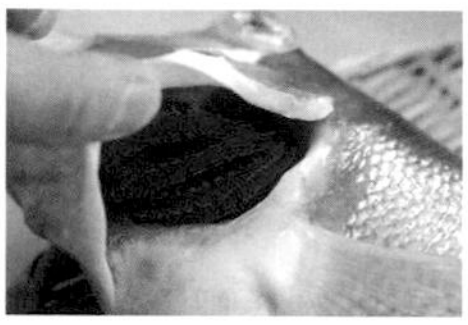

重量為1．5kg的大型紅甘鯛（照片右）。魚鱗呈漂亮的朱紅色，魚背兩側的肉和魚腹飽滿有彈性，就是上等的甘鯛。品質好的甘鯛，魚鰓也呈鮮紅色（左）。

◆切除甘鯛的魚鱗

甘鯛的魚鱗細小柔軟，所以用菜刀以梳引法切除時，要避免弄傷魚身。魚鱗也很可口，所以油炸之後當成下酒菜上桌。

◆以鹽醃漬

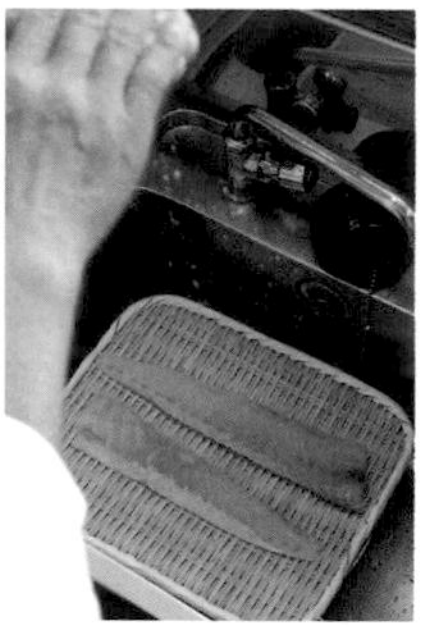

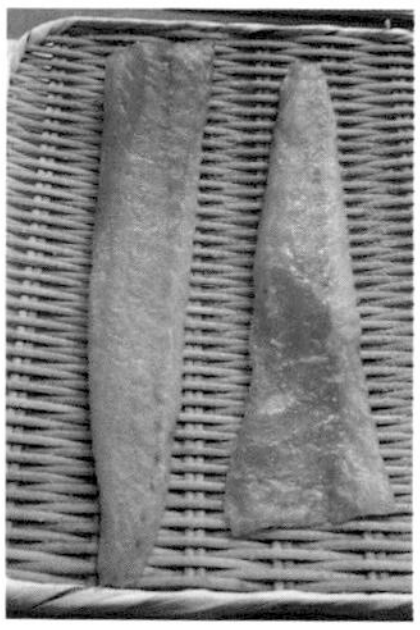

以三片切法剖開甘鯛之後，切除白色的魚皮，再稍微撒點鹽（照片右）。因為甘鯛的水分很多，所以放置20～30分鐘左右就能去除相當多的水分（左）。用水清洗之後擦乾水分。

以泡酒回軟之後吸收了鮮味的昆布醃漬

甘鯛可說是本店的基本壽司料那樣經常使用。以漁獲量多的紅甘鯛為主，如果有稀少的白甘鯛也會買進。與味道和品質都很好的紅甘鯛相較之下，白甘鯛的鮮味濃郁，體型又大，具有男性的形象。因為體型大，所以也要加長以鹽醃漬的時間，徹底去除水分之後再使用。

這裡使用的是紅甘鯛，因為紅甘鯛全年在各個不同的產地都有漁獲，所以可以一直使用，這也是它的優點所在。品質好的紅甘鯛，體色是粉紅色的，很漂亮，魚身也厚實有彈性，所以從外觀就能清楚分辨品質的好壞。魚鰓也是判斷的依據，新鮮的紅甘鯛，魚鰓是鮮豔漂亮的紅色。

在所有的魚之中，也是水分特別多的甘鯛，去除多餘的水分，將鮮味濃縮的前置作業很重要。本店會撒上多一點鹽，然後放置30分鐘左右，用水沖掉滲出的水分和鹽之後才使用。雖然在這個階段也可以捏製成握壽司，但是我們店裡會再做成昆布漬，添加昆布的鮮味之後才端上桌。

所使用的昆布是以分量稍多的酒弄濕之後放置30分鐘左右製作而成的。我的想法是，這樣做既可以讓昆布恢復到相當柔軟，又可以讓酒的鮮味滲入昆布中，將兩者結合的鮮味添加在魚上面，所以所有的昆布漬都是以這個方法製作的。昆布變得又濕潤又柔軟之後，也比較容易去除表面的髒汙和浮出來的澀味，所以待昆布回軟之後，要以布巾擦拭乾淨才緊貼在魚身上面。

如果要將昆布漬做成生魚片端上桌的話，要醃漬5小時左右，當做壽司料的話則需時更久，要醃漬一個晚上。目的在於使昆布的鮮味更加充分地添加在魚肉上，增強對味覺的衝擊感。

◆將昆布泡酒回軟

製作昆布漬時使用羅臼昆布。將酒淋在昆布上直到濕潤的程度，讓兩面都入味，放置30分鐘左右使昆布回軟。在這段期間，以廚房紙巾蓋住上面以免變乾。已經回軟的昆布以濕布巾擦掉表面的髒汙之後即可使用。

◆以昆布醃漬

將昆布貼著甘鯛的兩面，以保鮮膜包住，在冷藏室中靜置一個晚上。在已經捏製成握壽司的甘鯛上面撒上鹽和酢橘汁，再將醃漬過的昆布切成細絲添加在上面。

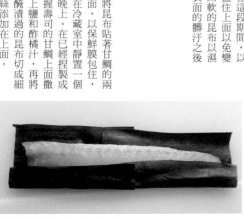

白甘鯛的炙烤和昆布漬

渡邊匡康（鮨 わたなべ）

甘鯛有3個品種，
依照魚皮顏色的不同，分別稱為紅甘鯛、白甘鯛、黃甘鯛。
其中最稀少的是白甘鯛。時令只在晚秋～冬季期間，
主要是使用白甘鯛製作料理的渡邊先生將為我們解說獨創的備料方法。

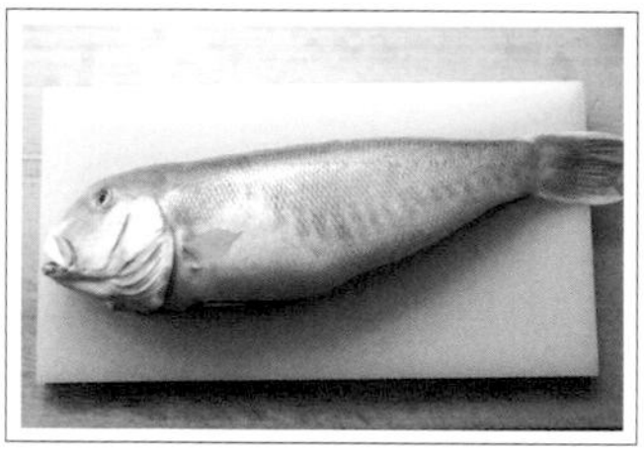

在3種甘鯛之中，漁獲量少，價格又高昂的白甘鯛。顧名思義，魚皮是白色的。渡邊先生經常使用的是，「味道和肉質均佳」，重量約2kg左右，愛媛、大分、福岡產的白甘鯛。

◆剖開甘鯛之後去除水分

不論是握壽司還是下酒菜都不會使用魚鱗，所以用梳引法去除魚鱗之後，以三片切法剖開。帶著魚皮直接以吸水紙包住，靜置1天，再以廚房紙巾包住，靜置3天左右，同時去除多餘的水分。

◆修整切塊

削除腹骨，沿著中骨所在的中心線分切開來，修整成2條長方形魚塊。因為中心線的兩側有小魚刺，所以兩邊都要切下5㎜的寬度，用來與魚骨一起萃取高湯。

◆分成魚皮側和魚肉側

為了便於處理，將長方形魚塊的長度切成一半。各自從魚皮那面往下5~6㎜，將菜刀水平切入，分切成魚皮側和魚肉側共2片。

炙烤魚皮側的魚肉，內側的魚肉則以昆布醃漬

與漁獲量多的紅甘鯛相較之下，白甘鯛的漁獲量少，價格高昂，我看中它有與此相稱的高品質，從數年前就開始一直使用。紅甘鯛雖然品質也很高級，但是白甘鯛有很出色的肉質細緻度和油脂的鮮味，而且個體差異少，等級都一樣高，也讓人覺得充滿魅力。

不論是哪種甘鯛，水分都很多，所以前置作業中的去除水分很重要，但是本店不是撒上鹽，而是採用以吸水紙包起來，靜置1天的方法。使用鹽的方法適用於青背魚和沙鮻等小魚，想在短時間之內去除水分的時候。對於甘鯛和鯛魚等中型魚，我覺得以吸水紙慢慢去除水分，熟成比較順利，也比較能突顯出風味。

還有，甘鯛的握壽司，本店的作法是將一整塊長方形魚塊分成魚皮側和魚肉側共2片，運用各自的特色來備料，突顯兩者的差異。分成2片的時候，如果以長方形魚塊的厚度從正中央切開，差異變得不大，所以要以魚皮側較薄、魚肉側較厚的方式將菜刀切入，設法做到明確地區分2片魚肉的肉質。

魚皮側因為位於魚皮內側的脂肪層中濃縮了鮮味，所以輕輕炙烤一下，脂肪就會稍微融化，著重在品嘗脂肪的鮮味。另一方面，魚肉側以昆布醃漬，將昆布的鮮味輕輕加在清淡的味道中，製作方式是不一樣的。不過，一旦添加了太多昆布的味道，甘鯛纖細的風味就會消失，所以將昆布輕輕貼在魚肉上，只到這個程度即可，費時2小時左右就結束醃漬。

此外，因為在完成時塗抹的壽司醬油，風味也很強烈，所以要減少用量，如此一來，還要再塗上以醃梅製作的煎酒，補充鹹味。

◆切成壽司料

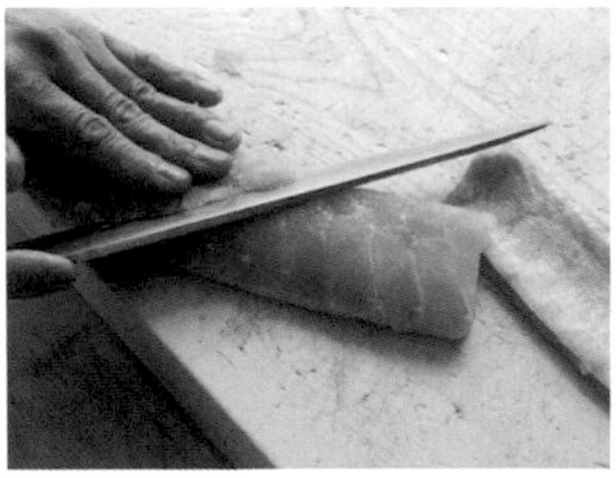

魚肉側為了要做成昆布漬，所以預先配合握壽司的大小切成魚片。魚皮側（照片右邊）則以廚房紙巾包好，冷藏保存，要捏製握壽司之前才切片。

◆炙烤魚皮側

魚皮側為了避免炙烤之後魚皮過度緊縮造成魚肉崩散，所以要切入3道左右的切痕之後再撒鹽。從上方將炭火貼近魚肉，輕輕炙烤之後捏製成握壽司。

◆以昆布醃漬魚肉側

昆布漬為了避免添加過多昆布的鮮味，所以用2片羅臼昆布輕輕地夾住魚肉，不要疊在一起，醃漬2小時左右（照片右）。在捏製成握壽司之前，以醃梅、酒和水製作成煎酒，塗在單面上（左）。

金眼鯛昆布漬

增田 励（鮨 ます田）

金眼鯛在千葉和伊豆有優良的產地，在關東，金眼鯛這個名稱意謂著高級白肉魚。
多半做成紅燒魚或生魚片，最近也以壽司料之姿登場。
增田先生在將金目鯛製作成昆布漬之後，會先加熱讓多餘的油脂浮出，
去除油脂之後才捏製成握壽司。

雖然作為壽司料的資歷尚淺，現在卻很受歡迎的金眼鯛。在白肉魚之中，油脂的肥美程度名列前茅，魚肉柔嫩。照片中為2kg重的大型金目鯛，是最受歡迎的千葉縣銚子產魚貨。

◆剖開金眼鯛

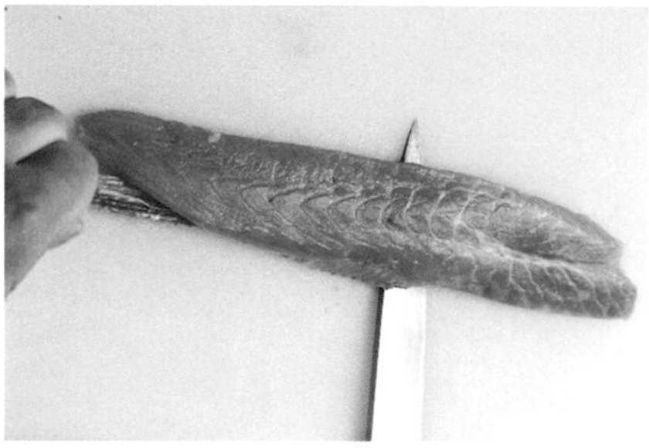

以三片切法剖開之後，切除魚皮。也有壽司店會利用金眼鯛魚皮很有特色的紅色色調，但是增田先生說：「為了突顯魚肉口感軟黏的優點，所以要去除魚皮。」

◆撒上薄鹽

為了稍微加點鹹味，同時排除多餘的水分，在魚肉的兩面撒上極微量的鹽。放置30分鐘左右，水分滲出來之後，因為不用水清洗，所以用廚房紙巾擦掉。

在捏製之前以烤箱加熱15秒，調整油脂成分

以前也曾經以紅燒的方式調理金眼鯛，做成下酒菜端上桌，最近則全都捏製成握壽司。不論是外觀還是口感都軟黏柔嫩，在白肉魚之中油脂的美味程度很明確，還帶有濃郁的鮮味。作為壽司料，我覺得是無可挑剔的魚。而且，它的特性與本店酸味稍強的醋飯非常契合，這也是我喜歡使用的原因。

不過，即使作為壽司料時需要油脂，也並不是越多越好。為了避免油脂變得濃重黏膩，在備料時就要調整成爽口的味道。具體來說，就是加進以昆布醃漬、要捏製前稍微烘烤的工序。

昆布漬的主要目的雖是讓昆布的鮮味滲入魚肉裡面，昆布吸收了魚肉多餘的水分之後會產生濃縮的風味，同時希望讓魚的油脂成分變得均勻。剛開業的時候，我用昆布醃漬各種不同的白肉魚，而今只以感覺效果最好的金眼鯛和沙鮻這2種製作成昆布漬。沙鮻的味道清淡，以賦與昆布的鮮味為優先，而金眼鯛則感覺像是要藉由昆布吸收過剩的油脂，或是利用昆布的鮮味掩蓋油脂成分。

另一方面，烘烤是指將切下來的金眼鯛薄片以烤箱加熱15秒左右的工序。雖說是烘烤，卻不是要將魚片烤熟，也不是要烤出香氣，而是為了「使油脂浮出來」。在因為烤箱熱度而變熱的油脂滲出表面的時間點，將魚片移出烤箱，擦掉浮出來的油脂。

這樣完成的烘烤昆布漬，不論外觀或軟黏的觸感都與生魚片無異。不同的是，入口之後會感受到微溫，油脂的美味程度變得恰到好處。

◆以昆布醃漬

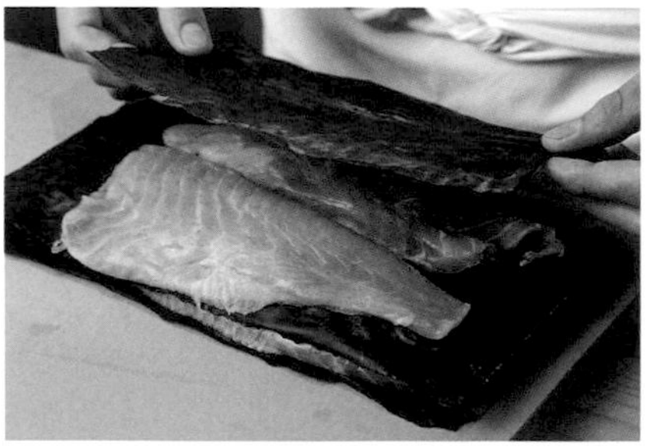

以用酒沾濕的布巾好好地擦拭真昆布，動作輕柔。夾住金眼鯛之後，以保鮮膜包住，放在冷藏室中醃漬大約2小時半。揭開昆布之後，重新以保鮮膜包好，放在冷藏室靜置1天之後才使用。

◆烘烤魚片

要捏製握壽司之前，切成魚片，放在鋁箔紙上，以烤箱的遠火烘烤。將兩面烘烤15秒左右讓油脂浮出，以廚房紙巾輕輕按壓，擦掉浮出的油脂之後才用來捏製。

喉黑昆布漬

厨川浩一（鮨 くりや川）

**由於具有豐富的油脂和濃郁的鮮味，近年來變成熱門白肉魚的喉黑（日本名為赤鯥）。
在產地的日本海沿岸，從以前就一直用來製作成壽司，
但是最近連關東地區也喜歡用來製作成握壽司和烤物。
這裡將為大家解說適合握壽司的昆布漬手法。**

近來，在壽司店也很受歡迎的喉黑（赤鯥）。為了突顯魚皮和魚肉之間膠質的鮮味，直接帶著魚皮，以三片切法剖開。

◆以鹽醃漬

為了替魚肉添加鹹味，同時去除多餘的水分，所以在兩面稍微撒點鹽之後放置30～40分鐘。因為魚身的背側和腹側，厚度相當不一樣，所以將較薄的腹肉重疊在一起，避免有過多的鹽分滲入。

◆以湯霜法處理

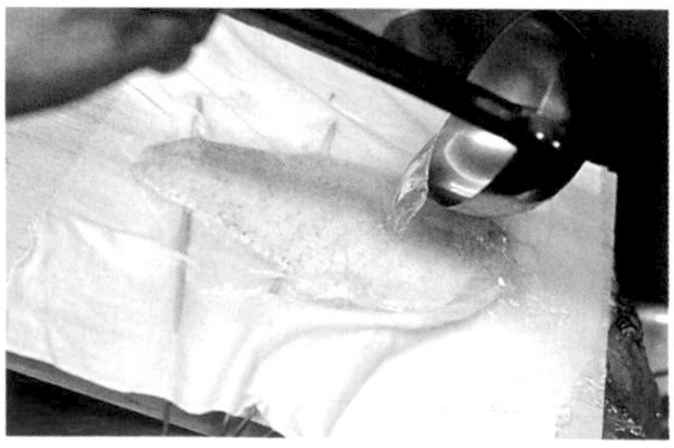

以湯霜法軟化魚皮之後再做成昆布漬

店裡平常會將1~2種白肉魚做成昆布漬。因為替魚肉添加了昆布的鮮味，所以味道變得濃郁，在捏製的過程中產生味道的變化。除了這裡介紹的喉黑之外，也經常利用鯛魚、比目魚、沙鮻、春子等來製作，然而我想大部分的白肉魚都適合做成昆布漬。

有種方法是將握壽司一貫份的小塊魚片做成昆布漬，而我的作法基本上是使用以三片切法剖開的魚片大小來製作。因此，如果是體型相當大的魚，要先修整切塊，魚皮堅硬的要先去除魚皮等，前置作業會隨著不同的魚而改變。像喉黑這類的魚，想要利用緊貼著魚皮下方的鮮味時，或是魚皮本身很柔軟的魚想要直接帶皮製作時，在快要以昆布醃漬之前，需先以湯霜法處理，使魚皮軟化。

另一方面，像沙鮻這類體型小的魚，一旦澆淋熱水的話，魚肉也會燙熟，所以一開始便在魚皮撒上較多的鹽。這麼一來，就可以使魚皮軟化。

本店是使用利尻昆布以完全蓋住的方式夾住魚肉，再以保鮮膜包起來，以喉黑的大小來說，要放上1kg左右的重石，然後在冷藏室中醃漬3~4小時左右。包上保鮮膜是為了防止魚肉乾燥或是冷藏室內的異味轉移至魚肉中。

可以利用裝了魚的壽司料木箱作為重石。木箱的底部平坦，可以平均施加重量，而且也能增減重量，使用起來很便利。此外，昆布的分量、重石的重量、醃漬的時間最好可以依照預定完成的狀態自由地調整。

這次雖然是直接捏製成握壽司，但是將魚的昆布漬以握壽司的型式供應時，會塗上壽司醬油，放上昆布絲（將以酒潤濕的日高昆布撒滿鹽之後切細而成）或煮過的白板昆布，多半會以相同的昆布增添鮮味。

做成昆布漬

以湯霜法處理使魚皮變軟。以清水洗去附著在表面的鹽，在貼近魚皮的地方穿入鐵籤，將魚皮朝上放置在砧板上（照片右上）。蓋上布巾，澆淋滾燙的熱水3次左右（右下）。這時，魚皮堅硬的魚尾側，要設法澆淋熱水久一點。為了不讓餘溫繼續加熱，立刻浸泡在冰水中，在短時間內讓魚肉變涼，同時拔掉鐵籤（下）。變涼之後撈起來，擦乾水分。

將酒噴灑在利尻昆布上面，噴濕之後備用。以那塊昆布夾住喉黑，再以保鮮膜緊密包好。放置在平坦的容器中，再放上1kg左右的重石，平均施加重量，然後放在冷藏室醃漬4小時左右。完成之後，揭開昆布，保存在壽司料木盒中。

梭子魚昆布漬

小宮健一（おすもじ處 うを徳）

使用梭子魚製作的壽司，有鄉土壽司姿壽司、多半是在日本料理店供應的箱壽司，以及小袖壽司等，作為握壽司的壽司料還只是新秀。「うを徳」在當令的秋季一定會以昆布醃漬後才捏製，固定作為白肉魚的壽司料。

使用大型且肉厚的梭子魚製作成壽司料。照片中是長度為30㎝，千葉縣富津產的梭子魚。小宮先生說：「其他如東京灣的小柴、葛西等地，有很多味道鮮美的梭子魚。」

◆以三片切法剖開梭子魚，切除魚皮

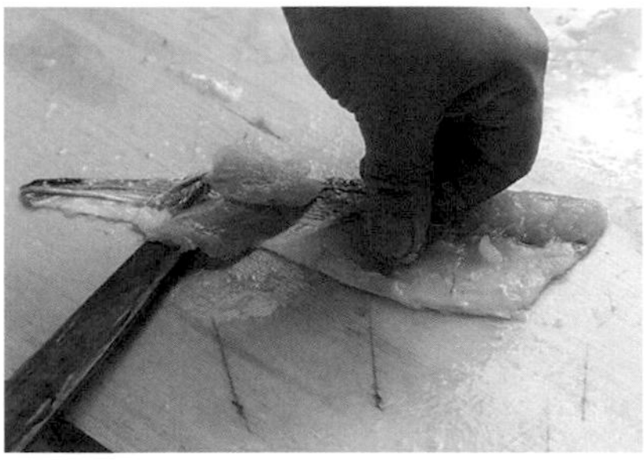

在前置作業中用一般的方式去除魚鱗，以三片切法剖開之後，去除腹骨、小魚刺。配合壽司料的大小，削切成3～4片，同時切除魚皮。

◆以醃漬液醃漬

在以昆布醃漬之前，先以稍帶甜味的醃漬液醃漬，使魚片入味，這是「うを徳」獨特的技法。醃漬液是每次要製作時將淡口醬油與煮到酒精成分蒸發的酒、味醂混合而成，醃漬時間為2分鐘左右。

製作成以淡口醬油為基底的醬油漬，再以昆布醃漬

梭子魚不是傳統的江戶前壽司料，但是以沒有腥味，味道又鮮美的白肉魚來說，我認為它是適合握壽司的素材。魚身厚實且體型大的梭子魚特別有味道，所以只要市場陳列出品質好的梭子魚，我一定會買下來。做成姿壽司之類的壽司時，似乎多半都會連同炙烤過的魚皮一起使用，而本店則是考量到梭子魚與醋飯的味道、觸感要有渾然一體的感覺，所以基本的作法是去皮之後再以昆布醃漬。

店裡會將多數的白肉魚做成昆布漬，備料方式都一樣。工序是將魚切成握壽司壽司料的大小，使用以淡口醬油為基底的壽司醬油做成醬油漬之後，再以真昆布醃漬不到1小時。

昆布漬也有種作法是以長方形魚塊或淨肉等的魚塊來製作，但是如果沒有修整成一致的厚度，當然有時候整個魚塊的味道會不均勻，所以本店為了確實地讓鮮味均勻分布在魚塊上，採用一開始就切成小塊魚片的方法。如此一來，醃漬的時間縮短，為了避免醃漬過度，要勤加確認味道。此外，梭子魚的魚肉柔嫩，在揭開昆布的時候，魚肉會黏在昆布上很容易潰散，所以輕柔地揭開昆布也很重要。

接下來，說到昆布漬的作法，一般都是在快要捏製之前將魚撒上鹽，去除多餘的水分，有時會視情況以醋醃漬，而本店則是以前述的方式做出獨家的調味。將淡口醬油與煮到酒精成分蒸發的酒和味醂加在一起，再把魚片放入這個醃漬液中醃漬2~3分鐘左右，添加味道。因為加入了味醂，所以成為稍帶甜味的壽司醬油。這個調味是在京都的日本料理店學到的，該店做成生魚片的白肉魚也是這樣子調味。與本店鹹味稍重的醋飯是非常對味、味道均衡的組合。

◆以昆布醃漬

真昆布以用水弄濕的布巾擦拭過後，用刷子沾滿醋塗抹在整片昆布上，使昆布變軟（照片上）。用廚房紙巾擦掉梭子魚的水分之後，以昆布夾住（左），再以保鮮膜包住。因為是尺寸小的魚片，所以醃漬的時間很短，不到1小時。

◆揭開昆布之後保存起來

昆布的味道適度地沾染在魚片上面之後，去除昆布，將魚片擺放在容器中，以保鮮膜包覆，放在冷藏室中保存。雖然當天就可以開始使用，但是大約在第3天才到達最美味的時刻。

鰤魚千枚漬博多押壽司

野口佳之（すし処 みや古分店）

出世魚鰤魚，從稱為INADA（HAMACHI）的小魚階段就可以用來製作握壽司。
鰤魚的成長期在秋季之後，
嚴寒時期的「寒鰤」，美味程度足以與鮪魚肚互相抗衡。
「すし処 みや古分店」將寒鰤與千枚漬搭配在一起，做成押壽司。

鰤魚在歲末年初之時成長得最大，美味程度也達到了巔峰。照片中是知名產地之一富山縣冰見產的「寒鰤」。採購進來的是已經以三片切法剖開的單邊魚身的腹肉側。

◆片開鰤魚塊

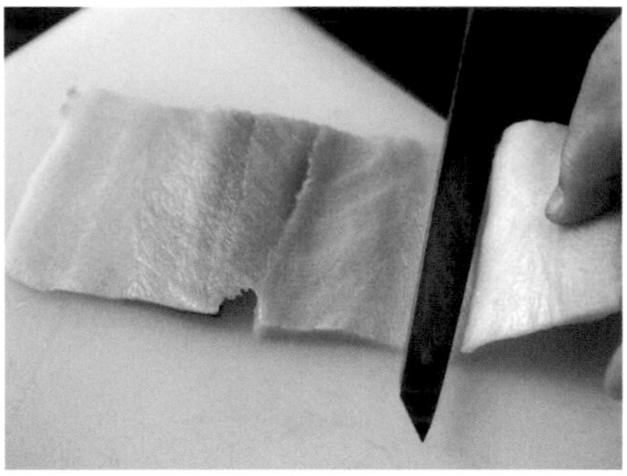

要製作成博多押壽司的鰤魚，先薄薄地切開之後再使用。首先，將已經剝除魚皮的鰤魚塊切成符合木模的寬度（短邊）。接著在魚塊厚度距離下方⅓的位置將菜刀切入，一直切進去，切開到貼近邊緣為止，比較厚的魚肉就再從一半的厚度以相同的方式一直切進去，把魚肉切開來。

◆以鹽醃漬

為了去除多餘的水分，在兩面撒上鹽。放置30～40分鐘。如果油脂較為肥厚的話，放置的時間要稍久一點。滲出水分之後，用水清洗乾淨，再將水分擦乾。

應用蕪菁壽司的作法做成的寒鰤和千枚漬的箱壽司

本店將「鰤魚千枚漬博多押壽司」列為冬季的基本菜單。以一般的作法捏製也很美味的鰤魚，自從將近10年前我受到北陸名產「蕪菁壽司」的啟發，用鰤魚製作成押壽司而廣受好評，從此就成為冬季不可缺少的品項。

蕪菁壽司是將用鹽醃漬過的大型蕪菁切成薄片，夾住鰤魚切片，然後以米麴醃漬發酵而成的料理。不過，客人對這種熟壽司類的壽司好惡非常分明，所以為了做出每個人都容易入口的壽司，把材料調整之後做出了這款博多押壽司。

使用普通的醋飯代替米麴，蕪菁則改用京都名產的千枚漬。以這兩者夾住鰤魚切片，再以木模壓製使之融合為一。因為沒有麴，減少了甜味，因千枚漬和醋飯有酸味，吃起來很爽口。

鰤魚以日本海的富山縣冰見和新潟縣佐渡生產的最有名，感覺捕撈到的是品質可靠、穩定的新鮮魚貨。鰤魚的品質以腹肉是否肥厚，油脂是否肥美為鑑別的重點。因為是大型的魚，所以市場上是以剖開成三片的狀態販售，大致上分成3個等級，我都是一邊從最高等級的鰤魚開始確認肉質一邊選購。

我只購入以三片切法剖開的腹肉。製作成烤魚等料理的日本料理店，多半會使用背肉，而做成壽司的話，則適合以品嘗得到油脂鮮味和柔嫩觸感的腹肉製作。依照魚肉的狀態也可以在當天使用，如果太過鮮活的話，熟成數天之後再使用。

順便提一下，在下酒菜篇章介紹的「鯖之千鳥」（P.260）是由博多押壽司衍生出來的型式，使用醋漬鯖魚取代鰤魚，以千枚漬捲起來。北陸的蕪菁壽司基本上以鰤魚為素材，但是也可以用鯖魚製作，因為鯖魚與蕪菁很對味。

◆填入壽司模中

將裁切得稍大一點的保鮮膜鋪進押壽司使用的木模中。依照千枚漬（照片上）、鰤魚（中）、醋飯（下）的順序填滿木模。這時，千枚漬為了要在木模的側面立起來，將4片份的千枚漬錯開位置，鋪在木模裡，而鰤魚則配合木模的尺寸，將邊緣切齊，以1片份的厚度鋪上去。將鰤魚和醋飯再度各鋪進去1次，鋪成2層。以小分量提供時，只鋪1層也可以。

◆壓模

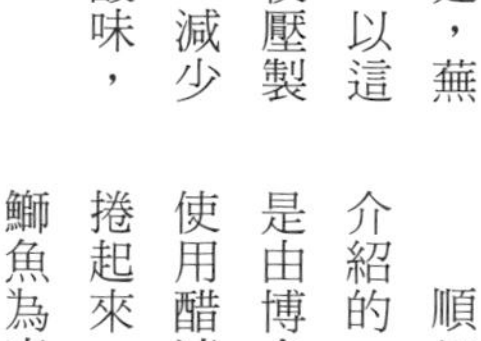
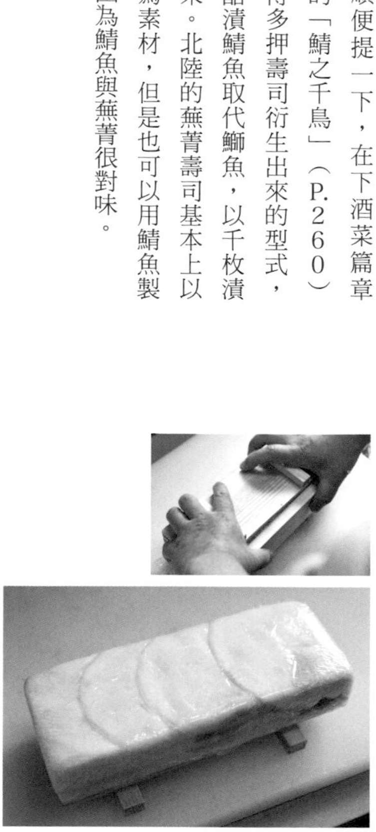

將超出木模範圍的保鮮膜覆蓋在醋飯上面，再放上木模的蓋子，用力按壓好幾次使填裝在木模中的素材緊密貼合（照片上）。然後就這樣蓋著蓋子，以橡皮圈等固定，放置在冷藏室中約3小時，讓形狀固定。連同保鮮膜從木模中取出（下），上桌時從保鮮膜上面分切開來。

鰆魚稻草燒

鈴木真太郎（西麻布 鮨 真）

以燃燒的稻草炙烤魚，在沾裹淡淡的燻香的同時稍微烤一下表面。
魚皮也變軟可以入口，這就是「稻草燒」的技法。
可以廣泛使用紅肉魚、白肉魚、青背魚製作的調理法。在這裡將以鰆魚為例來介紹。

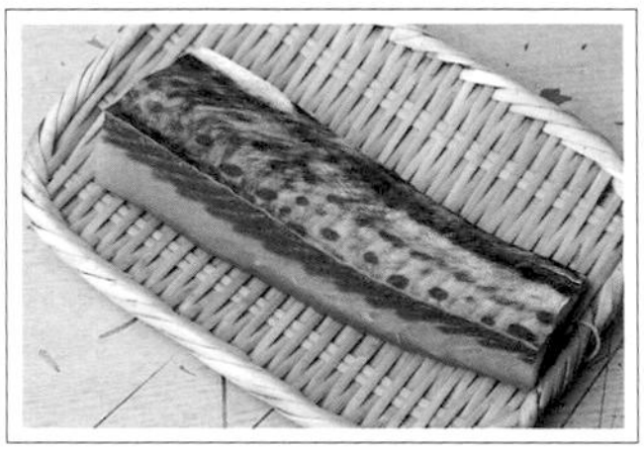

鰆魚的時令是從冬季到初春。將單邊魚身以十字型分成四等份的大小，穿入鐵籤之後再炙烤的話剛剛好。腹側的魚皮很柔軟所以可以帶著魚皮備用（照片），但是背側的魚皮很硬，所以必須去除。

◆將鰆魚以鹽醃漬

魚塊先以鹽醃漬，去除魚肉中多餘的水分。在兩面撒上鹽（照片上）擺在竹篩上放置1小時（下）。鹽的分量視魚肉的大小、油脂分布的多寡調整。在這之後，以流動的清水洗淨，再以紙徹底擦乾水分。

◆穿入鐵籤

將鰆魚的魚皮那面朝下放置，在貼近魚皮的內側水平穿入鐵籤。與鰹魚土佐生魚片一樣，將數根鐵籤呈放射狀插入，比較容易拿住。

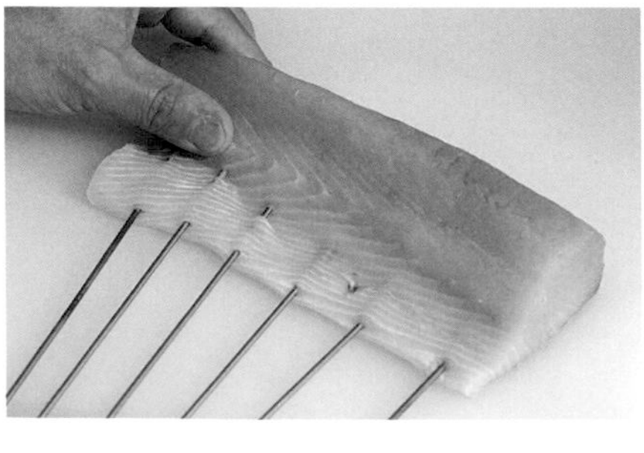

以稻草炙烤後送入冷凍室急速冷卻，保持香氣和觸感

魚的稻草燒是我很喜歡並且經常使用的技法。因為魚皮那面變得香而柔軟，而包覆著全體的微微燻香有助於提升魚的風味的緣故。

鰆魚是在冬～初春時端出的稻草燒，春～夏時使用大目鱒（時不知鮭）或鱒魚，秋季則使用返鄉鰹。即使同樣是鰹魚，初春的鰹魚油脂分布少，風味爽口，一旦做成稻草燒，這個優點就會消失，變得不美味。根據魚種或時期的不同，有適合與不適合的魚，所以嘗試過各式各樣的魚種之後，最後選定現在的名單。

製作稻草燒的時候，也是要先將魚以鹽醃漬，去除多餘的水分之後將味道濃縮起來。稻草的優點在於，加熱的火力比瓦斯的火力柔和，很少發生像是部分烤焦，或是加熱過度之類的失敗情況。而且，因為冒出很多煙，很容易沾染煙燻的香氣，香氣本身也很芳香。

儘管如此，如果不小心謹慎地炙烤就會招致炙烤過度的失敗。魚皮要緊貼著火焰，如果不加熱至出現烤色就不好吃，而魚肉那面則絕對不要烤上色，以煙燻製到變硬的程度。尤其是腹肉的部分，因為肉的厚度非常薄，所以要注意。魚肉的內側終究必須是「生」的。將魚塊頻繁地翻面，調整燻烤的位置，追加稻草，從七輪炭爐的通風口送風進去等，調整火勢的能力發揮了作用。

烤完之後，一般為了防止餘溫繼續加熱，都會放入冰水中。但是，總感覺會變成水水的，好不容易燻出的香氣或剛烤好時肉的觸感會變差，我的作法是以棉蒸布包起來，放入冷凍室急速冷卻。

與以紅醋100%做出的醋飯也很對味，受到客人的好評。

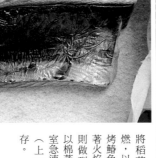

◆以稻草炙烤

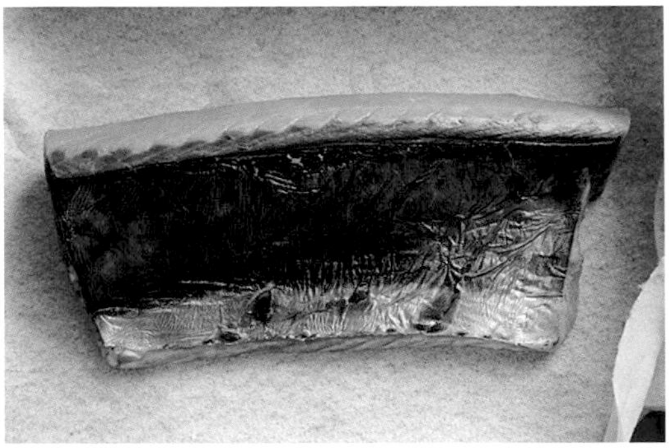

將稻草放入七輪炭爐中點燃，以往上冒的煙和火焰炙烤鰆魚（照片右）。魚皮貼著火焰充分炙烤，魚肉那面則做到以煙燻烤的程度。以棉蒸布包起來，放入冷凍室急速冷卻7～8分鐘之後（上），放在冷藏室中保存。

亮皮魚的備料

醋漬小鰭

浜田 剛（鮨 はま田）

在亮皮魚之中，一般認為小鰭很特別。因為做成醋漬物可使鮮味大增，與醋飯搭配也很出色，可以盡情享受握壽司的絕妙美味。不同的備料方式很容易展現出特性，也有很多客人是以小鰭的味道決定去哪家店光顧。

小鰭是出世魚窩斑鰶的幼魚。在「はま田」，從幼魚的新子到小鰭、中墨依照順序使用。購入的是長度約14cm的小鰭。

◆將小鰭剖開成一片

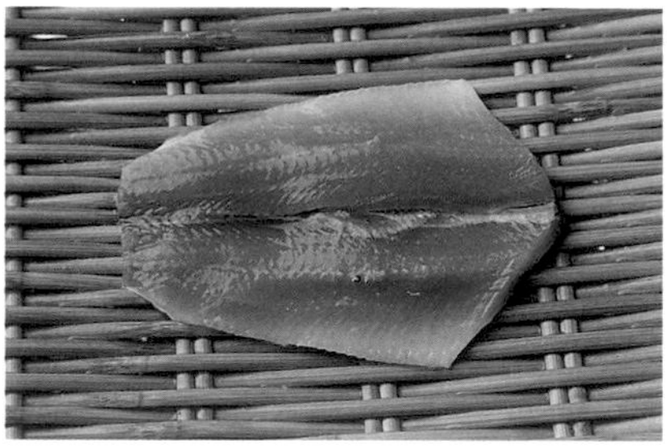

去除魚鱗、魚頭、魚鰭之後，從腹部剖開成一片，將內臟和魚骨都清除乾淨，然後用水清洗。修整成作為壽司料用的漂亮形狀。

◆以鹽醃漬

將小鰭擺放在撒滿鹽的網篩中，也從上面撒下鹽。使用大量的鹽，完全遮住小鰭直到看不見的程度，是「はま田」的手法。醃漬時間也長達1小時10分鐘。

以加入大量鹽和醋的「江戶前的精粹」為目標

為了懂得使用小鰭，以前我到各家店去品嘗握壽司的小鰭。從稍微醃漬、溫和的味道近似生魚的小鰭，到鹹味和酸味都很重、給味覺帶來強烈衝擊感的小鰭，不同的店家製作出來的小鰭居然有如此大的差異，讓我十分詫異。

換句話說，要醃漬成怎樣的小鰭，考慮的範圍非常廣泛。那是既困難又有趣的部分，對壽司師傅來說，那是可以大展身手的壽司料。

在那樣廣泛的範圍中，我的小鰭屬於鹹味和酸味都相當強烈的類別。這個味道的調整標準來自於自己預想的壽司風格。我在握壽司最重要的味道基底，也就是醋飯中充分加入了紅醋（粕醋）和鹽，為了取得味道的均衡，壽司料也必須有較濃的調味，所以小鰭也醃漬得味道很濃。在清爽提味的握壽司中帶有「江戶前的精華」，這就是我的信念。

依照魚的油脂多寡和體型大小，醃漬程度的調整幅度多少有所改變，這裡介紹的是大致上平均的情形。一開始以完全遮蓋住小鰭的鹽量，醃漬約1小時10分鐘。本店使用的鹽量和醃漬時間僅次於醋漬鯖魚。在那之後洗掉鹽，在醋水中過一下，靜置30分鐘之後，泡在生醋中醃漬1小時。這個時間也很久。但是，絕對要在不會太鹹或不會太酸的恰當範圍內醃漬。

雖然接近生食的醋漬小鰭也很美味，但是並不能說哪一種才是最好吃的。這裡介紹的醋漬小鰭，終究只是我設計出來的理想形式。這道醋漬小鰭以味道強烈、接近「這才是江戶前的小鰭」的形象，令我深感自豪。

◆以醋醃漬

用水洗去鹽，再以加水稀釋過的粕醋清洗。靠在金屬網篩中立起來，靜置30分鐘之後，浸泡在粕醋中醃漬1小時。醋漬用的粕醋是使用熟成時間短的白色粕醋。

◆靜置

將金屬網篩疊在缽盆上，再將小鰭的魚皮那面朝外立起來，排列整齊（照片上）。覆上保鮮膜，放入冷藏室靜置2天，一邊瀝除水分一邊使之入味。照片左是靜置2天之後完成的小鰭。

醋漬新子

安田豐次（すし豐）

「新子」顧名思義是指誕生沒多久的孩子，以海鮮來說是幼魚的意思。
以壽司來說，一般指的是出世魚窩斑鰶的幼魚，新子再長大一點就變成小鰭。
在關西地區，墨烏賊和玉筋魚也稱為新子，
而這裡是以窩斑鰶的新子來解說。

窩斑鰶的幼魚，新子。照片中是體長平均為7～8㎝的大小，適合做成二枚付的握壽司。新子是夏末上市時那個大小的窩斑鰶，隨著秋意漸濃，長大之後改稱為「小鰭」。

◆將新子剖開成一片

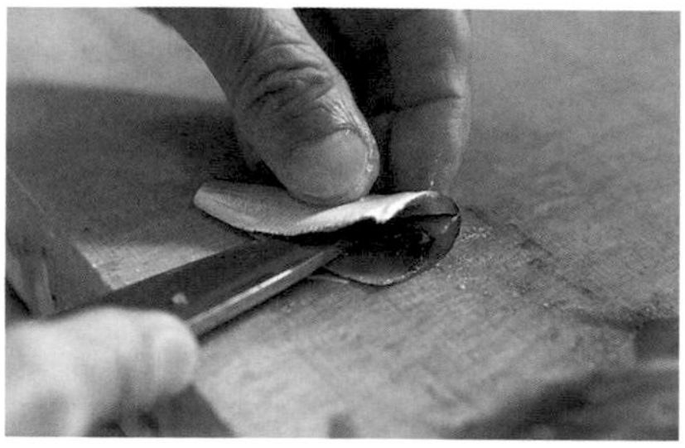

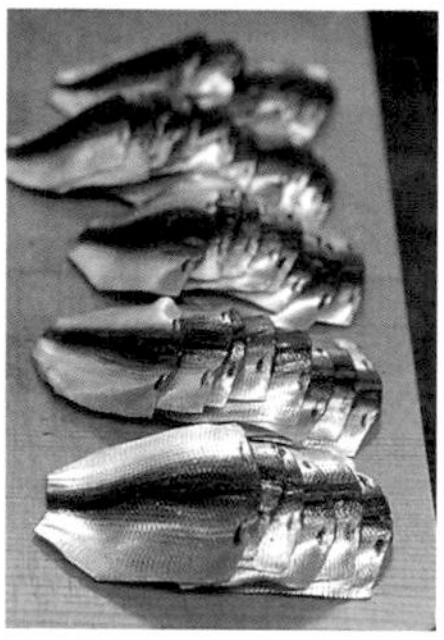

小心地切除魚鱗之後，切下魚頭，從腹部剖開成一片（照片上）。一邊去除內臟、中骨、腹骨，一邊將形狀修整得很漂亮（右）。新子的魚身柔嫩，腹側的肉容易破損，所以要輕柔地處理。

◆以鹽醃漬

在長方形淺盤中撒上鹽，將魚皮那面朝下，把新子排列整齊，也從上方撒鹽。以稍微沾滿鹽的程度放置20～40分鐘（依照尺寸大小等因素調整）。以流動的清水沖洗3～4分鐘，洗掉鹽分和腥味。

外形和味道均佳的是「二枚付」的大小

在關西地區雖然也有享用「鯖魚棒壽司」等青背魚的傳統，但是基本上還是屬於白肉魚文化。40年前本店開業時，抗拒青背魚握壽司的客人很多，但是隨著時代變遷，現在小鰭和新子已經像東京一樣受到大眾喜愛，成為受歡迎的壽司料了。

新子的捕撈期，以大阪灣來說，在8月盂蘭盆節前後的1個月。新子上市之後，可以長期享用到的小鰭也就要登場了，我們也會因季節的到來覺得很雀躍。

雖說是新子，體長有從5cm到10cm左右的差距。小型的新子，要將數尾份重疊之後捏製，大型的新子則以1尾捏製。依照各自使用的魚片數量，分別稱為四枚付、三枚付、二枚付，以及使用1整尾捏製的，稱為丸付。

以前由於過度追求剛上市的新子，壽司店競相出高價購買小小的新子，但是實際上，太小的新子沒有味道，而且魚身沒有厚度，要把好幾片疊在一起，捏製出很肥厚的外形，我覺得不好看。新子作為青背魚，清淡纖細的味道是魅力所在，但是體型太小的話，就會連那個纖細的味道都感受不到。基於漂亮的形狀和鮮味這點理由，基本上我是使用體長7~8cm的新子捏製成二枚付。

備料的方法與小鰭一樣，但是因為魚體很小，容易受到內臟腐壞的影響，所以買進之後立刻剖開進行備料是第一要務。而且，要把鹽和醋的用量和醃漬的時間控制得很好。因為一併購入的新子有大有小，所以剖開之後分成大中小3種尺寸，撒鹽和泡醋的時間要有點細微的差距。

雖說是幼魚，但在不起眼的部分需要注重細節，那將會明確地顯在成品中。

◆以醋醃漬

缽盆中裝入米醋，浸泡新子。從體型大的新子開始，依照順序重疊，設法讓大型新子醃漬久一點（照片上）。標準大約是最後放入的小型新子醃漬1分鐘左右（最初放入的新子控制在3分鐘以內）。然後將新子排列在網篩狀的容器中瀝除醋液（右），包覆保鮮膜之後放在冷藏室中靜置數小時。

◆捏製成握壽司

將鹽和醋融入後的新子捏製成握壽司。通常是做成二枚付，將2尾份的新子錯開位置重疊在一起，使厚度一致（照片上）。此外，還有將2尾新子一起分切成半邊魚身，將4片半邊魚身重疊之後捏製成握壽司（下）。不只外觀，連觸感也變得不同。

醋漬沙鮻

松本大典（鮨 まつもと）

因為江戶時代沙鮻在江戶前的東京灣有豐富的漁獲量，所以固定成為壽司料的一角。與小鰭和鯖魚等一樣，因帶有光彩、漂亮的魚皮顏色而被分類為「亮皮魚」。最近也有店家採用以昆布醃漬的作法，但是以往一般都是以醋漬法進行備料。

江戶前的壽司料中不可缺少的沙鮻。照片中是以優良的沙鮻產地聞名的千葉縣竹岡（東京灣）產的沙鮻，長度是「剛好適用於壽司料的尺寸」（松本先生）15㎝大小。

◆將沙鮻剖開成一片

沙鮻要利用魚皮的特色捏製成握壽司，所以將魚鱗去除乾淨之後，去除魚頭和內臟。因為魚體很小，所以從背部剖開成一片，去除中骨、腹骨、魚鰭等，再修整切塊。

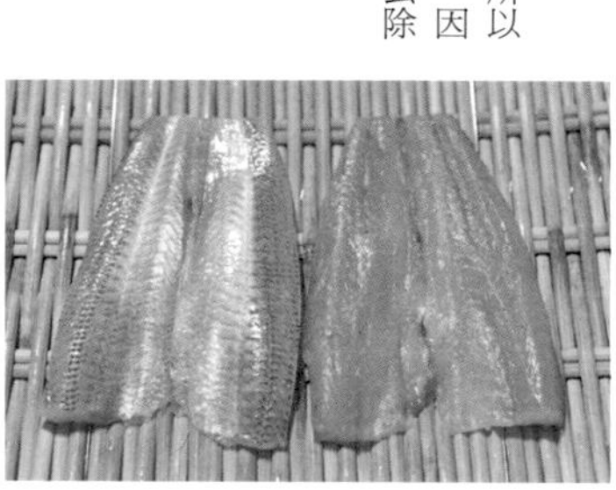

◆以鹽醃漬

將魚肉那面朝上排在網篩上，撒上鹽（魚皮那面不撒鹽）。放置5分鐘左右讓鹽分滲透進去，同時釋出多餘的水分。依據魚的大小、魚肉的厚薄、油脂的多寡稍微調整醃漬時間。

◆靜置1~2小時

用水迅速沖洗表面之後擦乾水分，將魚肉那面朝上再次排列在網篩上，立起網篩數分鐘，瀝乾水分。在這之後，放入冷藏室1~2小時，使鹽分滲入魚肉中。

一開始先撒鹽，以湯霜法處理之後再以醋醃漬

當令的夏季再度到來時，一定會使用沙鮻。除了因為它是經典的壽司料之外，也因為可以感受到很適合夏季的清爽感。柔嫩、爽口的魚肉是適合炎炎夏日的壽司料。

雖然做成昆布漬也很美味，但是本店基本上是做成醋漬沙鮻。因為這是以前江戶前壽司的技法，而且以醋醃漬的沙鮻更能突顯出清新舒暢的感覺。此外，沙鮻很容易感覺到碘味，所以排除多餘的水分之後用水仔細清洗乾淨，再以醋醃漬的話，也具有減少這種異味的效果。

接下來，因為沙鮻的魚皮很美味，所以做成壽司料的時候要以帶皮的狀態備料。沙鮻的體型小，因此剖開成一片，在魚肉那面均勻地撒滿鹽，排出水分。釋出的水分要用水沖洗乾淨以便消除異味，充分擦乾水分之後，放入冷藏室靜置1～2小時。在這個階段花費較多的時間，是為了讓滲入魚肉表面的鹽分可以滲透至更深層的部分。讓鹹味徹底滲透進去是我的手法，在以醋醃漬之前花時間讓魚肉入味。

鹽分融入魚肉之後再以湯霜法處理每一片魚片的魚皮，接著立刻過一下紅醋（粕醋）。用熱水澆淋下一片魚片，放入醋裡之後，取出剛剛放入的前一片魚片，以這樣的流程和時間點，醋漬的時間極為短暫。

此外，一般的作法似乎多半採用一開始先以熱水澆淋魚皮，撒鹽之後再以醋醃漬這樣的順序，但是這裡所介紹的步驟——澆淋熱水和過一下醋是連續進行的，所以在澆淋熱水之後就不需要為了防止餘溫繼續加熱而泡入冰水中的這個工序。

備料過程中的魚最重要的是盡可能不要泡在水中，所以這個方法以那個意義層面來說也很合理。

◆以湯霜法處理魚皮

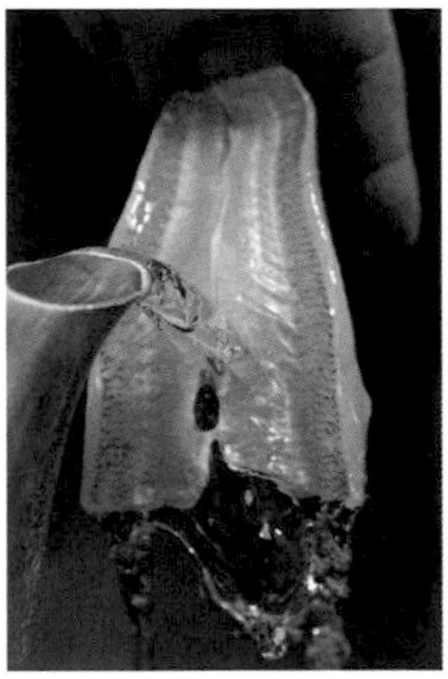

為了使魚皮變軟，以湯霜法處理魚皮。也可以將魚片放在網篩上再澆淋熱水，但是松本先生依照從修業時代起培養的習慣，將魚皮朝上，用手拿著沙鮻，1片1片地淋上熱水。

◆泡一下醋

接著過一下紅醋（粕醋）。醃漬時間是用熱水澆淋下一片魚片時10秒左右的空檔，流程是將1片魚片放入醋裡之後，取出剛剛放入的前一片魚片（照片右）。完成泡醋的工序之後，將魚皮朝上排列在網篩上，立起網篩數分鐘，待瀝乾水分之後（左），放入冷藏室靜置1小時。背面暗藏著山椒芽，捏製成握壽司。

沙鮻昆布漬

岩瀨健治（新宿 すし岩瀨）

近來，端上桌的機會變多的是沙鮻昆布漬。
在「新宿 すし岩瀨」，沙鮻是常備的食材，
作為該店為數不多的昆布漬壽司料之一。
將昆布只貼在單邊魚身上，做成清爽的昆布漬，突顯沙鮻的生鮮風味。

因為「魚肉厚實又美味」（岩瀨先生）這個理由，沙鮻是選用在東京灣捕獲的江戶前魚貨。照片中的沙鮻都是長20cm、重80g的大型沙鮻。

◆以湯霜法處理沙鮻的魚皮

以背開法剖開沙鮻，為了使魚皮變軟，只在魚皮上澆淋滾水。立刻浸泡在冰水中消除餘溫。在這個工序中為了避免將魚肉燙熟，要1次1尾迅速地進行，網篩也是每用過1次就要用流動的清水沖洗冷卻。

◆撒上鹽

以廚房紙巾擦乾表面，在兩面撒上極少量的鹽，放置2分鐘左右。撒鹽不是為了調味，目的是排出多餘的水分，去除腥味。

只貼著魚肉那面2～3小時的半熟昆布漬

沙鮻的脂肪少，肉質清淡柔嫩。我認為一邊添上昆布的鮮味一邊適度地去除水分的昆布漬技法很適合沙鮻。順便提一下，本店做成昆布漬的食材只有沙鮻、金眼鯛、白蝦。雖然這是可以用在各種白肉魚上的技法，但是這3種食材我特別滿意。

就像以前用來製作江戶前壽司那樣，江戶前（東京灣）的沙鮻品質高，本店也只限定購入這個產地的沙鮻。體型大，魚身厚是它的優點。因為有很多客人還抱持著「說到沙鮻就想到天婦羅」這樣的印象，所以藉由體型大和鮮味濃郁帶來衝擊感的江戶前沙鮻是求之不得的好食材。

昆布漬的方法不論以任何魚製作，基本上都一樣，但是會隨著肉質和大小的不同調整魚皮的處理、昆布的貼法，醃漬的時間。沙鮻的魚皮吃起來也很美味，所以以帶皮的狀態剖開，然後以湯霜法處理魚皮，使之變軟。

在那之後是撒上鹽，去除多餘的水分，然後以昆布醃漬的工序，但是因為沙鮻的體型小，所以撒的鹽量極少，而且只放置2分鐘左右。如果放置的時間太久，小小的魚身會布滿鹹味，所以我以簡短的時間完成醃漬。

緊貼著昆布的只有魚肉那面。然後包覆保鮮膜，不放上重石，靜置一段時間。剛開始，我將魚皮和魚肉兩面都貼著昆布，但因覺得昆布的味道和香氣壓過了沙鮻，所以修正成只將單面貼著昆布。

醃漬的時間也只有2～3小時，算是比較短的類型。依照魚種的不同，也有像是魚肉會變得緊實，觸感變得黏糊那樣，味道醃漬得比較重的昆布漬，所以這個方法是「半熟狀態」的昆布漬。我想也可以說是盡可能保留沙鮻生鮮風味的昆布漬。

◆以昆布醃漬

昆布裁切成可以將數片沙鮻的單邊魚身排列在上面的大小。以用醋弄濕的廚房紙巾擦拭昆布的兩面，讓昆布變軟，同時產生黏性（照片右）。撒上少量的鹽。將撒過鹽的沙鮻再度用水清洗之後，擦乾水分。切下中心的腹肉部分，分成單邊魚身。將魚肉那面朝下，排列在昆布上面，排完後將昆布連同魚肉翻面，繼續再將魚肉貼合在昆布的上面（左上）。全體以保鮮膜包起來（左下），在冷藏室放置2～3小時，讓魚肉吸收昆布的鮮味。

◆添加山椒芽的香氣捏製成握壽司

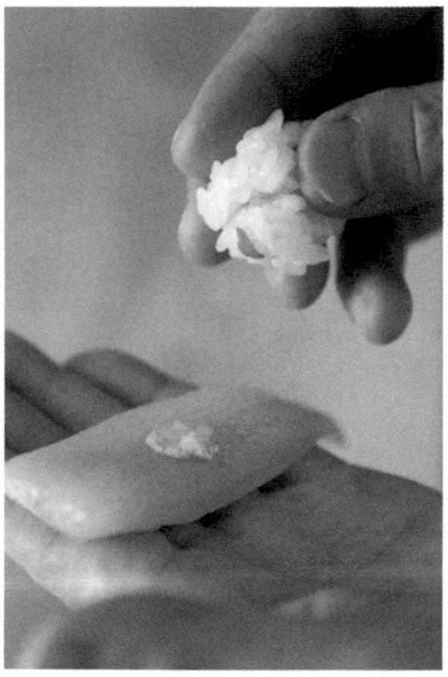

將與沙鮻很對味的山椒芽葉1片撕碎，貼在醋飯上，然後放在沙鮻昆布漬上面捏製成握壽司。

醋漬春子

石川太一（鮨 太一）

江戶前壽司中，帶有漂亮粉紅色魚皮的血鯛幼魚，
以「春子」之名受到重用。雖然醋漬法最具代表性，但在「鮨 太一」不論是
以鹽醃漬的方式、醋的分別使用、過一下醋的方式等處處都很用心。
製作出突顯出春子的柔嫩感，風味佳的成品。

春子是血鯛等的幼魚。粉紅色的魚皮很漂亮，因為是利用這魚皮的特色捏製成握壽司，所以即使春子是一種鯛魚，也被分類在「亮皮魚」的章節中。時令是春季到夏季。

◆將春子剖開成一片

筆直切下魚頭，從背部剖開成一片之後，去除中骨、腹骨、小魚刺。小型的春子，因為傳統的作法是附上1整尾，帶著尾鰭捏製成握壽司，所以只保留尾鰭進行備料。

◆以立鹽醃漬

將春子以立鹽醃漬10分鐘左右。在立鹽中加入冰塊，瞬間停止餘溫繼續加熱，讓鹽分慢慢地滲入魚肉。

◆以湯霜法處理

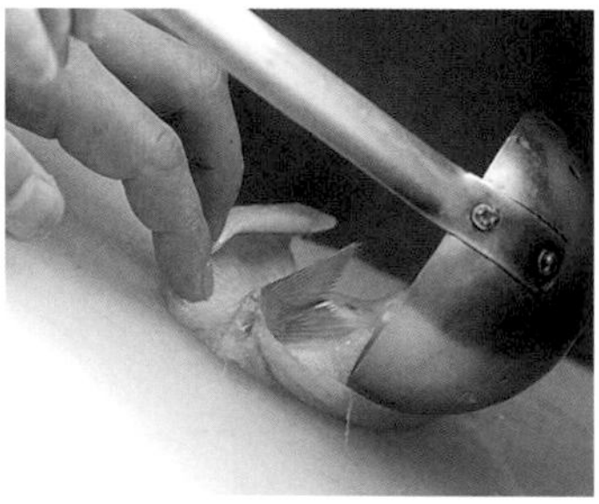

因為春子是帶著魚皮捏製成握壽司，所以為了使魚皮變軟，只在魚皮那面迅速地澆淋熱水。為了避免將魚肉燙熟，淋過熱水之後立刻進入下一個立鹽的工序。

浸泡在立鹽中，更換醋的種類，過3次醋

不只是春子，醋漬的程度會依不同的製作者而有各種不同的情況，而我呢，秉持與醋漬沙丁魚（P.80）一樣的想法，為了讓原本肉質柔嫩的春子發揮特性，以做出不會緊縮得太硬的醋漬春子為目標。

因為這個緣故設計出的工序之一，就是將春子放入立鹽（鹽分濃度與海水相近的食鹽水）中醃漬的方法。這個方法比起把鹽撒滿魚肉的作法，因為鹽分的滲透更穩定，所以不會發生緊縮過度的情況。

其實，選擇這個方法還有另一個理由。在以立鹽醃漬之前，為了使魚皮變軟，需以湯霜法處理，一般來說，為了避免餘熱繼續加熱，要立刻泡在冰水中。因此，在立鹽中加入冰塊來醃漬春子，可以做到同時完成兩個工序。

第二個費心的地方是過一下醋的方法。以前是在紅醋（粕醋）和米醋的調和醋中醃漬10分鐘，但是缺點在於擱置一陣子的話，魚肉會變硬。因為春子比沙丁魚更容易因為醋而使肉質緊縮得很厲害，所以理想的作法是，大幅縮短在醋中醃漬的時間以維持魚肉的柔軟度，同時也保留住醋的風味。

最終決定的方法是，第1次以米醋醃漬，接著以紅醋和米醋調合而成的醋醃漬，然後靜置一個晚上之後再次以紅醋和米醋混合而成的醋醃漬，總共醃漬3次。相對地，醃漬時間大幅地減少至各不到1分鐘。第1次的米醋是為了加入銳利的酸味，調和醋則是為了添加紅醋的香氣、醇厚、色澤。放置一段時間，以2種醋醃漬，可以同時調整肉質緊縮的情形和風味。

此外，在捏製春子的時候，我會遵照江戶前壽司的傳統，暗藏少量的芝蝦鬆在裡面。

在2種醋中過一下

從立鹽中取出的春子立在網篩中，在冷藏室中放置30分鐘～1小時瀝乾水分之後，過一下醋。第1次以米醋（照片上）醃漬，接著以紅醋（粕醋）和米醋依照2：3的比例混合而成的調合醋（下）醃漬，分別醃漬不到1分鐘的時間。

靜置一個晚上

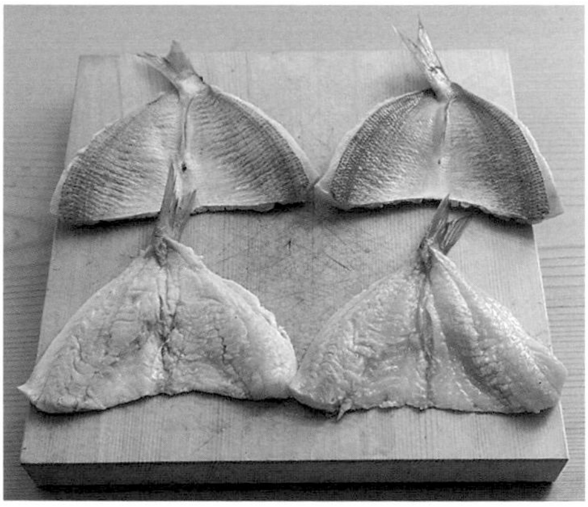

將從醋中撈起的春子立在網篩中瀝乾水分，然後放入容器中靜置一個晚上。隔天早上，再一次以紅醋和米醋的調和醋稍微醃漬一下，瀝乾水分之後就完成了。照片中，右邊是第1天，左邊是第2天，在備料工作結束時的春子。

春子昆布漬

神代三喜男（鎌倉 以ず美）

**在「鎌倉 以ず美」，春子的備料工作，
第1階段的醋漬是使用以煮到酒精成分蒸發的酒和醋混合而成的「酒醋」，
第2階段的昆布漬是使用以配方不同的酒醋回軟的昆布。不只是春子，
所有的醋漬和昆布漬都是同樣的作法。**

尤其在關東地區非常受歡迎的春子。主要是指血鯛（在關東又稱為花鯛）的幼魚，作為宣告春天來臨的壽司料而受到重用。

◆將昆布浸泡在酒醋中

把羅臼昆布浸泡在將煮到酒精成分蒸發的酒和米醋以6：4的比例混合而成的「酒醋」中。放置一個晚上，讓昆布恢復柔軟，將已經減少昆布腥味的昆布，用來製作昆布漬。酒醋很耐久放，可以重複使用半年左右。

◆以鹽醃漬春子

將春子帶著魚皮以三片切法剖開。在兩面稍微撒點鹽之後，放置3～4分鐘，待多餘的水分滲出之後用水沖洗乾淨，然後擦乾水分。因為是小型的魚，所以不論是鹽的用量或醃漬的時間都比較少。

◆以酒醋醃漬

春子也與昆布一樣，使用「酒醋」稍微醋漬一下。醋漬用的話，醋的比例要多，變成酒4：米醋6。在缽盆中將酒醋和水加在一起，稀釋之後，將春子浸泡2～3分鐘。

將酒和醋以4：6調和而成的醋，加水稀釋後用來醃漬

使用煮到酒精成分蒸發的酒和醋調合而成的「酒醋」，是在修業時的店家從老師傅那裡學來的，自從我獨立開業以來，也利用酒醋進行各種壽司料的備料工作。春子昆布漬也是其中之一。

過去的江戶前工作，說到醋漬就是指在「生醋」中過一下，即使到了今天，承襲這項傳統的店家還是很多吧。這是以生醋的殺菌、防腐效果維持壽司料新鮮度的技法。

但是，在新鮮的魚開始在市面上流通的現代，醋的用法產生了變化。基於減少醋的酸味，更加突顯魚本身的風味這種想法，本店也進行沿襲這個流派的工作。有的店家只是將醋以水稀釋，但是我會集中一次製作「酒醋」備用，在製作醋漬的時候只取出要使用的分量，然後用水稀釋。

酒和醋的比例大約是酒4：米醋6。加入酒可以消除魚腥味，添加美好的風味，而且還具有鎖住魚的鮮味的效果。而且，以生醋使肉質變緊緻的話，有時魚身會變得破碎，有時肉質會變得乾巴巴的，但是以酒醋製作的話就不需要擔心有那種情況發生。

接下來在昆布漬的工序中也要使用酒醋。一般來說，昆布漬的昆布要以用酒、醋或水沾濕的布巾輕輕擦拭，但是本店卻是將昆布浸泡在酒醋中讓昆布恢復柔軟。酒醋的比例與醋漬用的相反，改成酒6：米醋4。不是泡在水中，而是浸泡在酒醋中，因為我認為可以藉由酒的功用消除昆布的海腥味，還加入了酒的鮮味，變成更加突顯魚的風味的昆布漬。

此外，以酒醋回軟的昆布飽含水分，所以在醃漬魚的時候，不會產生昆布吸收了超出需要的魚的水分，讓魚肉變乾的感覺。這點也令我很滿意。

◆拔除小魚刺

將以酒醋醃漬過的春子擦乾水分之後，仔細地拔除小魚刺。就算是幼魚，鯛魚類的魚骨還是很硬，所以為了避免發生意外，還是要拔除。

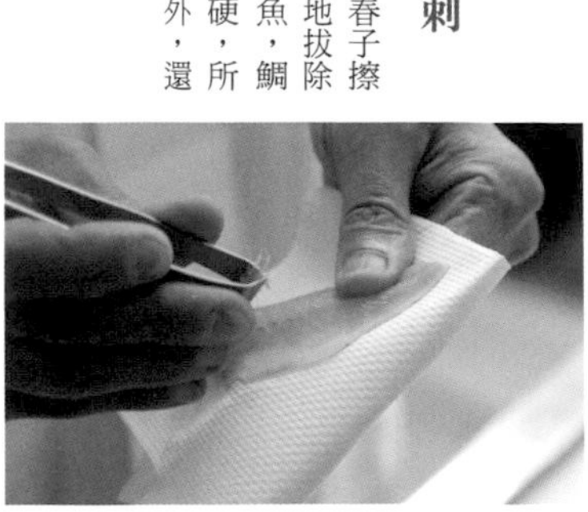

◆以湯霜法處理魚皮

為了使魚皮變軟，要以湯霜法處理。滾水中各加入少量的鹽和酒，將春子的魚皮朝下放在網勺中，一浸入滾水中就立刻撈起，放在冷水中。變涼之後，仔細擦乾水分。醋醃漬之後再以湯霜法處理，魚肉比較不容易碎裂。

◆以昆布醃漬

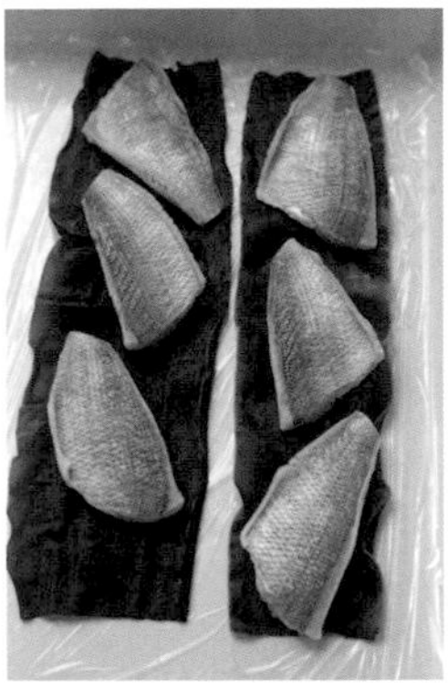

將以酒醋回軟的昆布擦乾水分之後，緊貼著春子的魚肉那面。大型的魚要貼著兩面，但是因為春子的魚肉薄，而且為了突顯魚皮漂亮的淡紅色，所以只貼著魚肉那面。以保鮮膜包起來，在冷藏室放置5~6小時。

春子醋鬆

西 達広（匠 達広）

春子的第3個例子是使用「醋鬆」來製作。
在「匠 達広」，是將春子以蛋黃和醋製作的黃色醋鬆醃漬之後再捏製，
除此之外也會如照片所示，在捏製之後才添加醋鬆。
雖然是現代少見的技法，卻是江戶前壽司的一項技術。

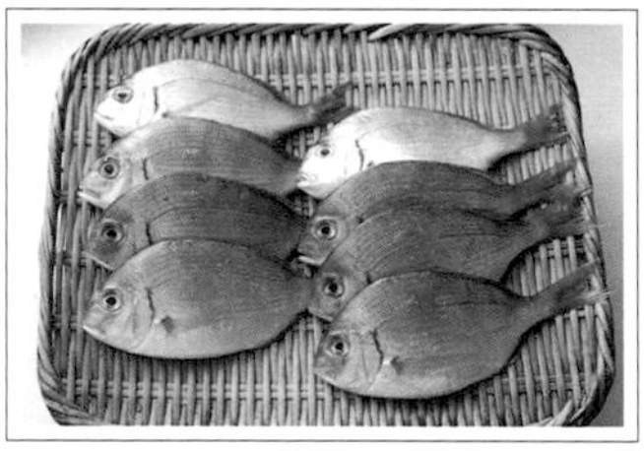

春子是體長10cm多的小鯛魚。主要是指血鯛的幼魚，但是像黃鯛等魚皮是紅色系的鯛科幼魚，有時也會當成春子販售。

◆將春子剖開成一片

切除魚頭，將尾鰭留在魚身上，從背部剖開成一片。小型的春子以1尾捏製成握壽司，大型的春子則分成2等份之後，各以半邊魚身捏製。

◆以湯霜法處理魚皮

為了使魚皮變軟，將魚皮朝上排列在竹篩上，蓋上布巾之後以湯霜法處理。因為背部的魚皮特別硬，所以從尾鰭沿著兩端的背部澆淋熱水（照片右）。兩端捲縮起來之後（左），立刻移入冰水中，使餘溫停止加熱。

不易使魚肉緊縮，而且酸味溫和的醋鬆

因為春子是幼魚，所以是從血鯛產卵之後不久的初春開始上市。漢字寫成「春子」，顧名思義，是宣告春天來臨的魚。雖說如此，因為築地市場有從各地進來的魚貨，所以實際上從春季到秋季左右都能享用到春子。

或許是因為春子的魚體小，備料時很費工夫，所以在傳統壽司料所占的比例，一般說來似乎不到每家壽司店都有的程度，但是在我修業的「すし匠」以及曾在那家店任職過的師傅都很喜歡使用春子來製作。本店也是以春子來製作握壽司的第一貫，藉此加深客人的印象之類的，致力於推廣這個壽司料。

將春子做成醋漬物是傳統的作法，但是我承襲的作法是「醋鬆」的握壽司。將剖開的春子以鹽醃漬，一直到用醋清洗的部分，工序都相同，但是不以醋醃漬，而是直接捏製成握壽司之後再添加醋鬆，或是將魚身以醋鬆醃漬大約一個晚上之後再捏製成握壽司。

所謂醋鬆，正確的名稱是「蛋黃醋鬆」，將加入了醋的蛋黃，一邊以茶筅攪拌一邊加熱將近30分鐘，炒成乾鬆的細小顆粒。在蛋黃的香醇中加入微微的酸味，再加上輕柔的舌頭觸感，充分突顯出春子的清淡滋味和柔嫩的肉質。正因為比起使用生醋醃漬，魚肉緊縮的程度較少，酸味也很溫和，所以能醃漬出味道柔和的春子。

要以醋鬆醃漬，還是只將醋鬆添加在上面，必須依照春子的狀態來決定。體型小而且肉質和魚皮柔軟的春子，就以醋鬆醃漬魚身，而如果是肉質和魚皮稍硬一點的春子，為了避免魚肉過度緊縮，所以捏製成握壽司之後再添加醋鬆，以這種方式分別使用。

雖然小鰭和明蝦也會製作成醋鬆風味，但是其中仍以醋鬆與春子的搭配是特別對味的組合。

◆以鹽醃漬

將從冰水中撈起的春子擦乾水分，擺放在竹篩上。兩面撒滿鹽之後醃漬5分鐘左右。鹽的用量和醃漬的時間，視魚身的大小和油脂的多寡來調整。

◆以用醋清洗完成醃漬

將以鹽醃漬過的春子用水洗掉鹽分，然後在以水稀釋的米醋中過一下，用醋清洗。瀝乾水分之後即可當做壽司料。

◆製作醋鬆

將米醋加入蛋黃中打散成蛋液，炒將近30分鐘，做出呈乾鬆顆粒狀的醋鬆。可以將春子放在醋鬆裡面醃漬，也可以將醋鬆添加在捏製好的春子上面。

春子櫻葉漬

伊佐山 豊（鮨 まるふく）

春子除了淺粉紅色的魚皮很漂亮之外，魚身蓄積了恰當的鮮味，與各種不同素材的搭配度很高。「鮨 まるふく」的春子是使用鹽漬櫻葉製作而成的「櫻葉漬」，作為象徵春天的握壽司端上桌。

體長約10㎝的春子。以江戸前壽司來說，一般是指血鯛的幼魚，但是真鯛和黃鯛的幼魚也以春子之名在市面上流通。雖然漁獲期很長，但在關東地區是春季時上市。

◆以鹽醃漬春子

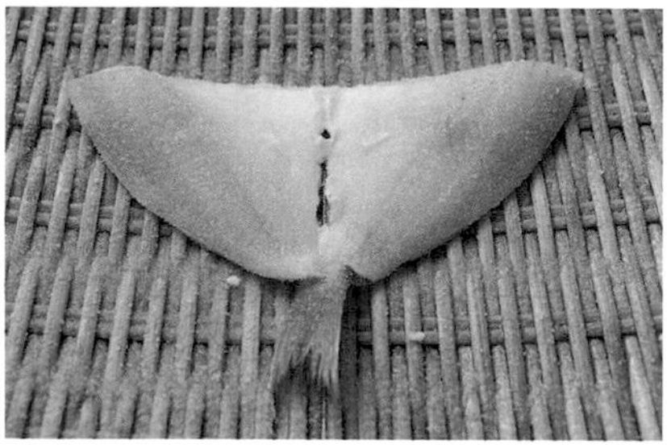

去除魚頭和內臟之後從背部剖開成一片，在兩面撒上鹽，放置7分鐘左右。將魚皮朝下放在竹篩上，視魚肉的緊縮狀態決定醃漬的時間。

◆以湯霜法處理

用水洗掉從春子滲出的水分和鹽，先將水分擦乾。只在魚皮那面，使用加入了少量鹽的滾水迅速澆淋，以湯霜法處理，使魚皮變軟。拔除殘留的小魚刺。

不使用醋，改用已經去除鹽分的櫻葉夾住數小時

春子在關東地區主要是被當做春季的美味魚貨。但是，據我所知，在關西地區卻是以夏季到秋季這段期間為時令所捕撈的魚。實際上，春子似乎是一整年都享用得到的魚，但是如果是以「江戶前的握壽司」的名義供應春子，果然還是要使用春季的春子。本店從尚帶寒意的2月底開始供應這款握壽司，希望讓客人感受到春天的到來。

為了使客人對「春天的春子」有更鮮明的印象，本店設計出與鹽漬櫻葉搭配的組合。櫻葉以獨特的甜香為特色，光是散發出來的香氣就令人立刻想起春天。我們直覺地認為櫻葉與身為白肉魚而且香氣柔和的春子，味道會很契合。

使用櫻葉增添香氣的壽司料似乎還有銀魚和櫻鱒的例子，這些也依然是春季的食材。雖然本店限縮了使用春子的季節，但是作為春季的基本料理卻頗受好評。

我的春子備料工作，是將剖開成一片的春子以鹽醃漬，排除多餘的水分，一直到以湯霜法處理魚皮為止，都與一般醋漬法的備料工作相同。以醋醃漬過的春子也很美味，但是使用櫻葉醃漬的時候，櫻葉的香氣和醋的濃郁香氣會格格不入，所以不使用醋醃漬。以湯霜法處理春子之後，直接以櫻葉夾住，增添風味。

櫻葉是將鹽漬品去除鹽分之後才使用，即使如此還是會留下足夠的鹽分，鹹味也會滲入春子的魚肉中。如果是夜晚營業時要提供的，在白天備料之後醃漬了數小時左右即可。關於香氣這點，醃漬時間過長的話味道也會變得太濃，所以有微微的芳香轉移到春子的魚肉中那樣就恰到好處了。辨別那樣的時間也是重點所在。

以櫻葉醃漬

將鹽漬櫻葉浸泡在水中10分鐘左右（照片右），適度地去除鹽分之後擦乾水分備用。將春子的魚肉朝向外側摺成一半，再將櫻葉直接貼著魚肉夾起來（左）。覆上保鮮膜，在冷藏室中靜置數小時以增添風味。

針魚昆布漬

野口佳之（すし処 みや古分店）

因銀白色的美麗皮色和細長緊緻的身形
而有「魚界美人魚」之稱的高級魚針魚。連它的美味也頗受好評，
做成壽司的話，有以生魚捏製、以醋醃漬、以昆布醃漬等多種調理法。
這裡將以「みや古分店」的昆布漬為大家解說。

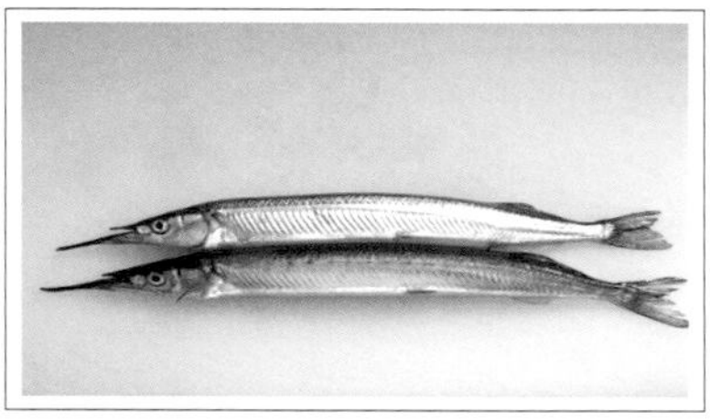

全長約40cm的大型針魚。長度在30cm以上的大型針魚，因筆直伸長的形狀而被稱為「門栓」。比那個還小的針魚則稱為「鉛筆」。

◆將針魚剖開成一片

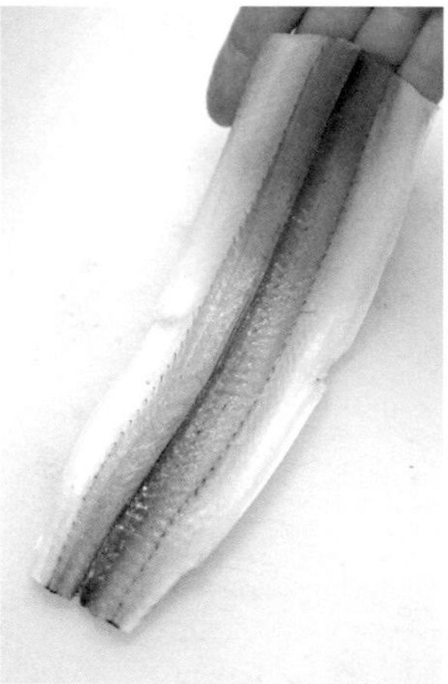

將細長的針魚做成昆布漬的時候，以剖開成一片來備料。切除魚頭和魚尾之後，從腹部剖開，去除內臟、中骨、腹骨。魚身的內側覆蓋著黑色的膜，要薄薄地削除乾淨。

◆以鹽醃漬

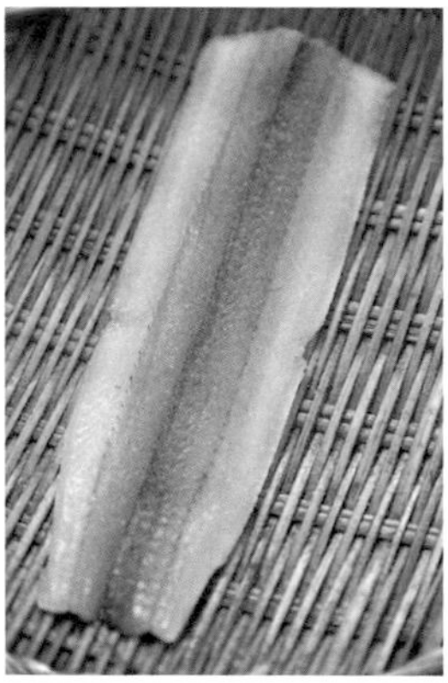

緊貼著羅臼昆布的「第2次昆布」，增添淡淡的鮮味

針魚的產卵期是春季。因為針魚在快要產卵前會靠近岸邊，漁獲量必然會變多，所以春季被當成是盛產期。但是，因為快要產卵前的針魚，魚身消瘦，所以稍微往前一點的12月～隔年1年的嚴寒期才是蓄積了最多營養的美味季節。因為體型變大，魚身變厚，所以可以充分享受到針魚的美味。

本店做成握壽司的針魚，大致上都規定做成昆布漬。以前的壽司店，亮皮魚的代表性作法似乎多半是做成醋漬之後在內側夾入蝦鬆，但是最近以生針魚捏製之後添加山葵，或是將針魚以昆布稍微醃漬，這類直接突顯針魚原有風味的手法，似乎成為主流。

據說針魚沒有腥味，味道高雅，但是與比目魚等白肉魚相較之下，似乎含有濃厚的鐵質。因此，即使同樣是昆布漬，卻不是要將昆布濃郁的鮮味充分轉移至魚肉中，而是以稍微添加鮮味的程度突顯針魚的特有風味，以這樣的想法進行備料。吃進嘴裡時，針魚的風味在口中擴散開來之後，昆布的鮮味就只達到稍微露臉的程度。具體的作法是只在魚肉那面緊貼著「第2次昆布」6小時。就像是撒了一小撮調味料的感覺。

所謂第2次昆布與「第2次高湯」的意思一樣，是將製作昆布漬時用過1次的昆布，再拿來使用第2次的用法。像是比目魚和棘鬣魚等的昆布漬，想要將昆布的風味稍微濃郁一點地轉移到魚肉上面時，使用新的第1次昆布，而像這次的針魚一樣，只想醃漬出淡淡風味時，才會使用第2次昆布。

昆布的種類是羅臼昆布。與味道醇厚的真昆布和利尻昆布相較之下，羅臼昆布以鮮味濃郁這點為特徵，即使是第2次昆布還是擁有足夠的鮮味。

在竹篩上薄薄地撒滿鹽，將針魚的魚皮朝下放在竹篩上，再從上方撒下薄薄一層鹽（照片右）。因為魚身薄，所以使用極少量的鹽。放置5分鐘左右，待水分浮出表面（下），用水清洗之後擦乾水分。

◆以昆布醃漬

將針魚的魚肉那面朝下放置在羅臼昆布的第2次昆布（用來做過1次白肉魚昆布漬的昆布）上（照片右）。以保鮮膜將全體緊密包住（下），放在冷藏室中靜置6小時。要捏製的時候，切除魚皮之後再切成壽司料的大小。

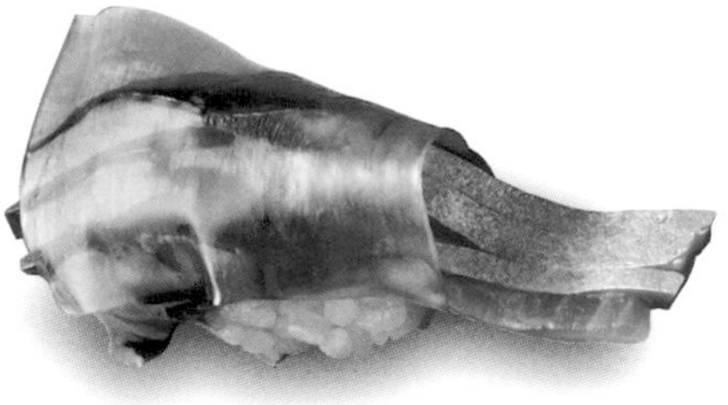

醋漬鯖魚和白板昆布

小倉一秋（すし処 小倉）

在亮皮魚之中，與小鰭並列為最受歡迎的是醋漬鯖魚。在青背魚以生魚的狀態捏製成握壽司變得很普遍的情況下，鯖魚仍承襲著以醋漬法製作的傳統。每個店家的製作方法都各有特色，「すし処 小倉」是用白板昆布來搭配。

鯖魚以甜醋醃漬，再與白板昆布一起捏製成握壽司是「小倉」流派的作法。將冬季正值時令、油脂肥美的白腹鯖以三片切法剖開後進行備料。照片中是在以優良漁場聞名的宮城縣金華山海域捕獲的「金華鯖」，1尾重1kg的大型鯖魚。

◆以鹽醃漬鯖魚

將剖開的鯖魚魚身，兩面都撒滿大量的粗鹽，放置1小時半左右。去除多餘的水分，魚肉變得緊實之後，清洗乾淨，擦乾水分。

◆以甜醋醃漬

以砂糖的甜味很突出的甜醋醃漬鯖魚

本店的醋漬鯖魚，以在捏製好的握壽司上放置甜醋煮的白板昆布為招牌風格。因為與以木框壓模製作的大阪名產「鯖魚押壽司」（BATTERA）有相同的組合，所以也可以說是鯖魚押壽司的握壽司版吧。煮得酸甜柔軟的白板昆布，與特色強烈的鯖魚的風味和肉厚的觸感格外對味。

不論是醋漬鯖魚還是白板昆布，調味的基底都是醋，但是添加的調味料依不同的店家似乎略有差異。本店用來醃漬鯖魚的醋和白板昆布的煮汁，都是只有米醋和砂糖組合而成的甜醋，而那個甜醋也是採用味道相當甜的配方。一般來說，醋漬鯖魚多半是以生醋醃漬，即使要加入砂糖似乎也多半只使用少量的砂糖。

此外，白板昆布的煮汁也不是只有醋和砂糖，有的店家好像會以水稀釋，或是加入鹽，所以本店的配方也許可以說是別具特色。甜醋的配方是依照從老師傅那裡學來的方法，但是醃漬的時間則依照自己的方式調整。

只以生醋製作，有著清爽酸味的醋漬鯖魚雖然也很美味，但是加了甜味的話可以中和酸味，與剛開始沾滿的鹹味也能取得平衡，吃起來更加美味，這是我的想法。因此，不只是鯖魚，做成醋漬物的壽司料全都是以味道較甜的甜醋來備料。

再來是甜醋煮白板昆布，每個店家作法不同，也聽說過迅速過一下甜醋的加熱方式，而本店則是費時10分鐘煮昆布。煮到簡單就能弄破的黏糊狀態。與押壽司不同的是，製作成握壽司時，那種程度的柔軟度，比較容易與壽司料和醋飯融合，產生渾然一體的感覺，吃起來很美味。

將鯖魚放入容器中，倒入以米醋和砂糖混合而成的甜醋（照片上）。甜醋的甜味相當地甜。依照魚身的大小和油脂的多寡調整醃漬的時間，醃漬大約1小時，做成醋漬鯖魚。從醃漬液中取出之後擦乾水分，拔除小魚刺之後保存起來（下）。

◆以甜醋煮白板昆布

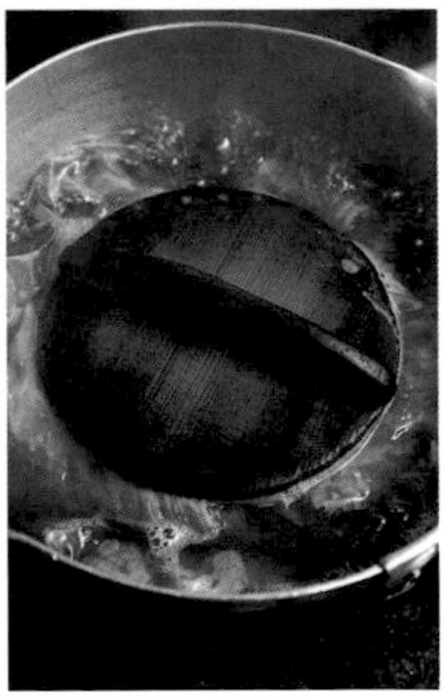

將以米醋和砂糖混合而成的甜醋放入鍋子中煮滾，再將白板昆布（照片右上）放進去煮。再次煮滾之後蓋上落蓋，煮10分鐘左右使昆布入味（右）。煮成呈現光澤，顏色帶有透明感的昆布（上），以放在煮汁中醃漬的狀態保存起來。一次備料60片份的白板昆布。

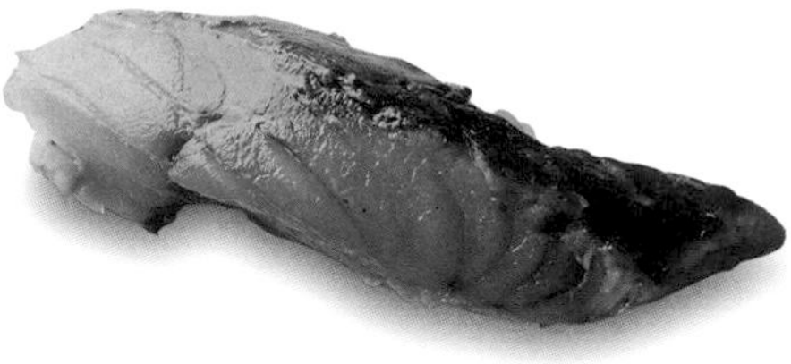

醋漬鯖魚稻草燒

大河原良友（鮨 大河原）

作為醋漬鯖魚的應用款，以在醋漬之後加上「稻草燒」的工序，烤得香氣四溢的鯖魚做成的握壽司為大家解說。稻草燒是常用於鰹魚的調理法，但是「鮨 大河原」自從開店以來，一直都是以醋漬鯖魚來製作。

照片中是東京灣・木更津周邊以一支釣的漁法釣到的花腹鯖。春季～初夏是花腹鯖，晚秋～冬季是白腹鯖，依照時節分別使用。以三片切法剖開之後，拔除小魚刺。

◆以鹽醃漬鯖魚

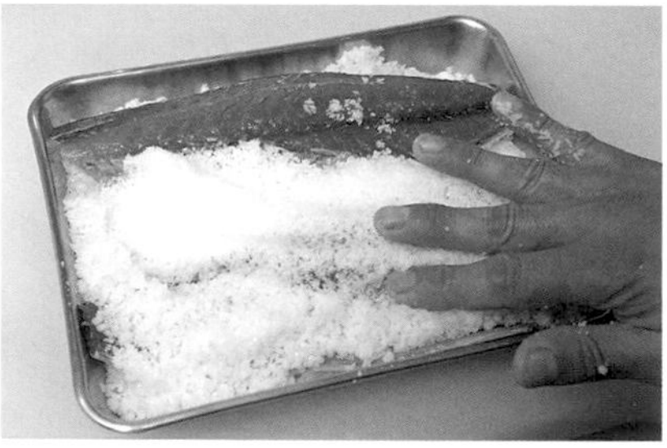

在長方形淺盤中鋪滿大量的鹽，放入鯖魚的淨肉，撒滿分量足以完全掩蓋鯖魚的鹽。醃漬的時間為1小時半。因鯖魚的大小和油脂的多寡等個體差異，微妙地調整時間。

◆做成醋漬鯖魚

用水將鹽清洗乾淨，擦乾水分之後，放入米醋中醃漬（照片上）。以魚肉完全浸泡在醋中的狀態，醃漬時間為15～20分鐘。照片下是已經完成醋漬的鯖魚。剝除薄皮，薄薄地削除腹骨，如果有小魚刺殘留，要拔除乾淨。

以醋醃漬得很清淡，在魚皮那面淋上醬油後炙烤

將壽司料以稻草炙烤的調理方式，是壽司的歷史中比較新穎的技法。而且，用來炙烤的魚種有鰹魚、魚皮很硬的白肉魚等，好像每個店家使用的魚都各有不同。

本店自從開店以來，就是將以醋醃漬的鯖魚用稻草炙烤之後端上桌。賦與比什麼都芬芳的香氣，魚皮那面也變得柔嫩。接著稍微烤熟，增加鮮味，展現出與醋漬鯖魚不同的魅力。尤其我的方法是，在炙烤之前在魚皮那面淋點醬油，增添香氣，而且也可以烤出光澤，外觀似乎也能挑起食欲。

這裡所介紹的是花腹鯖。在晚秋～冬季期間是使用白腹鯖，春季～初夏則是花腹鯖滋味鮮美的時節。因為味道和油脂多寡幾乎沒有改變，所以不論使用哪一種鯖魚，調理法都一樣。

調理的步驟基本上是按照以三片切法剖開鯖魚之後，以鹽醃漬，用水清洗乾淨之後再以醋醃漬這樣的順序。即使同樣是醋漬物，與小鰭等相較之下，鯖魚的魚體相當大，所以沾裹的鹽量非常多，不論鹽漬的時間或醋漬的時間當然都會變長。

不過，最終要加入多少的鹽和醋卻是因人而異。原因在於有的人會確實地加強醃漬的程度做成濃烈的味道，另一方面，也有人會醃漬得較為清淡。以我來說，比較偏向後者。鹽漬的時間平均是1小時半，但是醋漬的話，醃漬15～20分鐘就要從醋液中取出了。考慮到在那之後還要進行稻草燒的工序，所以要設法避免留下強烈的酸味。

這樣製作出來的醋漬鯖魚，剛烤好立刻端上桌是最理想的作法，但是因為有時候煙很容易飄散到客席中，只好放棄這個念頭。因此，我會在快到營業時間之前製作，放置在常溫中維持剛烤好時的美味，絕對不會留到隔天繼續使用。

◆在魚皮那面淋上醬油

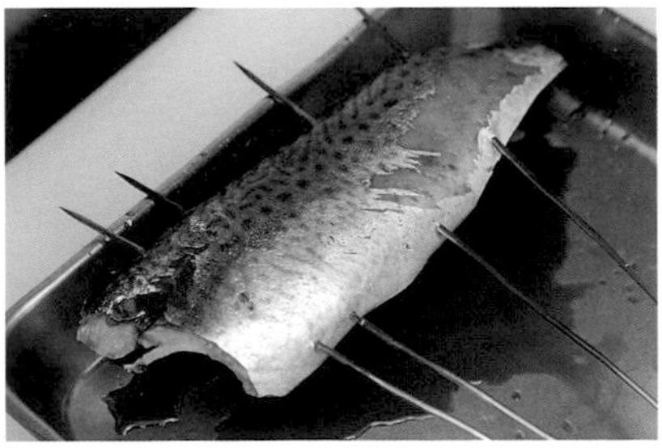

將鐵籤呈放射狀穿入鯖魚的魚身中，在快要製作稻草燒之前，只在魚皮那面淋一點醬油。醬油經過烘烤之後會呈現出光澤，增添香氣。

◆製作稻草燒

將稻草放入稻草燒專用的鐵桶中點燃，冒出火焰之後炙烤魚皮那面（照片上）。冒煙之後，偶爾翻面，魚肉那面不要接觸火焰，只以煙燻製。因應火勢調整高度，烤到散發出香氣時就完成了（下）。

醋漬沙丁魚

石川太一（鮨 太一）

沙丁魚附加生薑或蔥捏製的生魚片握壽司是現代的主流，「鮨 太一」卻以獨特的手法做成醋漬沙丁魚之後才捏製。石川先生說：「我自己很喜歡用醋醃漬過的味道」，也希望能讓更多的客人知道這種已經成為少數派的醋漬沙丁魚的美味。

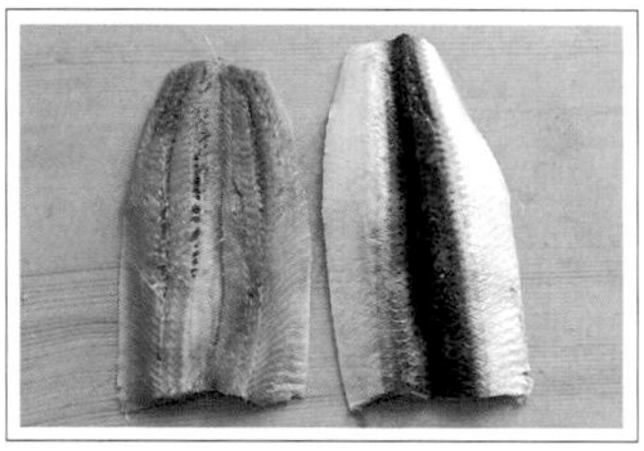

真沙丁魚是使用中型的中羽沙丁魚製作成壽司料。大羽沙丁魚主要是製作成下酒菜。從腹部剖開成一片之後，去除內臟、中骨、腹骨，將周邊修整切齊備用。

◆以鹽醃漬

在魚肉和魚皮的兩面撒點鹽，放置20～30分鐘去除多餘的水分之後，魚肉變得緊實。在這之後用水洗掉鹽分，以棉蒸布擦乾水分。

◆以醋醃漬

以醋醃漬的工序連續進行3天。第1天在米醋中醃漬5～10分鐘（照片上）。油脂的分布如果很少就縮短時間，多的話就將時間拉長一點。完成醃漬之後，立放在網篩中瀝乾水分（下），然後裝入密閉容器中，放在冷藏室中保存。

縮短1次的時間，過了3天之後過一下醋

我自己也喜歡醋漬的技法，店裡會以醋醃漬各種不同的魚。基本的工序是，將剖開成一片或是三片的魚撒滿鹽，去除多餘的水分，然後浸泡在醋中醃漬。當然，我會依照魚的種類，還有體型大小、油脂的多寡，調整鹽和醋的分量和醃漬的時間。

但是，在累積經驗的過程中，我注意到的是，只是改變鹽和醋的分量，或是所花費的時間，並無法達成自己預計完成的狀態。因此，一邊考量到各種魚的肉質，一邊對於分量和時間之外的因素也嘗試加以改良。

以沙丁魚來說，花3天的時間以醋醃漬是我設計出來的方法。醋漬法通常以醋醃漬1次就完成了，但是沙丁魚如果長時間浸泡在醋裡醃漬，極薄的魚皮會變得鬆垮，容易剝落，另一方面，我擔心魚肉會變得緊實。因此，我縮短以醋醃漬的時間，相對的，在隔天和第3天還要重複在醋液中過一下，以分散工序的方式，設法緩緩地進行醋漬的作業。

醃漬的時間，第1天是5～10分鐘，第2天和第3天則是在醋液中迅速通過的程度。因為花了數天，每天只醃漬很短的時間，醋液是漸漸滲透進去的，所以魚皮變得不易剝落，最棒的是，咀嚼的時候魚肉變成仍保留鬆軟的觸感。以醋醃漬魚的話，魚肉會緊縮是理所當然的現象，而想要突顯出沙丁魚原有的柔嫩肉質，同時製作出仍保留醋漬風味的成品，一路摸索的結果好不容易才設計出這樣的手法。

這個方法雖然會使血合肉稍微發黑，但是想要提升風味和口感的話，這就不是很重要的問題了。魚肉和小魚刺都很柔軟，而且充滿沙丁魚風味的醋漬物，是我引以為傲的作品。

◆第2天、第3天用醋清洗

第2天和第3天以用醋清洗的程度，放入米醋中再立刻取出。與第1天一樣，分別立放在網篩中瀝乾水分，然後裝入密閉容器中冷藏保存。

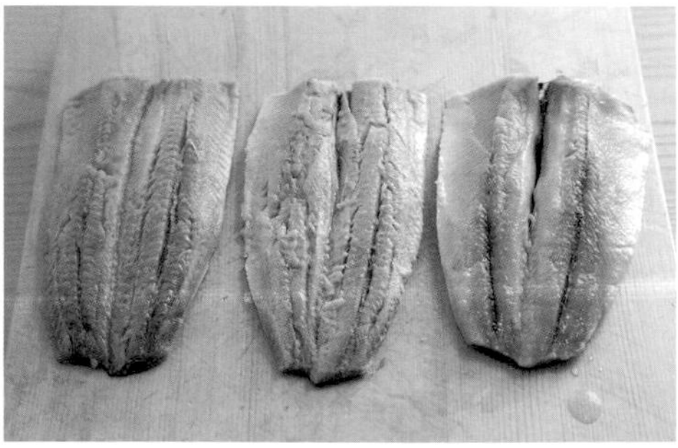

比較醋漬的工序。左起為第1天、第2天、第3天的真沙丁魚。可以看出魚肉隨著每一天逐漸變白，變得緊縮。完成第3天用醋清洗的作業之後，切除魚皮，從當天晚上開始供應。

竹筴魚棒壽司

近藤剛史（鮓 きずな）

在大阪和京都，將醋漬魚放在醋飯上面，再以壽司竹簾捲起來或是以木模按壓，製作而成的大型棒壽司是名產。大阪的「鮓 きずな」依照不同的季節分別使用日本竹筴魚（真竹筴魚）和白腹鯖，製作成押壽司當成前菜上桌。

在春季～夏季時期用來製作棒壽司的大型日本竹筴魚（真竹筴魚。照片後方）。另一方面，將體長15cm左右的小竹筴魚（前方）用來製作握壽司。多數為日本竹筴魚的幼魚，也有少數是黃竹筴魚。

◆以三片切法剖開日本竹筴魚，以鹽醃漬

用來製作棒壽司的竹筴魚以三片切法剖開。帶著魚皮直接在兩面撒上稍多一點的鹽，醃漬30分鐘左右。將滲出的水分和鹽清洗乾淨之後，充分擦乾水分。

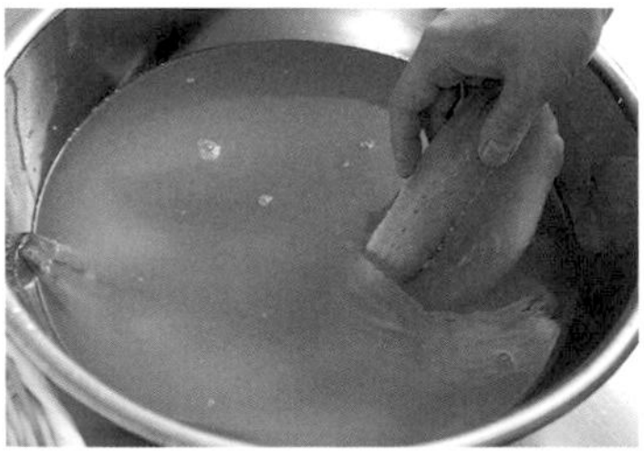

◆以醋醃漬

以醋醃漬6～7分鐘。這個醋是將上次備料時所使用的米醋取半量，再添加同量的新的米醋混合而成，每次都以相同的方式添加新醋之後使用。

◆片開魚身

將竹筴魚立放在網篩中，經過半天的時間瀝除醋液，然後以保鮮膜包起來，在冷藏室中放置1天。在快要壓模之前縱切成2等份，拔除小魚刺。切除魚皮之後片開單邊魚身，調整厚度。長度也切成一半。

以添加新醋的方式稍微醃漬的竹筴魚棒壽司

棒壽司是談到大阪的壽司文化時不可或缺的要角。帶有展現出大阪風味的用意，在用餐的一開始一定會讓客人品嘗。

說起棒壽司，以鯖魚壽司為代表，但是白腹鯖的時令是秋～冬季，所以只在那個時節使用，5月之後的夏季，就改用油脂肥美、變得很美味，肉厚、體型又大的日本竹筴魚製作。

竹筴魚的備料工作雖然是依照一般的工序以鹽和醋醃漬，但是醋採用的是在上次備料時使用的醋裡面添加生醋的方式。將上次使用的醋取半量，添加同等比例的新醋，一整季持續使用。

使用這樣的醋製作是傳統方法，酸味變得柔和，做出味道溫和的醋漬物，魚的味道也一點一點加在醋中，增添了風味。醃漬的時間縮短為5分多鐘。放置1天，讓酸味融入魚肉中之後製作成棒壽司。

以我們店裡來說，因為是做好之後當場要給客人當做下酒菜享用的棒壽司，所以成品要稍作變化。譬如，醋飯要拌入甜醋漬生薑和青紫蘇葉等增添風味，壓模時也為了使口感更好，要以包含空氣的方式輕輕填滿。此外，白板昆布以加了醬油的甜醋煮出含有鮮味的味道，然後在營業時間快要開始之前放在棒壽司上，只以短暫的時間使之入味。可以說是像料理一樣「剛做好就立刻品嘗」的棒壽司。

可是，在竹筴魚當令期間也會做成握壽司端上桌。不過，為了做出與棒壽司不一樣的味道，不論是魚體大小或備料方式都改變了。相對於棒壽司是將大型竹筴魚以醋漬法處理，握壽司是將小竹筴魚稍微以鹽醃漬，只去除少許水分。不以生魚捏製是為了去除青背魚的腥味，同時將魚體軟化到可以與醋飯融為一體。當令的小竹筴魚，體型雖小，卻油脂肥美，大小也剛好符合握壽司的尺寸，外形也很漂亮。

◆壓模

將竹筴魚的魚皮那面朝下，鋪在押壽司專用的模具中（照片上）。如果有空隙就以零碎的魚片填補，使厚度一致。在醋飯中拌入甜醋漬生薑、青紫蘇葉、白芝麻之後填入木模中，以蓋子按壓之後翻面，然後脫模（下）。放上山椒芽和甜醋醬油煮白板昆布，再以保鮮膜包覆。

◆以小竹筴魚製作握壽司

用來製作握壽司的小竹筴魚也不要直接以生魚捏製。以三片切法剖開之後，帶著魚皮撒上鹽，放置5分鐘左右，使多餘的水分滲出，濃縮鮮味，做出柔嫩的觸感。將鹽和水分清洗乾淨之後，泡冰水使肉質緊實，在快要捏製前切除魚皮之後使用。

醋漬鯡魚

渥美 慎（鮨 渥美）

因為鯡魚棲息在北方海域，所以傳統的江戶前壽司沒有使用鯡魚製作。
不過，到了已經變得很容易購買到各地多種魚貨的現代，
也有不少店家利用鯡魚來製作壽司。
渥美先生也會採用鯡魚製作，以2種手法供應鯡魚握壽司。

因漁獲量高而有減產趨勢，至今仍在北海道捕撈的鯡魚。照片中約30㎝大。春季～初夏為時令，因此別名為「報春魚」。

◆以鹽醃漬鯡魚

與一般的醋漬法一樣，先去除魚頭和內臟，再以三片切法剖開。薄薄地削除腹骨，用水清洗之後擦乾水分，然後在兩面撒上較多的鹽醃漬。放置約10分鐘。

◆以醋醃漬

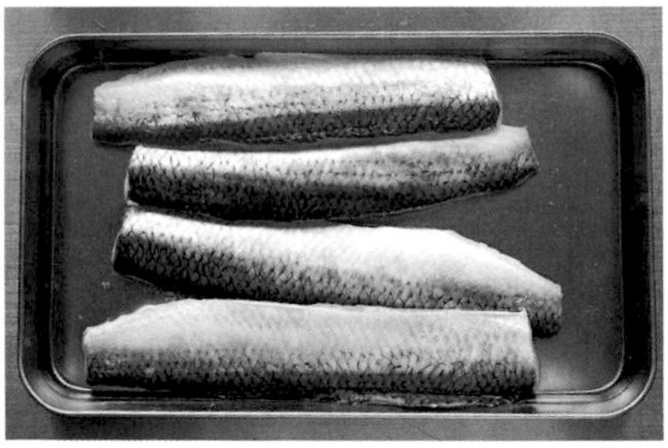

將鹽和滲出來的水分用水清洗乾淨，擦乾水分。在長方形淺盤中裝醋，將魚皮那面朝下，浸泡5分鐘，翻面之後再浸泡5分鐘做成醋漬鯡魚。

醋漬之後以切斷小魚刺的方式切片

在市場看到的魚，即使不是傳統的壽司料，我也會猜想把它做成壽司的話會怎麼樣，而把大部分的魚都拿來試做看看。鯡魚最初也是像那樣，因為對它產生興趣而開始買來嘗試製作，因為覺得很適合做成握壽司，就變成一直持續使用。

原本，鯡魚在關東地區是大家都不熟悉的魚，即使要吃也是做成昆布卷、甘露煮，或鹽烤之類的料理。因為喜歡以生魚片或醋漬魚的型式享用的客人不多，所以我打算「也嘗試用這種魚來捏製成握壽司」端上桌，結果罕見的吃法受到客人的喜愛，對話也聊得很起勁。

鯡魚的魚肉柔嫩，沒有腥味，味道清淡。油脂分布也恰到好處，所以做成握壽司也很容易入口。雖然採用與其他的亮皮魚相同的醋漬手法，但是為了突顯出柔和的味道，不論是在以鹽醃漬或是以醋醃漬的階段，都只花費10分鐘左右稍微醃漬即可。

在調理方面，要注意的是小魚刺的處理。鯡魚有非常多的小魚刺，所以如果切成像一般壽司料那樣又厚又大的話，嘴巴會扎到魚刺。雖說如此，但是如果想要仔細地拔除小魚刺，因為魚肉柔嫩容易潰散，所以不能直接這麼做。因此，想出了斜斜地切成薄片，細細切下的方法，將3片份的鯡魚片疊在一起當成一貫的壽司料。像這樣切斷之後，就可以不用擔心小魚刺，好好地享用。

另外還設計了一個方法，就是切碎成「碎生魚」風味。不用像竹筴魚碎丁那樣切得很細，而是將菜刀與魚肉呈垂直角度細細地分切開來，切斷小魚刺，魚肉不用排列整齊，弄成一團捏製成碎生魚風味。這個時候要利用到的是鹽漬櫻葉。因為也企圖與先前的握壽司有所區隔，所以以櫻葉包覆的方式捏製，增添甜美的香氣。鯡魚和櫻葉都是充滿春天的意象，契合度佳的素材。改以青紫蘇葉代替櫻葉也非常美味。

◆切成三片

擦乾水分之後就完成備料的工作了。鯡魚有很多小魚刺，以普通壽司料的大小，小魚刺會刺到舌頭，所以要斜斜地切成薄片，細細切下，把小魚刺切斷。以3片鯡魚片捏製成一貫握壽司。

◆切碎成碎生魚風味，以櫻葉捏製

以鯡魚握壽司的變化款供應的碎生魚風味握壽司。將菜刀從鯡魚淨肉的正上方切入，切成細條（照片上），隨意放在已去除鹽分的櫻葉上（下）。放上醋飯之後捏製成握壽司，上桌時去除葉片。櫻葉的甜香會殘留在鯡魚上。

醋漬香魚

吉田紀彥（鮨 よし田）

以東京灣的海鮮為主發展而成的江戶前壽司，以前不會使用河魚製作，但是壽司的原型「熟壽司」是使用鯽魚和香魚製作的，與淡水魚早有淵源。京都的「鮨 よし田」使用香魚的頻率很高，香魚握壽司也是招牌品項。

使用京都、福井、和歌山等當地和臨近縣市的天然香魚（照片中是福井縣九頭龍川產）。因為每年的產量和品質都不一樣，所以要視狀況決定產地。製作成壽司料的時候，將活的香魚以冰締法凍死。

◆將香魚剖開成一片

將香魚以冰締法凍死，停止活動之後才開始調理。去除魚頭和內臟，從腹部剖開成一片之後去除中骨。將腹骨和魚鰭也去除乾淨。

◆以鹽醃漬

以鹽醃漬得極清淡。在長方形淺盤中撒鹽，將香魚排列在其中，從上方撒下鹽，但鹽的用量極少。時間也在30秒~1分鐘左右。用水洗淨之後，以廚房紙巾擦乾水分。

◆過一下醋

用來過一下醋的醋液是將紅醋（粕醋）和米醋混合，加入了利尻昆布調製成的醋液，與小鰭等以醋醃漬的壽司料共通。將香魚放入這裡面，放置1分鐘左右就取出。

鹽和醋都只醃漬1分鐘左右，做成生魚片風味的握壽司

香魚料理是本店的招牌料理之一，以鹽烤香魚為主，按照客人的喜好製作成各式各樣的料理。除了向業者買進天然的活香魚之外，假日我也會遠赴京都府內或臨近縣市親自垂釣，讓釣回來的香魚直到調理之前都活在店裡的水槽中。我認為以「活魚」來調理，是讓香魚的味道、香氣、觸感全部都達到最佳狀態的必備條件。

不過在進行握壽司料的備料工作時，因為不能像鹽烤香魚那樣直接以活魚來調理，所以要以冰締法處理。香魚立刻停止活動，就能在品質不會惡化的情況下調理。

因為使用的是小型香魚，所以備料工作與小鰭和沙鮻一樣，去除魚頭和中骨之後剖開成一片。傳統的香魚姿壽司，一般都是在這個階段撒上很多的鹽去除水分，長時間浸泡在醋液裡做成味道較濃的醋漬物。但是，我考量到想要讓握壽司發揮香魚原有的風味，所以不論是鹽或醋都只稍微醃漬一下，製作出近似生魚的狀態。香魚有種生食的吃法，叫做「背越」的生魚片料理，就像是那樣的感覺。鹽的分量只到稍微加點鹹味的程度，醃漬30秒~1分鐘再用水洗淨。然後，浸泡在醋液裡也只有1分鐘左右。與其說是「醃漬」，不如說是「通過」的感覺。

在這之後，如果有時間就靜置一陣子，沒有時間的話就立刻捏製成握壽司。因為醃漬的程度很輕，而且即使考慮到香魚肉的性質，我也認為不太需要靜置這個工序。

香辛佐料只用山葵也可以，但是使用總是隨附在香魚料理旁邊的蓼葉也很有意思。可以與山葵一起夾入，也可以只放入用來製作蓼醋的磨碎的蓼葉。此外，還可以把利用事先保留備用的香魚內臟親自做成的鹽辛「潤香」，取少量放在握壽司上面，做這類有趣的變化。

◆靜置半天

擦乾水分之後排列在新的廚房紙巾上，覆蓋保鮮膜，放入冷藏室保存。基本上要靜置到開始營業為止，但也可以立刻捏製成握壽司。縱切成一半之後，以半片為單位捏製。

◆剝除魚皮時

如果是小型的香魚，因為魚皮柔軟，可以直接帶著魚皮捏製。另一方面，如果體型很大，過一下醋之後就要立刻捏製的話，常常會覺得魚皮很硬，所以基本上要剝除魚皮。從魚頭那端剝除，用手剝下來。

蝦、蝦蛄、螃蟹的備料

水煮明蝦

中村将宜（鮨 なかむら）

在壽司料之中甜味和香氣別具特色的明蝦。鮮豔的紅白紋路也是要呈現出華麗感時不可欠缺的要素。中村先生在快要捏製之前才將活明蝦以63℃的低溫烹煮，做出柔嫩度、顏色、風味都很突出的壽司料。

明蝦在成長的過程中會改變名稱為才卷蝦、中卷蝦、卷蝦、大車蝦。以九州、沖繩產為主的養殖明蝦一整年都能市面上看到。

◆將明蝦浸泡在海水中備用

「裝在木屑中的運送法，很容易使蝦膏沾染異味」（中村先生），因為這個緣故所以將明蝦放進注入了氧氣的海水中，配送到店裡。保持塑膠袋密封的狀態，讓明蝦直到要製作之前都還活著。

◆穿入竹籤之後以鹽水煮

為了避免蝦身彎曲，將竹籤穿入貼近腹側蝦殼的內側，再以加了鹽的熱水烹煮。為了使蝦膏充分加熱，要將背部朝下排列在鍋中，以63℃的鹽水加熱7分鐘。以溫度計和計時器正確地測量。

將25g左右的中型明蝦以63℃的熱水煮7分鐘

明蝦的獨特甜味和香氣是它的魅力所在。製作成壽司料的工序雖然只有用鹽水烹煮，但是在短暫的過程中，有好幾個可以突顯明蝦風味的重點。

首先是挑選素材。本店是只選擇養殖明蝦的唯一店家。主要是熊本、鹿兒島和沖繩產的明蝦，養殖技術優異，品質不亞於天然明蝦，而且很穩定，這是令我滿意之處。

我使用的是大小在25g左右的中型明蝦。一般常認為大~特大的尺寸最好，但是做成壽司料的話，尺寸太大的明蝦，觸感也稍微硬一點，所以不易與醋飯取得平衡。在我的印象中，風味也很普通。20~30g的大小，甜味最明顯，柔軟度也與醋飯很相稱。

本店是將這種明蝦裝入通稱為「氣球」，也就是將氧氣注入裝有海水的塑膠袋中，配送到店裡的。不會像從前的運送方法，也就是「木屑填充法」那樣常有木屑的異味，同樣是活蝦，卻能以更好的狀態進貨。

而如果想要做出顏色漂亮、風味佳的明蝦，只需將活蝦直接用鹽水烹煮，然後立刻捏製成握壽司就好了。本店不會將明蝦事先煮好，放在壽司料木箱中備用，而是直到快要上桌之前都還裝在有海水的袋子裡活著。

水煮的方法多半是放入滾水中，而以蛋白質會開始凝固的63℃熱水加熱7分鐘，是我好不容易才確立的手法。在明蝦的中心由「生的」變化到「煮熟」的狀態沒多久的時間點就從熱水中取出，立刻剝掉蝦殼，捏製成握壽司。因為不是以滾水調理，所以不需要浸泡在冷水中冷卻。

這種低溫調理的方式，涵蓋了蝦子的溫度、柔軟度、風味的開展，每一項都精確地完成。

◆剝除蝦殼

煮成鮮紅色的明蝦（照片右）。因為要在溫熱的狀態下捏製，所以不需要浸泡冷水，立刻剝除蝦殼。由於加熱的溫度低，蝦膏也因還不到凝固的狀態很容易流失。為了盡可能讓蝦膏留在蝦身上，要謹慎地剝殼（下）。

◆切入切痕

在腹側縱向切入1道切痕剖開蝦身，為了享用整尾蝦，所以尾鰭也要切除。背側則與纖維呈垂直角度切入5~6道切痕，然後立刻捏製成握壽司。

醋鬆明蝦

岩瀨健治（新宿 すし岩瀨）

明蝦通常是以鹽水煮過之後直接捏製成握壽司，
但有時也會沾裹以加入醋的蛋液炒成細粒狀的「醋鬆」之後端上桌。
醋鬆隱約的酸味與醋飯很對味，黃色的點綴也很漂亮。

壽司料用的明蝦，指定購入「作為握壽司是容易入口的大小，蝦膏很豐富的明蝦」。多數是長14㎝、重20g左右的大小。

◆以鹽水煮明蝦

為了避免加熱時明蝦彎曲起來，在貼近蝦殼的內側筆直地穿入竹籤，放入已經沸騰的鹽水中煮3分鐘左右，加熱到中心為止（照片右）。為了不讓餘溫過度加熱，立刻浸泡在冰水中消除餘溫，拔出竹籤之後放入冷藏室保存備用（下）。

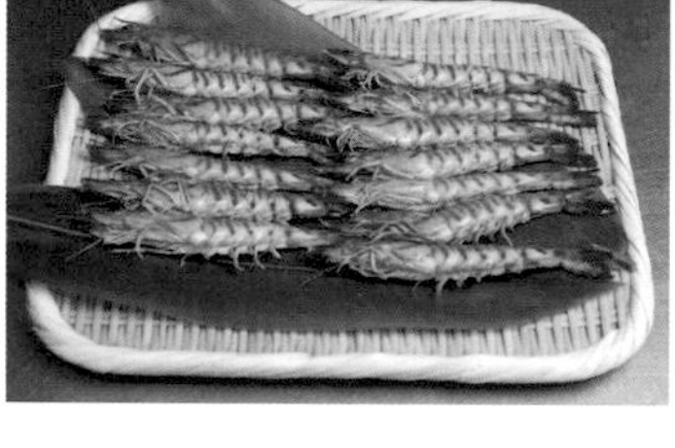

◆製作醋鬆

沾裹觸感鬆軟濕潤的醋鬆

本店將明蝦和春子這2種素材做成「醋鬆風味」的握壽司提供給客人。這2種素材是醋鬆的傳統組合，似乎與壽司料的風味取得很好的平衡。

雖然兩者都是使用相同的醋鬆製作的，但是沾裹的方式不一樣，相對於春子以醋醃漬之後再用醋鬆醃漬2小時，明蝦則是經過水煮之後只沾裹醋鬆而已。原因在於長時間醃漬蝦子的話，醋鬆會吸收蝦子的水分，蝦子本身會變得乾巴巴的。因為春子是以鹽和醋醃漬的，所以不會去除過多水分，以醃漬的方式使醋鬆的味道充分融入春子之中。

醋鬆的材料是全蛋和米醋。做好的醋鬆可以略微感受到蛋的甜味和醋的酸味，但是好像有的店家會加入少量的味醂，讓醋鬆吃起來有點甜味。

調理方面，作法是將蛋液的水分炒得比炒蛋還要乾，炒成像沙粒那樣的細小顆粒。重點全都放在火勢的大小上面。以小火加熱的話，除了花時間之外，水分蒸發太多的結果就是變成乾巴巴的顆粒，相反地，如果火勢太大的話，有時會把醋鬆炒上色，有時則是蛋液很早就凝固，沒辦法撥散成細小的顆粒。巧妙地保持恰當的火勢非常重要。

此外，如果把瓦斯爐放在牆邊，牆壁那一邊很容易充滿熱氣，所以要設法一邊改變鍋子的方向一邊讓全體醋鬆均勻地受熱。與蝦鬆一樣，醋鬆的表面乾乾鬆鬆的，吃進嘴裡卻很濕潤。這種特別的觸感也正是醋鬆的美味之處吧。

另一方面，為了將明蝦的中心稍微加熱，以加了鹽的滾水迅速烹煮，剝殼之後以冷藏保存。要捏製之前以蒸鍋適度地加熱，然後剝除蝦殼，沾裹醋鬆之後捏製成握壽司。

材料是全蛋和醋。將打散的蛋液和醋一起攪拌，然後過濾，以免形成結塊（照片右上）。將鍋子燒熱，使沙拉油均勻地分布在鍋子中，然後倒入蛋液，依照製作炒蛋的要領以打蛋器攪拌加熱（右下）。加熱約15分鐘直到變成鬆散的細小顆粒，一邊讓水分蒸發一邊繼續拌炒（上）。

◆將醋鬆沾裹在明蝦上

在快要捏製之前，以蒸鍋將明蝦加熱至與體溫相當的溫度，剝殼之後將兩面沾裹醋鬆。搭配以紅醋為主的醋飯捏製成握壽司。

白蝦昆布漬

太田龍人（鮨処 喜楽）

提到江戶前壽司的蝦子，第一個想到的就是明蝦，但是近來以牡丹蝦、甜蝦（北國紅蝦）、白蝦，以及各地特產的蝦子捏製成握壽司的例子也很常見。這裡要介紹的是以朧昆布醃漬的白蝦握壽司。

只有富山灣捕撈得到的白蝦。雖然春季～秋季是捕撈季，但是一整年都在市面上販售。顧名思義，白蝦是深白色的，剝殼後的蝦仁長度約２㎝左右。購入的是在產地就已經剝除蝦殼的白蝦蝦仁。

◆以朧昆布夾住白蝦

將保鮮膜鋪在長方形淺盤中，以便稍後容易取出。將朧昆布攤平，同時以1片份的厚度鋪滿，再將白蝦毫無空隙地鋪滿在上面（照片上）。再次將朧昆布以1片份的厚度鋪滿（下）。最後覆蓋保鮮膜。白蝦不要鋪得太厚也不要太薄，鋪成恰當的握壽司壽司料的厚度。

◆使味道融和數小時

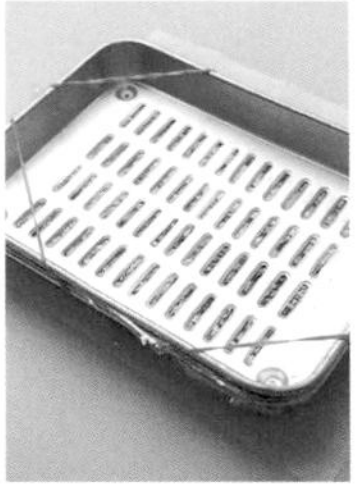

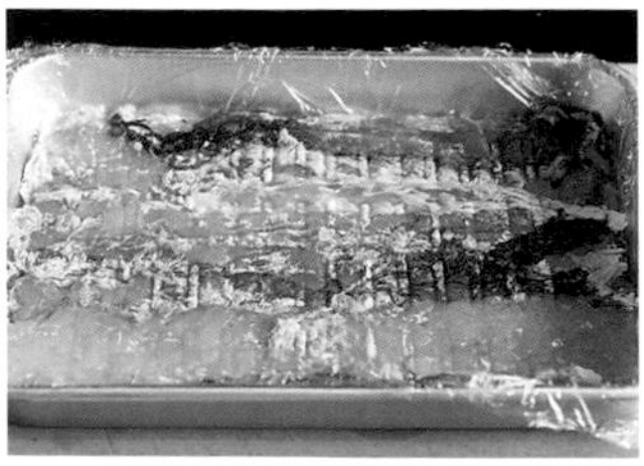

在白蝦的產地·富山的經典組合

　本店除了明蝦之外，平常還會準備白蝦。日本人喜歡吃蝦，而且特別喜歡生蝦。因為明蝦一般都是水煮之後做成壽司料，所以考慮到另一個品項是可以以生蝦狀態捏製的蝦子時，選用了白蝦。除了風味佳之外，在日本固有的蝦子中，只有在富山灣才捕撈得到的這種稀有性也令人覺得充滿魅力。

　買進的是已經剝除蝦殼的白蝦蝦仁。因為是比櫻花蝦大一號左右的極小型蝦子，剝除蝦殼費工又麻煩，小規模的壽司店根本處理不來。

　實際上，在市面上流通的白蝦以已經在產地剝除蝦殼的蝦仁為主。聽起來和蝦蛄等一樣，但是聽說一開始要先將整尾蝦冷凍起來，才能在蝦身不潰散的情況下，乾淨俐落地剝除蝦殼。因為在產地捕獲之後就立刻冷凍保存，然後每次剝殼之後才出貨，所以一整年都可以使用，也是它的優點所在。鑑定品質的重點在於肉質不會水水的，身形漂亮，而且仍保有彈性。

　白蝦朧昆布漬在其產地富山似乎是很受歡迎的吃法。以朧昆布夾住白蝦塊，緊密貼合，醃漬一個晚上的話，柔軟的朧昆布會滲入白蝦之間的空隙，使昆布的鮮味、鹹味，還有朧昆布特有的醋的風味遍布其中，突顯出白蝦高雅的甜味。調味的話，只靠朧昆布就夠了。普通的硬昆布不容易使小蝦子入味，所以我覺得朧昆布是很出色的組合。

　此外，白蝦也可以直接就這樣捏製成握壽司，我們店裡也會以這種作法供應。那樣的話，除了會將切碎的鹽昆布放在握壽司上面之外，有時也會只簡單塗上壽司醬油而已。

按壓朧昆布和白蝦，使兩者緊密貼合，放在冷藏室4～5小時，可以的話放置一個晚上，讓昆布的風味與白蝦融合為一體。在「喜楽」是利用小型的瀝水長方形淺盤，將瀝水的部分重疊在上面，以橡皮圈固定（照片上）。用力按壓的話，會把白蝦壓爛，請多加留意。照片下是完成品。

◆分切之後捏製成握壽司

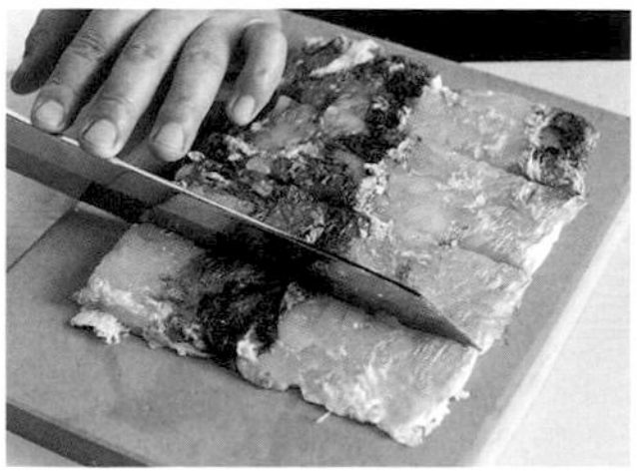

將長方形淺盤翻轉過來，取出白蝦昆布漬，以菜刀分切。剛開始切成4等份（照片右），接著分別切成5等份，切成握壽司一貫份的壽司料（左）。通常會以切成4等份的狀態，用保鮮膜包覆之後冷藏保存，每當客人點餐時才分切成壽司料的大小，捏製成握壽司。

用來製作昆布漬的朧昆布。將昆布表面的黑色部分和中心的白色部分適度混合而成的中間部分削成薄片的製品。雖然一般認為白色的朧昆布比較高級，但是太田先生說：「製作昆布漬時，太柔軟會很難使用。」

蝦蛄的備料

一柳和弥（すし家 一柳）

蝦蛄是春季～初夏不可欠缺的壽司料。雖然秋季時也會上市，但因春季正值產卵高峰期，抱卵的雌蝦蛄很珍貴，所以將這個時節視為時令。雌雄蝦蛄都一樣販售，但不同的壽司店似乎會依各家喜好分別使用。

蝦蛄以初夏時節最美味。將捕撈後立刻在產地的漁港先水煮過的蝦蛄，雌雄一起進貨（照片左是雄蝦蛄，右為雌蝦蛄）。雄蝦蛄以鉗螯膨大為特徵。雌蝦蛄因為要抱卵，所以身軀肥厚，靠近腹側的尾部可以看見一部分的卵。

◆切除蝦蛄的頭和腳

雌雄蝦蛄都切除頭部，將剪刀剪入尾部旁邊的腳的根部。沿著身軀的傾斜度，將剪刀傾斜一路剪進去，剪除腳部。切除尾部的末端，只剝除腹側的薄殼就可以保存起來。

◆雄蝦蛄以煮汁醃漬，做成壽司料

在漁港水煮過的雄蝦蛄以醬油味捏製成握壽司

我們店裡除非客人要求，否則會將雄蝦蛄做成壽司料，雌蝦蛄做成下酒菜，依照用途分別使用。原因在於雄蝦蛄的肉，鮮味濃郁，而且沒有卵塊，所以做成握壽司的時候，柔軟的蝦蛄肉與醋飯會融合為一體，很容易傳遞蝦蛄肉的美味。

雌蝦蛄則不論味道或是觸感都會感覺到蝦蛄卵的存在，做成握壽司的話，口中嚼到的只有蝦蛄卵，很難與醋飯取得平衡。我覺得做成下酒菜單獨享用的話，好像比較能突顯它的美味。

購入的蝦蛄基本上是在捕撈之後立刻在產地的漁港煮過的水煮蝦蛄。雖然市面上也有「活蝦蛄」販售，但是如果沒有好好地管理，據說蝦蛄本身分泌出來的酵素會溶化蝦蛄肉，所以剝殼之後有時蝦蛄的肉會很瘦。與其使用風險高的活蝦蛄，不如買進剛捕獲就立刻在最佳狀態下水煮過的蝦蛄，可以確實地安心使用。不過，即使同樣都是漁港水煮蝦蛄，品質還是有所差異。原先的品質、水煮的時間點、水煮的方法等都會產生影響，所以也必須具備鑑定那些條件的眼光。

品質好的蝦蛄，身軀厚實飽滿有彈性。比起身型長而肉薄的蝦蛄，長度短卻身軀肥厚的蝦蛄比較有咬勁，風味也較佳。品質真正好的蝦蛄只有經過水煮就非常好吃了，那樣的話有時只需剝除外殼就可以捏製成握壽司了。多半時候是如照片所示，在醬油味的煮汁中醃漬半天左右，讓味道更有層次。

捏製成握壽司之後的調味也會考量蝦蛄的狀態或客人的喜好等因素，分別使用壽司醬油、濃縮煮汁、鹽來調味。溫度方面也是有時是維持常溫，有時會炙烤一下加熱，視狀況而改變就是蝦蛄的工作。這是比蝦子的鮮味更濃郁，美味程度更明確的壽司料。

用來製作壽司料的雄蝦蛄，剝除背側的殼，大略地清除白色油脂（照片右），放在煮汁中醃漬半天之後（下）捏製成握壽司。煮汁是將醬油、酒、味醂、砂糖、水煮滾之後放涼而成。

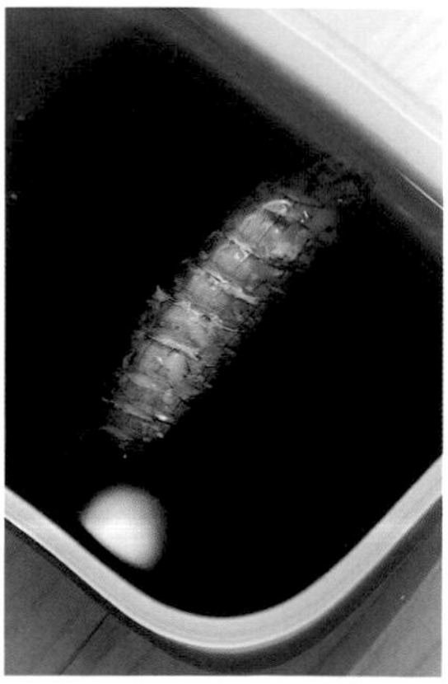

◆雌蝦蛄烘烤之後做成下酒菜

將雌蝦蛄背側的殼朝下，稍微烘烤一下（照片右）。剝殼之後，塗上濃縮煮汁做成下酒菜（下）。鉗螯的肉也可以用來製作成小菜。

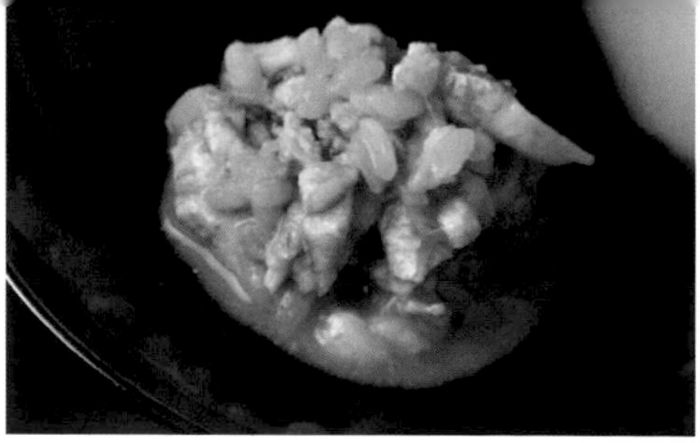

鹽水煮香箱蟹

山口尚亨（すし処 めくみ）

在北陸地方被稱為「香箱蟹」、在山陰地方被稱為「勢子蟹」的雌性松葉蟹，是外子、內子2種卵都很珍貴的高級螃蟹。壽司店經常做成甲羅詰，但也可以做成握壽司和散壽司。由北陸的店家山口先生的事前備料與水煮方法來解說。

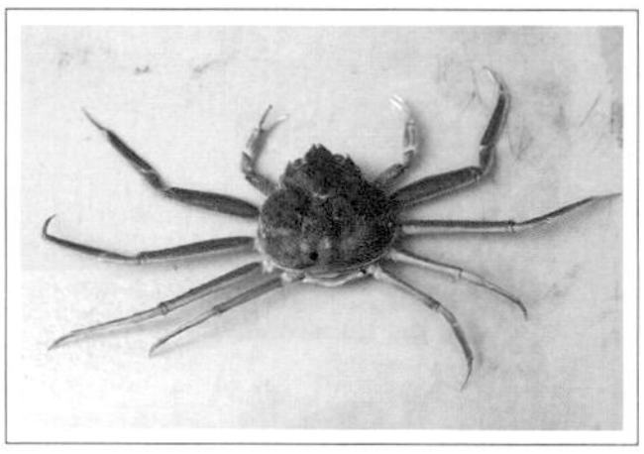

「すし処 めくみ」目前只買進福井縣越前町產的香箱蟹。新鮮的香箱蟹，蟹殼是稍帶橙色的褐色，具有透明感。而且，「外形圓胖，腳很長的香箱蟹代表是好蟹。」山口先生說道。

◆用水清洗香箱蟹

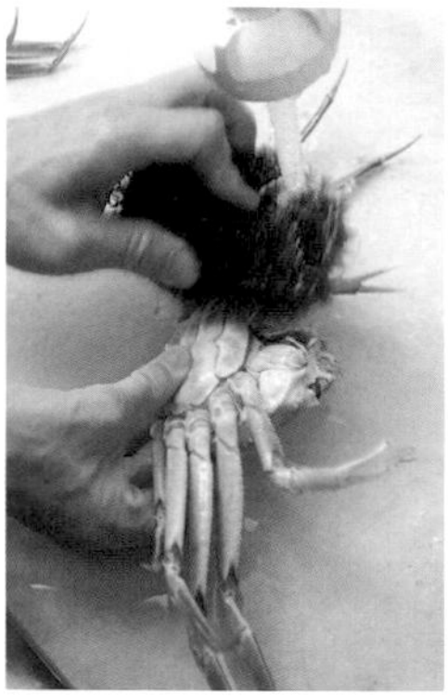

為了避免產生腥味，立刻進行備料。一邊放在水龍頭下沖水，一邊以棕刷用力搓洗蟹殼的兩面、蟹腳、口器的周邊等處，清除泥沙等髒汙和黏液。輕輕揭開內側的殼，如果有黑色排泄物就清除乾淨。

◆預煮

為了去除用水清洗之後沒有清除乾淨的細部髒汙和黏液，要預煮一下。在已經煮滾的純水中加入鹽分濃度1％分量的鹽，浸泡5秒鐘左右。

◆用水清洗

為了避免餘溫繼續加熱，立刻浸泡在冷水中去除餘溫。再次以流動的水清洗，用棕刷搓洗，去除髒汙。在正式水煮之前徹底將全部的髒汙清除乾淨。

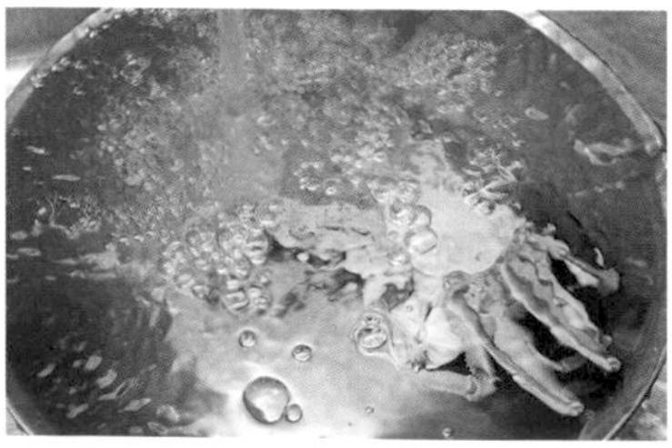

蟹膏、內子和蟹肉要精確地加熱

香箱蟹的調理重點就只有不要產生腥味，以及外子、內子、蟹膏要適當地加熱這兩項。

為了避免產生腥味，首先要做的是，趁著捕撈後不久正新鮮的時候立刻加熱。在漁港附近有很多水煮過的螃蟹就是這個緣故，而距離漁港較遠的地區則無法仰賴這個方式進貨。幸好本店靠近產地，買進活螃蟹之後可以趁著早上的時間在店裡處理。

螃蟹可以使用「水煮」和「蒸煮」這兩種加熱的方式，我認為比較合理的方式是水煮。原因在於蒸煮的時候，螃蟹的水溶性芳香成分只會溶入蒸氣中消失殆盡，但是使用水煮的方式，因為芳香成分溶入水煮液中，最後會再回到螃蟹身上。蟹膏的香醇和油脂的甜味也是如此，溶入水煮液之中，再回到螃蟹身上。這些會滲入蟹肉和外子裡，就能完整地品嘗到豐富的風味。

這裡很重要的一點是水煮液。使用自來水的話，水中的礦物質成分會與海鮮產生反應，因而散發出腥味，所以本店使用的是以純水機大略去除了礦物質成分的「純水」。

最大的重點是水煮的方式，關於這點，溫度和時間的掌控成了重要的關鍵。香箱蟹與雄松葉蟹不同，蟹膏和內子的加熱比蟹肉重要，要求的是如何煮出軟黏的蟹膏和內子。也唯有那樣才能產生鮮味。

我現在使用的方法是，將蟹殼朝下放入滾水中煮2分多鐘先讓蟹膏凝固。而後，讓水溫降至85～80℃，將內子和蟹肉慢慢加熱6～8分鐘。這個作法可以精確地調整加熱狀況使蟹膏和內子受熱平均。最後把香箱蟹翻過來，迅速加熱外子，就完成了。

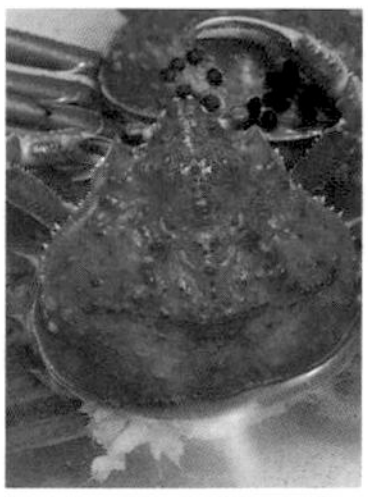

◆正式水煮

將足以蓋過香箱蟹的純水煮滾，加入鹽（鹽分濃度1．7％），然後將蟹殼朝下放入滾水中（照片上）。覆蓋鋁箔紙之後煮2～2分鐘半，轉為小火讓水溫降至85～80℃，同時煮6～8分鐘（左上）。最後為了將外子加熱，把香箱蟹翻過來，煮1分鐘（左）。此外，如果是隔天才要提供，考量到鹽分會轉移到蟹肉中，鹽分濃度調整成1．6％。

◆放在網篩上

將蟹殼朝下放在網篩上，以常溫保存至營業時間開始。將分切下來的蟹肉填滿蟹殼做成甲羅詰，當成下酒菜供應，除此之外，還可以與醋飯混拌之後做成「香箱蟹散壽司」等料理上桌。

蝦鬆

杉山 衞（銀座 寿司幸本店）

蝦鬆、魚鬆是將蝦子或白肉魚的肉泥炒煮成甜味，做成乾鬆的狀態。
尤其是以芝蝦製作的，呈漂亮粉紅色的蝦鬆公認是品質最好的蝦鬆。
除了壽司卷和散壽司之外，也可以單獨使用，或是搭配其他的魚捏製成握壽司。

作為材料的芝蝦（熊本縣產）。雖然也可以與白肉魚或其他蝦子混合，但是「壽司幸本店」僅單獨以一般認為風味和色澤均屬最上等的芝蝦製作。

◆以味醂煮芝蝦

芝蝦去除蝦頭、蝦殼、泥腸之後，將蝦仁與味醂一起以火加熱，稍微煮滾後待芝蝦轉變成粉紅色即可以網篩過濾水分。蝦仁加熱至半熟的程度。在炒煮蝦泥的時候也可以運用到水煮液。

◆以研磨缽磨碎成蝦泥

趁熱將蝦仁以研磨缽磨碎成蝦泥。剛開始是壓碎（照片右），大略壓碎之後再仔細研磨（左上），最後逐次少量地用力壓碎碾平（左下），磨成滑順的泥狀。這個作業可以做出顆粒細小，乾乾鬆鬆的蝦鬆。1次備料約完成2～3kg。

「乾鬆又濕潤」是蝦鬆的理想狀態

蝦鬆是直接承襲自前任店主的工作。配方和作法都可以說是江戶前的主流，我認為將這個傳統傳承給年輕世代是像本店這樣的老店必須肩負的使命。

這是先以研磨缽研磨材料，再以鍋子一直炒，花費將近1小時的大工程。雖然也可以使用食物調理機代替研磨缽讓作業更簡便，但是以刀具「切碎」和以木杵「磨碎」這兩種不同的方式會使蝦肉弄碎的狀態不一樣，以致於完成的蝦鬆在顆粒細緻度、滑順度方面都出現差異。即使比較費工，為了讓客人了解原本蝦鬆的味道和觸感，為此所進行的作業，所以我還是堅持使用這個研磨的方法。

本店的蝦鬆，材料只有芝蝦。芝蝦的甜味、鮮味、香氣、柔嫩度、顏色，各方面都是最頂尖的，所以價格高漲，但是考量到品質的話就絲毫無法妥協。

蝦鬆的成品，顆粒如同沙子般細小，外觀也是乾乾鬆鬆的樣子，但是每個顆粒都濕潤、鬆軟才是理想的狀態。將以味醂和砂糖製作而成的甜味水煮液與蝦泥混合在一起，以橡皮刮刀反覆地攪拌、切碎、壓平，使水分蒸發，炒成顆粒狀，而只要稍微停下作業，蝦鬆就會結塊或是炒焦，所以不可以偷工減料。去除水分的同時，還要將濕氣留在小小的顆粒中，需要熟練的工夫。

使用蝦鬆製作的握壽司是白肉魚昆布漬，以及醋漬小鰭、醋漬春子等。那是因為將少量的甜蝦鬆添加在鹹味的壽司料上，可以使甜味和鹹味取得平衡。此外，雖然本店做成軍艦卷，但是只以蝦鬆捏製成握壽司也是正宗的江戶前作法。輕輕捏製，強調濕潤的觸感，就能突顯出蝦鬆的美味。

◆將水煮液、砂糖、蛋黃混合

將一部分芝蝦的水煮液過濾之後倒入鍋子中，加入砂糖之後加熱，煮到快要沸騰之前關火。加入蝦泥，攪拌之後與水煮液均勻融合。關火，加入蛋黃攪拌，讓顏色變得好看，味道變得濃醇。

◆炒成蝦鬆

開火加熱，以橡皮刮刀反覆進行「攪拌、切碎、壓平、撥散」的作業，一邊使水分蒸發一邊炒成顆粒狀。炒成大顆粒之後，加入一個工序，就是逐次少量地壓平再剁下，讓顆粒變小。

後半段可以時而移離爐火翻動鍋子，時而以小火加熱攪拌或是撥散，反覆進行。炒成乾鬆的顆粒之後，攤開在長方形淺盤中冷卻。冷藏可以保存約4天，冷凍可以保存1週。

烏賊、章魚的備料

障泥烏賊的備料

中村将宜（鮨 なかむら）

以前的江戶前壽司，若提到烏賊，指的是醬油味的煮烏賊，但是現在則以生烏賊為主流。種類則以障泥烏賊、墨烏賊（甲烏賊）、槍烏賊、鯣烏賊為代表。這裡將要解說的是用來做壽司料的障泥烏賊的備料工作。

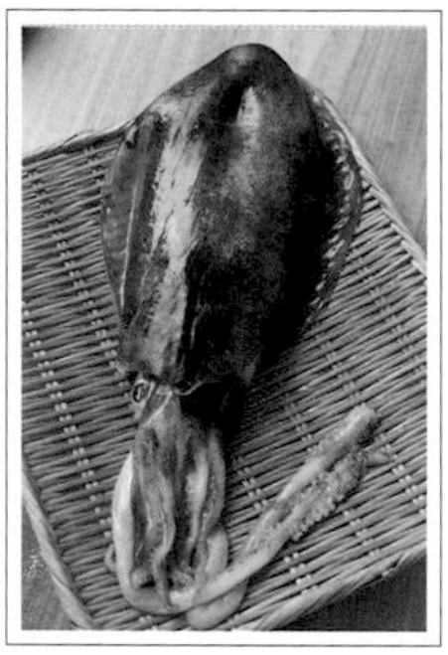

在烏賊之中風味特佳，肉厚，而且觸感軟黏的障泥烏賊。有「烏賊之王」的稱號，不論做成生切片還是壽司料都非常受歡迎。

◆剝除障泥烏賊的外皮

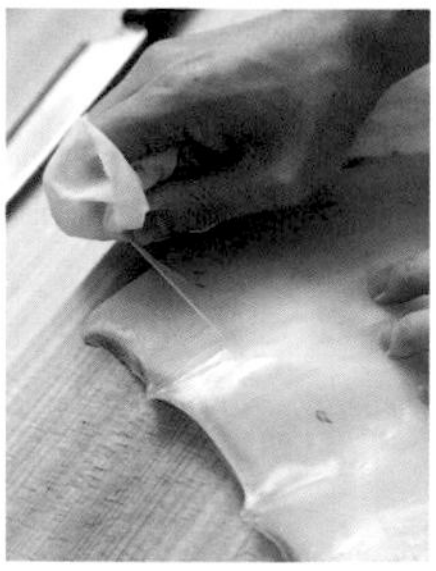

一開始，在表面那側切入切痕，剖開成一片，拔除腳部和內臟。因為切口處的外皮開始剝落，所以從那裡一口氣剝除外皮。從上往下拉，一次去除厚皮、薄皮和兩片肉鰭（照片上）。因為內側的皮很薄，所以用擰乾的布巾搓掉（下）。

◆修整成長方形

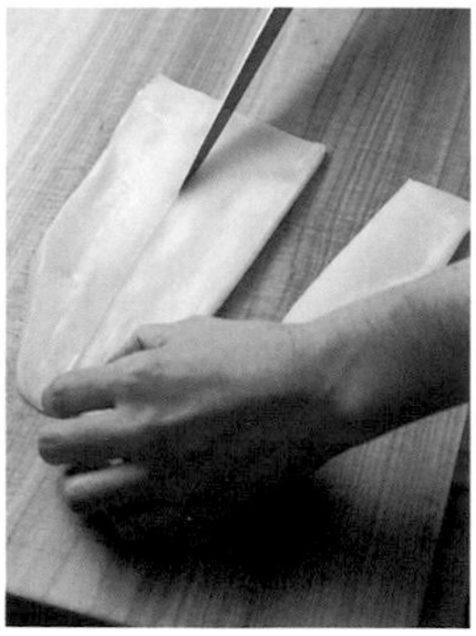

◆熟成

切除邊緣堅硬的部分，修整成淨肉的障泥烏賊。以廚房紙巾、吸水紙和保鮮膜包起來，放在冷藏室中靜置2～3天是製作重點。這麼一來，可以更加突顯甜味，也會變得更柔軟。

熟成後，在兩面深深地切入細痕

我想，障泥烏賊是最能享受到烏賊美味的種類了。慢慢咀嚼厚實的烏賊肉時滲出來的軟黏觸感，以及類似甜蝦的濃郁甜味和鮮味都無與倫比。與墨烏賊相較之下，障泥烏賊的肉質較硬這點也可以說是缺點所在，然而我在前置作業時費了一番心思，做出十分軟嫩、也提升了風味的壽司料。

其中一個工序是「熟成」。將剖開成一片之後剝除外皮的障泥烏賊，依照順序以廚房紙巾、吸水紙、保鮮膜包起來。放在冷藏室中靜置2~3天。剛剖開的新鮮障泥烏賊就只是很硬而已，但是擱置一段時間之後硬度會鬆弛，甜味漸漸增多。

完成熟成之後，縱切成3~4等分，修整成長方形。一般來說，會將這個削切成一貫份之後，在2~3個地方切入切痕，或是切成細條讓它變得柔軟，然後捏製成握壽司，但是我的方法不屬於這兩者。

首先在長方形烏賊塊的階段，以菜刀將緊縮得很硬的表面削切1mm左右，切除。然後，在剩下的烏賊肉正反兩面切入約2mm寬的細痕。深度是烏賊肉厚度的一半以上。將菜刀從兩面深深地切入，連烏賊強硬的纖維也能完美地切斷，變得柔軟。將這個烏賊肉削切成一貫份，再次於單面切入細細的切痕就完成了。

宛如菊花蕪菁一樣的成品，不僅柔軟，在口中也能快速地與醋飯混合，更加提高一體感。此外，因為切口很多，所以會滲出大量的甜味和鮮味，可以盡情享受烏賊的風味。我將多數的壽司料都切入細痕就是基於相同的理由。我自己實際品嘗後評比的結果，確實感受到味道的差異，所以就以這個型式提供給客人。

將已經熟成的烏賊肉縱向分切開來，修整成長方形。按照障泥烏賊的大小，切成3~4條。

◆削切堅硬的烏賊肉

因為表面那側的肉質較硬，所以用菜刀削切1mm左右的厚度，只以下側柔嫩的部分做成壽司料。如果是小型的障泥烏賊，肉質比較柔嫩，所以有時候也會省略這道工序。

◆切入切痕

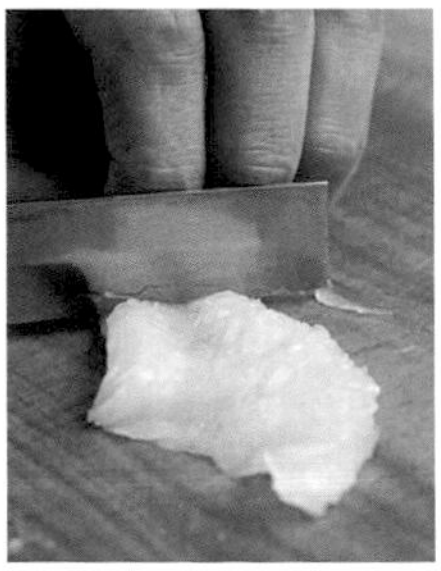

接著，在長方形烏賊塊的兩面斜斜地切入切痕（照片上）。寬度約2mm，深度則為烏賊肉厚度的一半以上。然後，從邊緣開始薄薄地削切，切出壽司料。這個薄切片也要在單邊的切面上切入細痕（下）。

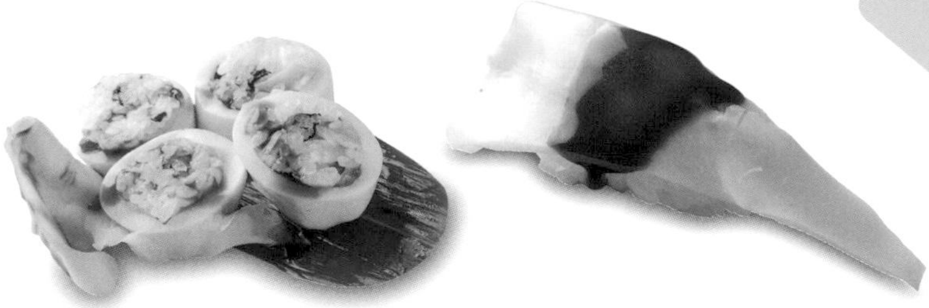

煮烏賊

油井隆一（㐂寿司）

在現代，生烏賊受歡迎程度的勝過煮烏賊，但是油井先生說「生烏賊雖然也很美味，但是加熱過的烏賊特別好吃」，依然使用煮烏賊作為壽司料。除了提及煮烏賊中填滿醋飯的「烏賊印籠」，同時還要為大家解說江戶前壽司的傳統技法。

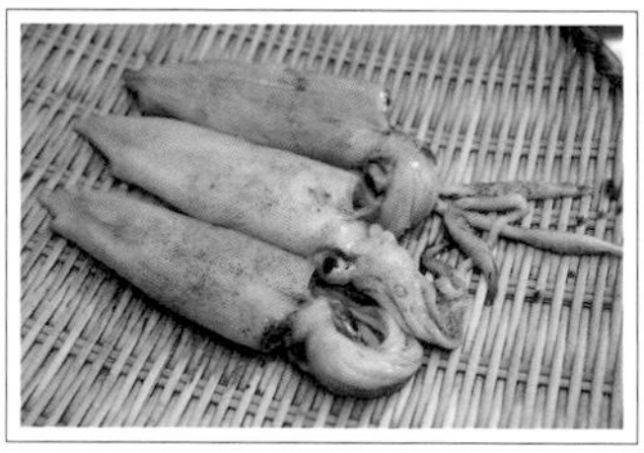

在「㐂寿司」，煮烏賊所使用的烏賊會隨著季節更換種類。秋季～初冬使用的是劍尖槍烏賊（日本名稱為劍先烏賊）。有的產地也稱為赤烏賊）。使用的是身軀長度為15㎝左右，體型稍小的烏賊。

◆清理劍尖槍烏賊

拔除腳、內臟、軟骨，一邊用水清洗身軀一邊以指尖剝除表皮1片份（照片右）。殘留在身軀邊緣等處的皮，以用水沾濕的布巾搓掉，清理成純白色的烏賊（左）。

◆烹煮

將醬油、酒、砂糖、柴魚高湯、水加在一起，煮滾之後做成煮汁，再將烏賊擺放在煮汁裡（照片右）。蓋上木蓋，將烏賊反覆翻面3～4次，同時迅速地烹煮完成（左）。烹煮時間設定為1分鐘以上～2分鐘。

用大火迅速地烹煮柔軟的烏賊，沾裹煮汁

煮烏賊不論是做成握壽司還是下酒菜都很美味，是本店一整年都不能欠缺的品項。適合製作成煮烏賊的是體型比較小而且身軀柔軟的烏賊。每個季節都有適合做成煮烏賊的烏賊，所以遵照各種烏賊的時令，一整年都能製作。

具體來說，秋季～初冬是劍尖槍烏賊，新年～初春是槍烏賊，晚春～夏季是麥烏賊（鯣烏賊的地方名）。照片中介紹的劍尖槍烏賊與其他2種相較之下，肉質稍厚一點，所以很有咬勁，可以充分傳導出鮮味和甜味。

煮烏賊只使用身軀的部分製作，剝除表皮之後以醬油味的煮汁迅速地烹煮完成。據說烏賊有3層皮，但是因為用來製作煮烏賊的烏賊種類，皮都很柔軟，而且經過烹煮之後會變得更軟，所以只要剝除1層表皮就夠了。如果要剝除第2層的皮，在切成壽司料的大小時，於烏賊肉的邊緣切入切痕，從那裡揭開，就可以輕易地剝除了。

最嚴重的問題就是烏賊肉因為煮過頭而變硬吧。不論是想要突顯烏賊的風味，還是要與醋飯取得觸感的平衡，保留飽滿柔軟的彈性都是最重要的關鍵。烹煮完成的時間點，看烏賊的樣子就知道。因為煮熟時烏賊會帶有膨軟的圓胖感，所以要抓住那個瞬間，立刻將烏賊從煮汁中取出。與其說是「烹煮」，倒不如說比較像是以大火熬乾煮汁，將烏賊「以沾裹煮汁的方式熬煮」的感覺。

煮烏賊除了分切成好看的形狀做成握壽司的壽司料之外，也可以在整個身軀中填入拌有配料的醋飯做成「印籠」。拌入醋飯中的只有葫蘆乾、薑片（甜醋漬生薑）、海苔、磨碎的柚子皮。重要的是，不要拌入過多的配料，因為簡單，所以品嘗時才會突顯出烏賊的鮮味。據說這才是烏賊印籠的正確作法。

◆放到網篩上靜置

瀝乾煮汁之後放在網篩上放涼。這段期間，餘溫還會繼續加熱，所以不要在煮汁中烹煮太久。調整烹煮時間，煮出烏賊的純白感。放在冷藏室中保存之後，在開始營業前恢復至常溫。

◆切成壽司料的大小

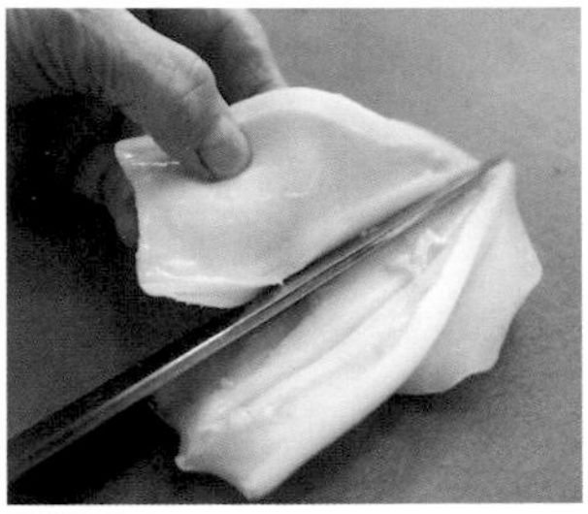

縱向分切成2片，再斜切成2等份，切成與醋飯搭配均衡的形狀和大小。如果烏賊的身軀很大，可以將取下肉鰭的身軀分成4等份左右。切入切痕，背面暗藏磨碎的柚子皮再捏製成握壽司。

烏賊印籠—①

青木利勝（銀座 鮨青木）

在室町時代用來裝印章和印泥，江戶時代用來裝藥的攜帶用容器就是印籠。因為類似那個形狀，所以將除掉中心和內臟再裝填食材製作而成的料理稱為「印籠」。稻荷壽司也是其中一例，但以壽司來說，在煮烏賊中填滿醋飯做成的料理最具代表性。

製作烏賊印籠時，以肉薄而身軀細長的槍烏賊或鯣烏賊最適合。身軀長度為15㎝大小的烏賊比較容易製作。青木先生使用的是冬季上市的抱卵槍烏賊。

◆清理槍烏賊

從槍烏賊的身軀中拔除腳和內臟、軟骨，身軀帶著肉鰭和皮直接使用（照片上）。將腳部連著的內臟和墨囊切除，去除眼睛和口器，切掉腳的末端極細的部分。腳部的吸盤也清洗乾淨備用（下）。

◆烹煮腳和身軀

以冬季的抱卵槍烏賊製作的印籠

烏賊印籠是從確立了握壽司的江戶時代傳承下來的傳統壽司，但是如今如果老字號的壽司店沒有供應的話，可能就吃不到了。製作煮烏賊，在烏賊的身軀中填滿拌入配料的醋飯製作而成的烏賊印籠，與粗卷壽司的美味也很類似，而與握壽司則另有不同的趣味。

烏賊的種類基本上是使用槍烏賊或鰑烏賊。原因在於烏賊是以一尾為單位來調理，所以肉薄，而且形狀或大小相稱的烏賊比較適合。照片中是使用沒有卵的槍烏賊製作的，但是本店按照慣例是使用抱卵槍烏賊來製作，限定在大約開始抱卵的12月～隔年2月製作。因為把卵留在身軀裡直接烹煮，所以增加了黏稠的觸感和鮮味。

雖然烏賊腳也可以用來製作下酒菜或散壽司，但是如同下方所介紹的，把烏賊腳煮過之後切碎拌入印籠的醋飯裡，這個方法也很合理。一開始煮烏賊腳，在煮汁中賦與烏賊的風味，取出烏賊腳的時候將身軀放進去煮，更加深烏賊的風味。

烏賊不要以煮汁煮得很硬，這點很重要，所以一開始將煮汁熬煮10分鐘左右濃縮味道，放入烏賊腳之後煮到熟透才取出。放入身軀，再次沸騰之後立刻取出就可以了。身軀的肉特別薄，所以一邊搖動鍋子一邊讓烏賊肉「沾裹」煮汁，那樣做剛剛好。雖然抱卵烏賊的卵呈半熟狀態無法久放，但是放置1天的話可以更入味。

要填裝在烏賊身軀裡的醋飯，是將烏賊腳、甜煮香菇、醋漬蓮藕、海苔、白芝麻、葫蘆乾、薑片（甜醋漬生薑）等適當地組合之後拌入醋飯中。將剛填裝好，剛切好的烏賊印籠端上桌很重要，不論是烏賊還是醋飯都不會濕黏，吃起來鬆軟美味。

◆製作醋飯

要填入烏賊中的飯是在握壽司使用的醋飯中拌入數種配料做成的。這次使用的配料是煮過的烏賊腳、甜煮香菇、醋漬蓮藕、白芝麻、海苔絲（照片右）。大的配料切成小丁之後，全部拌入醋飯中（左）。

煮汁是將粗粒糖和醬油加進已經煮至酒精成分蒸發的酒裡面，煮乾水分10分鐘左右，煮成有些黏稠感的濃度。使用粗粒糖是為了讓味道帶有爽口的甜味。首先煮腳，煮熟之後取出（照片上）。接著放入身軀，再次煮滾之後立刻取出（下）。

◆將醋飯填入烏賊內

將調拌好的醋飯填入身軀中。稍微用力一點握住，將身軀填滿至鬆軟膨脹的程度。將烏賊身軀尖細的末端切掉一點，排出空氣之後調整形狀。為了容易入口，切成圓片，然後撒上磨碎的柚子皮增添香氣。

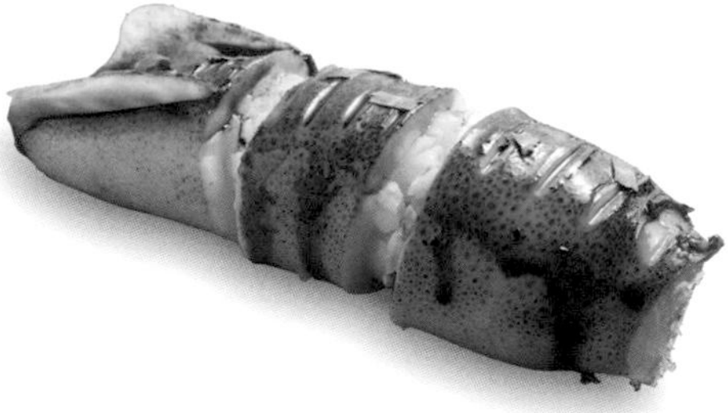

烏賊印籠—②

安田豐次（すし豊）

這裡要介紹的是與P.108不同類型的烏賊印籠。
這是快要產卵前卵巢很大的槍烏賊，水煮之後將卵巢和醋飯重新交替裝填的印籠，
安田先生在東京修業時期學到的料理，40年來一直持續製作。

槍烏賊的時令一般是在秋季～冬季。安田先生使用春季～初夏上市的，卵巢長得很大的槍烏賊製作印籠。選用全體有透明感，眼睛澄澈烏黑的槍烏賊。

◆用鹽水煮槍烏賊

使用抱卵中的雌槍烏賊製作。雌槍烏賊的體型小，大約15cm大（腳除外）。去除腳、頭、內臟、墨囊、軟骨之後，以加鹽的滾水煮3～4分鐘（照片上），然後放在網篩上放涼（下）。以這個狀態放在壽司料櫥窗中保存。

◆取出卵巢

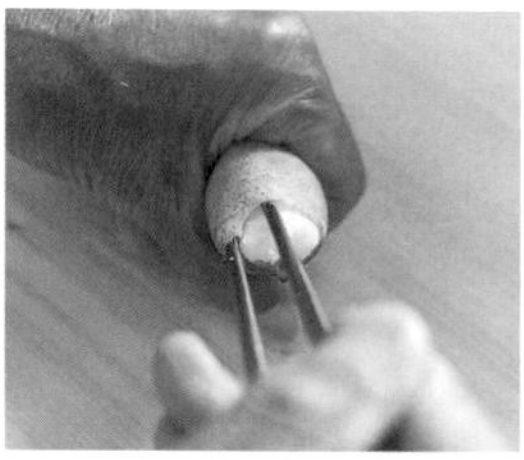

接到點餐之後拔出卵巢。因為身軀收縮之後卵巢緊密地塞在裡面，所以要插入筷尖細小的金屬長筷（照片右），拉出整個卵巢。照片右下的前方是卵巢。右端白色的部分是支撐卵巢的「抱卵腺」部位。

◆將卵巢分成三等份

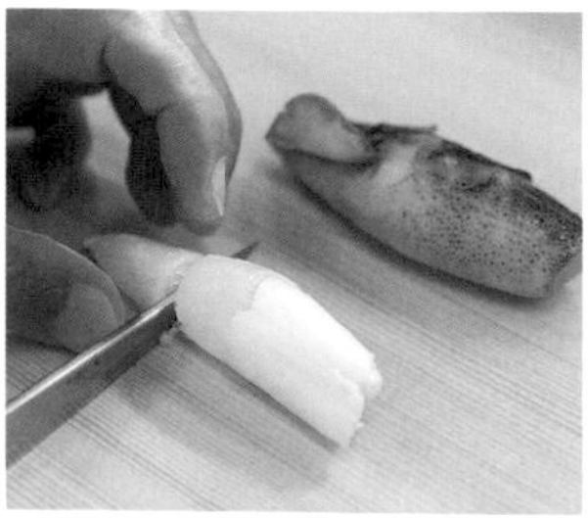

以水煮過的槍烏賊製作鑲餡烏賊，然後炙烤一下

說到印籠，大家所熟知的方法是以類似五目壽司的樣子，在醋飯中拌入葫蘆乾、薑片（甜醋漬生薑）和碎海苔等，然後填入以醬油味煮成的烏賊裡面。但是我在東京的老字號江戶前壽司店學到的是，不加入配料，而是將水煮過的烏賊卵與醋飯交替裝填的印籠。

烏賊的卵是細長的黃色卵巢塊，以及乍看之下很像白子的白色抱卵腺塊連結而成的，從水煮過的烏賊身軀內把卵拔出來之後分成3等份，然後與醋飯重新交替裝填在烏賊身軀裡。

黃色的卵巢就如同短爪章魚那飯粒一般的卵具有顆粒感，抱卵腺則像白子一樣黏糊柔軟。隨著食用部位的不同，觸感和味道都有所差異。不是只有單調的一種味道而是充滿著變化，以前的人將這一點比喻成裝入了各種藥品的印籠。

雖然我現在用來製作印籠的是槍烏賊，但是當年在東京修業時使用的是5~6月捕撈的麥烏賊（鯣烏賊的地方名）。據說是以「小麥結實時期捕獲的」這個含義命名的，是關東地區獨特的稱法。說到印籠，我學的是以麥烏賊製作的，而且我也很喜歡這個雅緻的命名，所以在我們店裡也稱之為「麥烏賊印籠」。

平時我使用的是瀨戶內產的槍烏賊，大阪本地的市場也有來自伊勢灣或若狹灣的槍烏賊，不同的地區有不同的捕撈漁期。以5~6月為主，有半年的時間充分地使用卵粒大量成長、即將產卵的槍烏賊。

可是，我的印籠不是做成煮烏賊，只是將抱卵的身軀連表皮一起用加鹽的滾水烹煮。做好鑲餡的烏賊之後炙烤一下，然後塗上濃縮煮汁添加味道就完成了。為了要與只有卵和醋飯的內餡那纖細的風味取得味道上的均衡，我認為烏賊不需要濃厚的調味，所以採用這種作法。

◆交互填入卵巢和醋飯

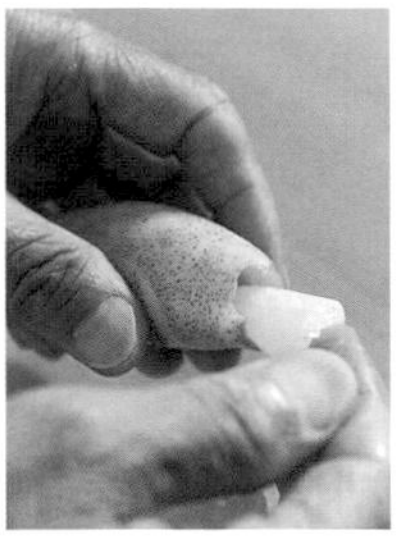

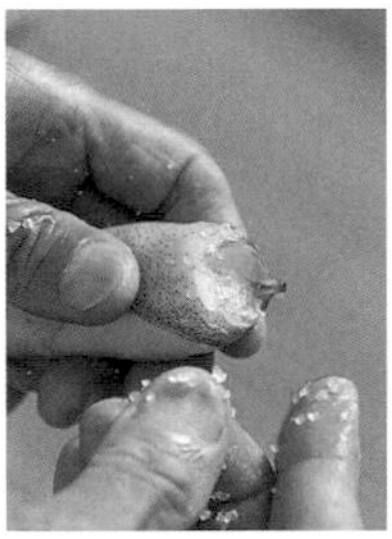

一開始將末端的卵巢放入槍烏賊的身軀中（照片右），再填入山葵泥、醋飯（中）。接著放入白色的抱卵腺，再次填入山葵泥、醋飯。最後填入位於中央、摻雜著卵巢和抱卵腺的部分（左）。

為了與醋飯交替裝填，所以將卵巢分成3等份。左邊的部分只有卵巢，中央是卵巢和抱卵腺的交界部分，右邊只有抱卵腺，分別產生不同的觸感和味道。

◆炙烤

用菜刀在身軀的表面劃入數道切痕。炙烤兩面至稍微溫熱的程度，使身軀、卵和飯變得鬆軟。切成3等份，塗上濃縮煮汁之後上桌。

水煮章魚

周嘉谷正吾（継ぐ 鮨政）

章魚的備料工作範圍廣泛，對於要如何水煮或是如何燉煮的技法，
各家壽司店莫不是費盡心思。首先由周嘉谷先生以水煮章魚為例來解說。
使用蘿蔔泥，以缽盆代替鍋蓋密封起來，煮出柔軟的章魚。

活的章魚。一尾重2～2.5kg。為了方便調理，切下身軀，腳以2隻為單位分切開來。因為變得容易搓揉，所以也便於去除髒汙。

◆搓揉章魚腳

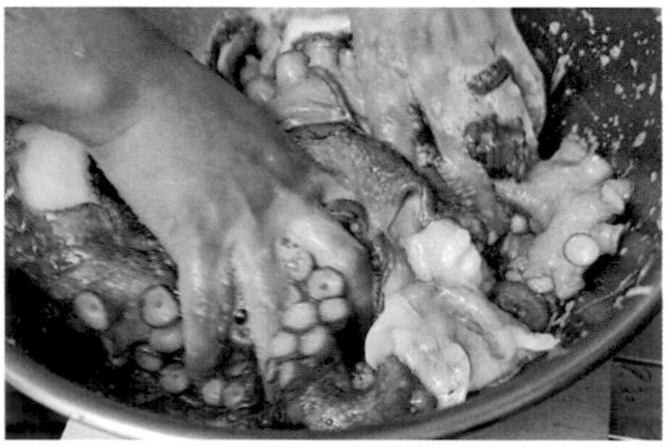

不撒鹽就直接這樣搓揉，去除黏液和髒汙。持續搓揉大約40分鐘，在這段期間頻繁地用水清洗。吸盤之中也要仔細清洗。

◆以蘿蔔泥醃漬

以一尾章魚對一根份蘿蔔的比例，將蘿蔔磨成泥，沾裹在洗乾淨的章魚上，放在冷藏室中一個晚上。目的是要以蘿蔔的酵素軟化章魚。

不用鹽搓揉，與蘿蔔泥一起煮

以「章魚切塊」為代表料理的水煮章魚，飽滿有彈性的咬勁，以及越嚼就有越多緩緩滲出的鮮味都是魅力所在。但是，在考慮做成握壽司的話觸感是否也那麼好時，覺得很困難。理想狀態是可以達到更容易咀嚼，與醋飯瞬間融為一體那樣的柔軟度。因此，舉凡搓揉章魚的方式、水煮的時間、敲打的效果、鹽的用法……等，我把考慮到的所有因素全都拿來做試驗，最後得到的結果就是我要為大家介紹的方法。

已經明確知道的是，光是花時間搓揉或是水煮，章魚並不會因此變得柔軟，而且拍打也很容易弄傷纖維。

因此，我基於經驗所獲得的有效方法是，搓揉章魚的時候不要撒鹽，以蘿蔔泥醃漬，水煮的時候也要加入蘿蔔泥，就像使用壓力鍋的感覺以密閉的鍋子加熱──像是這類的方法。並不是採用一個關鍵性的步驟，而是許多個工序發生綜合的作用，於是產生良好的結果，這就是我得到的結論。

鹽雖然具有容易去除黏液和髒汙的效果，但是實際上我注意到，即使不使用鹽，只要搓揉40分鐘左右，章魚也可以變得很乾淨，而且章魚肉不會緊縮，變得很柔軟。

至於蘿蔔，據說它所包含的蛋白質分解酵素可以使章魚變軟，而加入將蘿蔔磨成泥用來醃漬章魚一個晚上的工序，的確感受到效果好像提升了。此外，水煮的時候也加入蘿蔔泥的話，蘿蔔泥會覆蓋在水面上，水煮液變得不易蒸發，再加上用缽盆代替鍋蓋的相乘效果，提高密閉程度，似乎就可以煮得很柔軟。

以上的方法沒有剝除章魚的表皮和吸盤，成品也可以保持外形的美觀，是我的得意之作。

◆預煮

從蘿蔔泥中取出章魚，預煮大約3分鐘直到表面變硬的程度。這個時候也不要加入鹽。放在網篩上，先冷卻至常溫。

◆與蘿蔔泥一起煮

為了稍微加點味道，使用味道清淡的柴魚高湯作為水煮液。再加入鹽，以及醃漬時用過的蘿蔔泥，煮滾，然後放入章魚（照片右）。放上緊密吻合的缽盆和當做重石用的缽盆（左），以小火煮30～40分鐘。

◆放在網篩上

煮到可以輕易撕開那麼柔軟的章魚。從水煮液中撈起放在網篩上放涼（幾乎沒有沾附蘿蔔泥）。

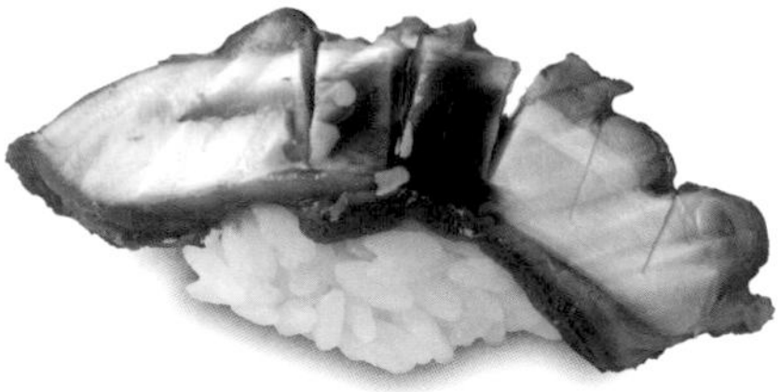

櫻煮章魚

福元敏雄（鮨 福元）

以煮章魚來說，深受歡迎而且多數的壽司店都會製作的是「櫻煮」章魚。使用以醬油、砂糖、酒為基底的鹹甜煮汁烹煮而成，將略帶紅色的章魚肉以「櫻色」表示因而取了這個名稱。除了握壽司之外，做成下酒菜也受到喜愛。

一整年都在市面上販售的普通章魚。西日本以在瀨戶內海捕撈的兵庫縣明石產的章魚，東日本以神奈川縣佐島產的章魚評價最高。

◆用鹽搓揉章魚，去除黏液

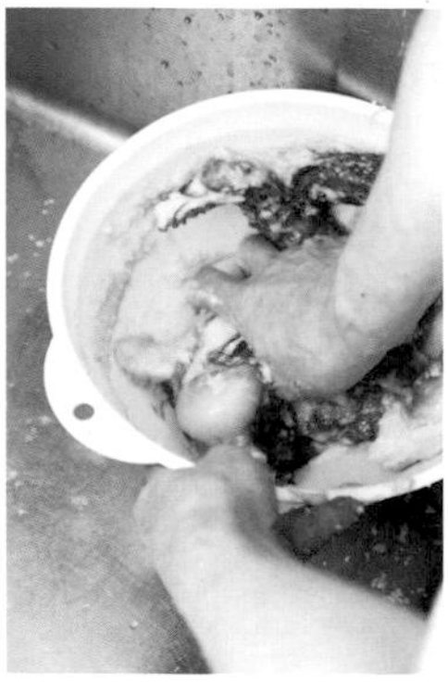

將章魚的腳一根一根分切開來，撒上大量的鹽之後用手搓揉。充分搓揉到完全沒有黏液為止，可以去除腥味，變得不易腐壞，而且也會變得柔軟。用水洗掉鹽之後再繼續搓揉。

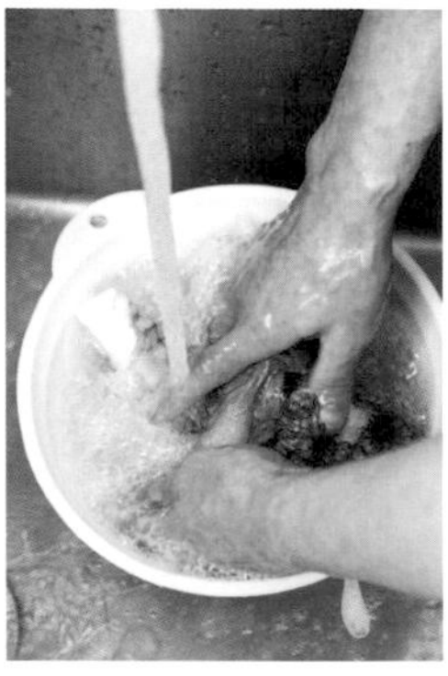

◆以煮汁烹煮

煮汁是以煮到酒精成分蒸發的酒800cc、水1・3ℓ、醬油50cc、上白糖35g的配方混合而成。煮汁變涼之後放入章魚，然後開火，慢慢加熱。沸騰之後轉為小火，蓋上落蓋煮1小時。

以煮汁煮1小時，再醃漬4小時備用

櫻煮章魚，要如何把容易變硬的章魚肉煮得柔軟是很重要的事。可是，我的理想是不只要柔軟，還要煮成「有咬勁的柔軟」。要做到那樣，燉煮的方式就不用說了，其他如挑選章魚的方法，以及包含前置作業在內的一道又一道工序，都必須掌握住重點。

本店使用的章魚是神奈川縣三浦半島的佐島所生產的普通章魚。這是可以與西日本明石產的章魚匹敵的東日本之雄，風味佳自然不在話下，柔軟度也很優異。在關東地區使用佐島章魚的壽司店非常多，光是這點就是品質高，而且受到眾人注目的證明。

前置作業中要用鹽搓揉，把黏液去除乾淨，在這個階段必須很有耐心地搓揉直到完全沒有黏液為止，藉此消除腥味，染成漂亮的櫻色，而且變得柔軟。

搓揉的要領由經驗得知，如果在章魚還活著的時候搓揉的話，章魚會到處移動因而緊縮得很硬。將清晨殺死的章魚擱置數小時之後，從下午開始進行備料的工作，這樣的安排剛剛好。

接著，關於把章魚煮得很柔軟的方法，以前就有人試過各種不同的調理法，然後流傳到現代。譬如「和紅豆一起煮、加入蘇打水、以蘿蔔敲打」之類的作法。我也把各種不同的作法都試試看，最後確立了如今這個方法，以酒、醬油、砂糖、水等調和而成的煮汁簡單地烹煮。

燉煮的時間是1小時，然後就浸泡在煮汁中醃漬4小時左右備用。這個工序可以使章魚充分變軟，而且章魚的香氣和紅色滲出之後溶入煮汁中，又會重新回到章魚肉上，風味佳又漂亮的櫻煮章魚就完成了。

◆以煮汁醃漬

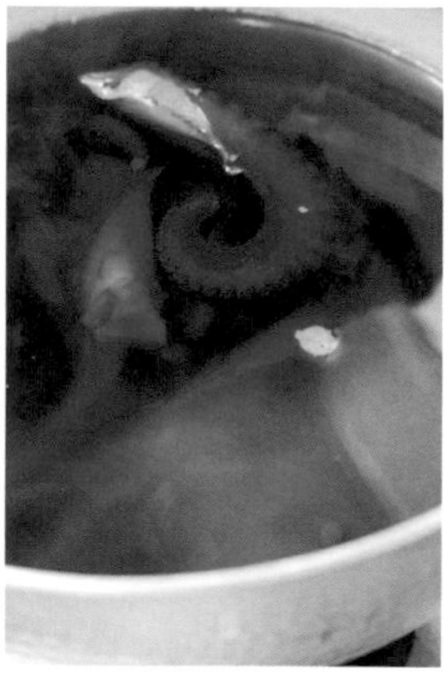

將煮了1小時的章魚直接浸泡在煮汁中醃漬，在常溫中放置4小時。在這段期間，章魚肉會變得更柔軟，章魚滲出的味道和香氣溶入煮汁之後也會重新回到章魚肉上。

煮成「櫻色」的櫻煮章魚。瀝乾煮汁之後，放在密閉容器中保存。為了保持住香氣，當天就放在常溫中，沒有用完的部分則以冷藏保存。

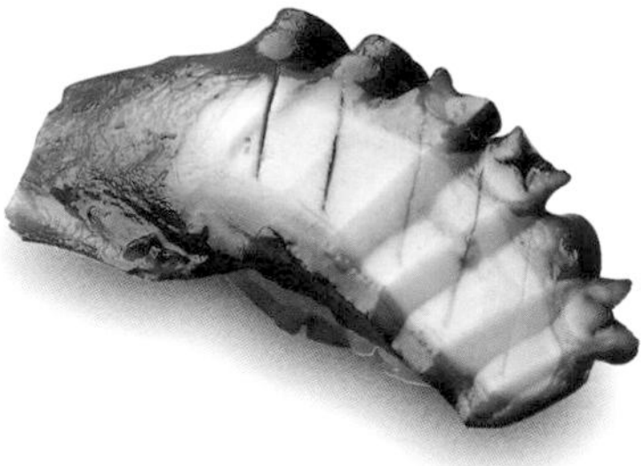

醬油煮章魚—①

橋本孝志（鮨 一新）

即使同樣是煮章魚，還有別的作法，不是像櫻煮那樣煮成甜鹹的味道，而是以不加入甜味的醬油味基底來烹煮。「鮨 一新」的醬油煮章魚是在醬油和酒裡面加入焙茶和紅豆，這個也是傳統的煮章魚其中一個例子。

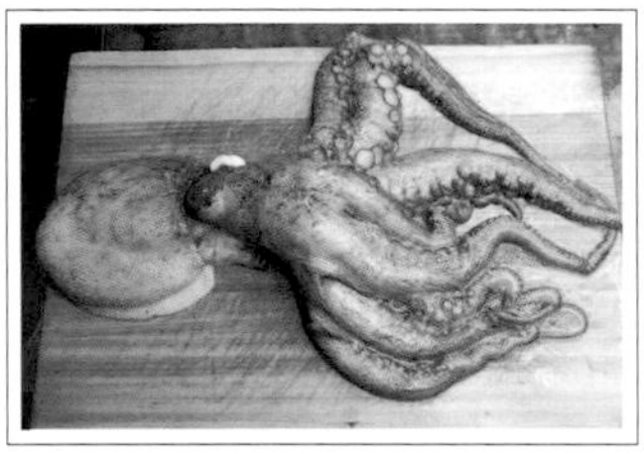

以1尾為單位買進活章魚，整尾經過預先處理之後，在一天內以2隻腳為1組，製作成煮章魚。照片中是因優異的品質而在關東地區大受歡迎，神奈川縣佐島產的普通章魚。

◆用鹽搓揉章魚

前置作業在試過各種不同的方法之後，確立為撒滿鹽再搓揉的方法。去除內臟、眼睛、口器之後，撒上鹽，仔細地搓揉至將黏液清除乾淨。

◆用水清洗

一邊用流動的水清洗一邊洗掉鹽、黏液和髒汙。這裡也要仔細搓揉，尤其是容易積存髒汙的吸盤，要仔細地清洗。

◆以擀麵棍敲打

將章魚腳以2隻為1組分切開來，使用擀麵棍敲打，將纖維稍微敲斷。將表側的皮比較厚的那面朝上，只在單面敲打10次左右。

同時追求咬得斷的柔軟度和「彈性」

我的章魚調理法是將修業時期在日本料理店學到的「櫻煮」，以如何適用於握壽司的觀點反覆改良而成的。

原先的櫻煮，章魚非常柔軟，味道也很可口，我很喜歡，可是缺點在於章魚的表皮很容易剝落，膠質的部分呈鬆弛狀態，做成握壽司的話無法變得一致美觀。而且，因為相當柔軟，所以一口咬下時也缺少與醋飯融為一體的感覺。因此，我開始追求章魚和醋飯的咬勁要相同，讓兩者一起嚥入喉中，也就是「保留了咬得斷的柔軟度卻仍富有彈性」。

要將章魚製作出理想的柔軟度，決定性的方法並非只有一個，而是要將各種不同的要素非常均衡地組合起來。以本店來說，將燉煮的時間縮短成30～40分鐘就結束，另一方面事前以擀麵棍敲打，將纖維稍微敲斷，在煮汁的材料中也加入具有軟化效果的焙茶，藉此接近預期的柔軟度。順便提一下，一般煮章魚的加熱時間似乎多半是1小時左右。

煮汁的材料是以醬油、酒、水為基底，除了焙茶之外還加入紅豆是本店的作法。紅豆的顏色會滲出到煮汁中，所以具有將章魚的表皮染成漂亮紅褐色的效果，而且風味也很契合。

焙茶和紅豆都是以前傳統上會使用的煮章魚的材料，但是近年來只使用其中一項，或是完全不使用似乎成為主流。此外，這個煮汁每使用數次之後就要添加新的調味料重複使用，一點一點地讓味道更有深度。

製作完成的煮章魚，做成握壽司的話要添加壽司醬油和酢橘汁，做成下酒菜端上桌時則以鹽和酢橘汁製作出爽口的味道。

◆以煮汁烹煮

將章魚腳放入已經沸騰的煮汁中（照片右），以小火靜靜地煮30～40分鐘。煮汁是在水、酒、醬油中加入以廚房紙巾包住的焙茶和紅豆（左）一起熬出味道所製成的。自從開店以來一直持續使用，每使用數次之後就加入調味料、紅豆和焙茶調整味道。

煮好的章魚就這樣浸泡在煮汁中醃漬，放涼之後即可取出。如果趁熱取出的話，表面的水分蒸發之後容易變乾。

醬油煮章魚—②

小倉一秋（すし処 小倉）

在「すし処 小倉」，以醬油和砂糖煮成的櫻煮，以及不加入砂糖甜味的醬油煮這兩種是常備料理。醬油煮是以柴魚高湯為主體，用醬油和鹽來調味。以突顯出章魚風味的爽口味道為特色。

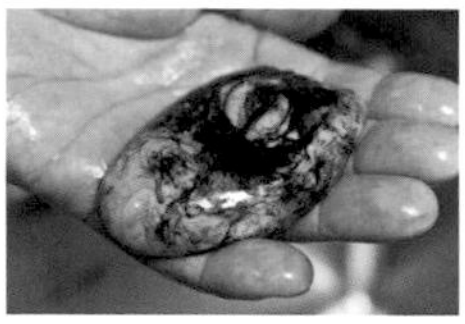

除了購入1整尾的章魚之外，也以半身為單位進行調理。照片中是關東的章魚知名產地神奈川縣佐島產的章魚。左邊是拔出來的內臟其中的肝，煮成醬油味做成下酒菜（參照P.201）。

◆用鹽搓揉章魚

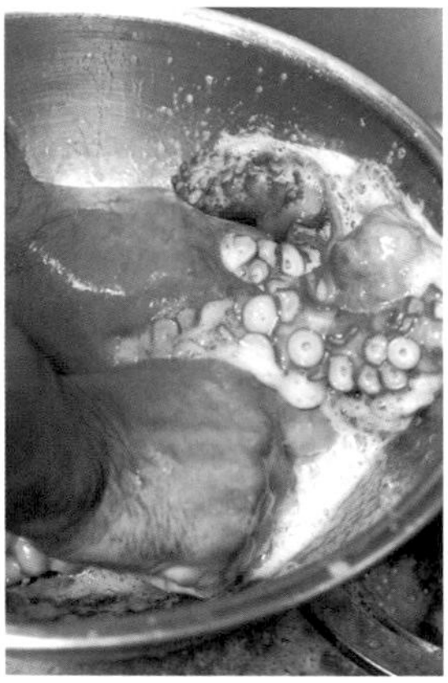

花時間搓揉章魚，去除黏液。剛開始是在身軀和腳部全體撒滿1把粗鹽，以用力抓握的方式搓揉。把鹽洗掉之後，將搓揉再用水清洗的這道工序反覆進行數次。將身軀和腳部切開，腳部要切入切痕，一直切到腳的根部附近。

◆浸泡在水中

去除黏液之後，浸泡在水中將近2小時去除鹽分。中途換水2次左右。如果在這裡沒有充分去除鹽分，煮好的章魚會變得有點鹹，請留意。

以清淡醬油味煮不到1小時，不先醃漬就從煮汁中取出

本店所製作的櫻煮和醬油煮，有關章魚的前置作業和煮法大致相同，調味方面則不一樣。相對於櫻煮是以「醬油、酒、水、砂糖」來烹煮，醬油煮則是以「柴魚高湯、醬油、鹽」來烹煮。因為沒有加入砂糖的甜味和香醇，所以醬油煮的味道清淡，感覺比櫻煮更能直接品嘗到章魚本身的風味。

因為在章魚的鮮味中稍微添加了柴魚高湯和醬油的味道，所以捏製成握壽司時不需要再添加什麼額外的味道，越咀嚼越能傳送出章魚的滋味。當然，還是可以應客人的要求，適當地添加少許濃縮煮汁、壽司醬油和鹽等。

煮章魚的調理，困難之處在於，就像一般人常說的那樣，要如何把章魚煮軟。我最近注意到，比起在章魚還活著的時候就開始進行備料，不如擱置一下子，等肌肉放鬆之後再開始的話，比較可以製作出理想中的柔軟度。以前，早上在市場買進活章魚之後就立刻進行調理，但是現在要到接近中午左右才開始處理。

還有一個可以把章魚調理得很柔軟的方法，就是以前大家就一直在談論的蘿蔔的功效。不過，有的人說很有效，也有人說並不是那麼有用，有不同的意見。我自己覺得不用蘿蔔也沒關係，但是根據多年的習慣，我會放入蘿蔔皮一起煮。

接著，如果煮太久的話，章魚會產生像蜂巢一樣的孔洞，所以要相當謹慎地判別烹煮完成的時間點。章魚煮軟之後，我不會把它放在煮汁中醃漬備用，而是立刻取出，直接吊起來讓餘溫消散。煮不到1小時的時間就足以使章魚入味了，如此一來也能突顯出章魚的鮮味。

◆以煮汁燉煮

在柴魚高湯、醬油、鹽混合而成的煮汁中放入蘿蔔皮，煮滾之後放入章魚。蓋上落蓋，以大火煮不到1小時（照片上）。照片下是煮好的章魚。一定要用手指按壓，確認柔軟度之後才移離爐火。不放在煮汁中醃漬備用，立刻取出。

◆以金屬零件吊起來

以U字型金屬零件掛住腳和身軀，吊在廚房的角落。擱置到餘溫消散為止的話，腳部會伸直，要切成握壽司用的壽司料時就能輕鬆地切得很漂亮。

章魚江戶煮

野口佳之（すし処 みや古分店）

「すし処 みや古分店」的野口先生學習日本料理很久，努力鑽研汲取江戶料理流派的調理法。因應不同的季節，章魚有3種備料方法，這裡要為大家解說的是遵照江戶料理的傳統，現在已很少見的「江戶煮」。

「みや古分店」主要使用的是在神奈川縣三浦半島的佐島捕撈的，活的普通章魚。因為香氣明顯，肉質柔軟，鮮味又濃，所以獲得許多高級壽司店的支持。在製作用來比擬櫻花瓣、獨特的「櫻煮」時，使用的是「體型大，外觀好看，呈現出漂亮櫻色」的北海道產水章魚。

◆將章魚分切之後用鹽搓揉

在購入的當天就直接處理活章魚。將腳和身軀分切開來，去除口器和眼睛，取出內臟。用水清洗腳和身軀（照片上）。將身軀和腳一起煮，用來製作下酒菜。為了去除黏液，撒滿比一大把還多的鹽，搓揉15分鐘（下），再用水清洗一次。為了方便搓揉，將腳1隻1隻切下來，然後將搓揉再清洗的工序反覆進行2次，直到沒有黏液為止。

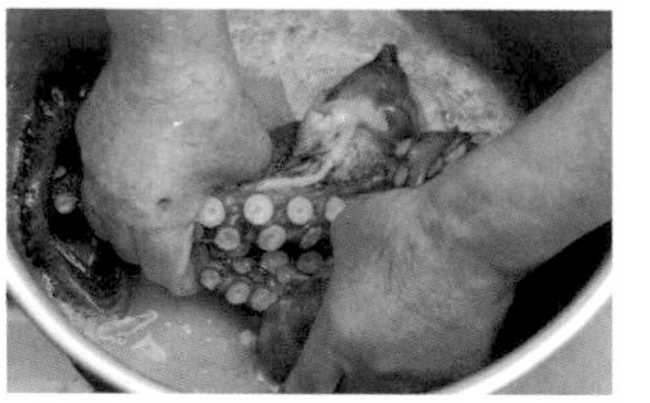

◆製作煮汁

將水和酒以相同的比例倒入鍋子中，以大火加熱（照片右）。因為要長時間燉煮，所以準備可以充分淹過一尾章魚的量。焙茶的茶葉要準備量杯1杯份（左）。為了避免溢出，以廚房紙巾包住之後才放入鍋子中（右下）。煮滾之後，花數分鐘煮出味道，將焙茶的顏色和清香轉移至煮汁中。不要熬煮過久，取出整包茶葉，然後加入昆布。

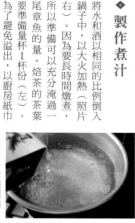

以焙茶的煮汁燉煮，然後靜置1天

本店製作的煮章魚有「江戶煮」、「櫻煮」、「柔煮」3種作法。江戶煮是如同照片介紹那樣，將焙茶的茶葉以酒和水煮出味道之後，做成章魚的煮汁。不使用醬油，也不使用砂糖。

另一方面，櫻煮並不是現在變得很普遍的、加了甜味的醬油煮，而是將切成圓形薄片的章魚腳，迅速過一下醬油味的熱煮汁製作而成。將緊縮成花瓣形狀的章魚薄片比擬為櫻花，似乎是因此而有了櫻煮這個名稱，屬於純正的江戶料理。

接著，相當於現在櫻煮的是我們稱為柔煮的料理。櫻煮是在春天櫻花盛開的季節，柔煮則是從年底到新年的期間，都是做成下酒菜端出的料理，而江戶煮則是一整年都會備料，做成握壽司和下酒菜兩者皆可。

然後說到江戶煮的材料，焙茶。一般認為焙茶具有軟化章魚的功效，有的店家好像也會用來製作普通的櫻煮。此外，藉由焙茶顏色的效用，可以加深章魚的紅色，使成品變得很漂亮，我覺得這也是焙茶的優點所在。

在以酒和水煮出味道的焙茶液中加入昆布，煮大約2小時，充分花時間把章魚煮軟之後，就這樣泡在煮汁中醃漬，靜置1天使章魚入味。因為不使用醬油也不使用砂糖，只飄散出焙茶清爽的風味，所以味道很爽口，章魚的鮮味簡單地傳送出來，這點是最好的特色。

在江戶料理中，是以醋醬油搭配江戶煮享用，但是本店在做成下酒菜的時候，會添加冷卻後凝固的煮汁湯凍，做成握壽司的話，則是塗上甜而濃郁的濃縮煮汁增添風味。當然，將湯凍放在握壽司上面的作法也很有意思。握壽司全體的味道會變得很溫和，把章魚的香氣突顯出來。

◆燉煮大約2小時

將章魚的腳和身軀放入已經沸騰的煮汁中（照片上）。以大火再次煮滾之後，轉為中火，保持水面稍微冒泡的溫度繼續煮。因為會有浮沫浮上水面，所以每次出現浮沫時都要勤快地撈除。燉煮時間以2小時為準。

「重要的是必須煮到可以享受柔嫩的咬勁為止」（野口先生），將煮汁熬乾到剩下將近一半，把章魚染成漂亮的紅色。最後大約30分鐘轉為大火，一口氣煮乾煮汁，同時完成燉煮（下）。

◆靜置1天

移離爐火之後放涼，連同煮汁裝入密閉容器中，在冷藏室中靜置1天之後提供給客人。野口先生說：「江戶煮放到隔天入味之後會變得很美味。」煮汁冷卻凝固之後呈湯凍的狀態（照片）。有時會將這個湯凍一起捏製成握壽司。

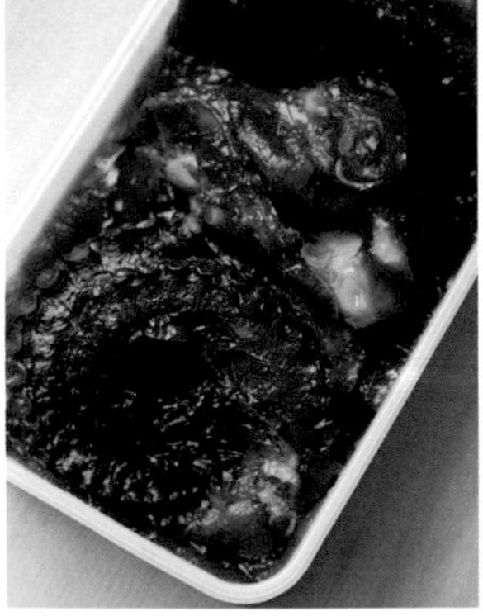

貝類的備料

煮文蛤

浜田 剛（鮨 はま田）

以生貝肉捏製握壽司的貝類很多，但文蛤在水煮之後需要以醬油味的醃漬液醃漬。
這也是可以強烈反映出製作者的想法，品嘗出壽司店個性的壽司料。
浜田先生花時間以醃漬液將地蛤醃漬得很柔軟。

購入的貝肉是千葉縣九十九里產的文蛤。雖然貝肉的尺寸不一，但是符合自家店裡握壽司的大小很重要，所以「鮨 はま田」固定使用120g左右的文蛤肉。

預煮

拔掉竹籤，放在網篩上瀝乾水分之後，放入沸騰的滾水中以大火烹煮。在再次開始沸騰的時間點立刻撈起放在網篩上。放置40分鐘，讓餘溫繼續加熱，同時冷卻下來。

清洗文蛤

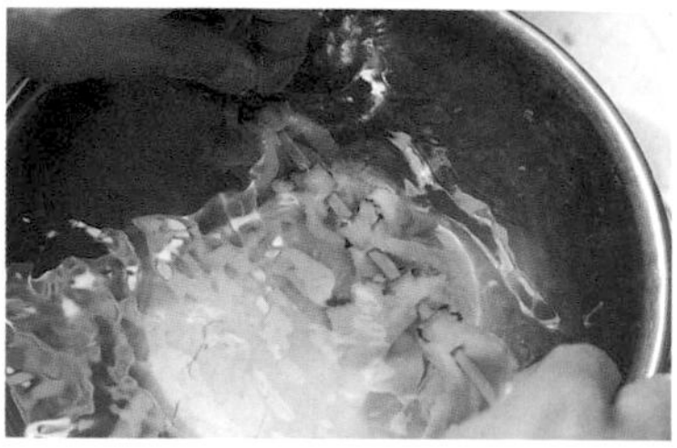

用水清洗是傳統的方法。以竹籤串起文蛤肉5個份的水管（照片上），以流動的水清洗，在水盆的水中轉動竹籤，搖晃清洗（下）。這麼做可以將髒汙清洗乾淨，而且不用互相磨擦，所以不會弄破連接各部位的薄皮，也不會潰散變形。

突顯地蛤的香氣，花時間改善硬度

煮文蛤的工作內容會隨著使用什麼樣的文蛤而改變。我使用的是從千葉縣九十九里到鴨川一帶的地蛤。地蛤是日本自古以來就有的品種，香氣芬芳，鮮味濃郁，感覺很適合製作成煮文蛤。不過，因為地蛤肉收縮之後會變得很硬，所以聽說有很多店家對它敬而遠之，改用柔軟的外國品種。我自己呢，在使用過後比較之下，地蛤的風味優異非常吸引我，所以設法用調理方法來改善硬度。

將預煮完畢的文蛤以煮汁醃漬的程序是標準的作法，但在細節部分有兩點需要多費心思。

第一點，不利用水煮液來製作醃漬液。在預煮過的汁液中會有鮮味濃郁的精華溶出，所以一般都是添加醬油等調味料之後製作成醃漬液。但是，使用加了調味料之後再熬乾水分的醃漬液長時間醃漬文蛤的話，文蛤的香氣會變濃，而且也會產生一些腥味。因此，醃漬液是每次以水和調味料調製而成的，設法製作出純淨鮮明的味道。

儘管如此，也不要白白浪費水煮液。利用的方式是加入水和酒之後做成下次備料時的水煮液，重複使用4～5次之後，可以當成清湯供應給客人（參照P.255）。這個水煮液因為沒有熬乾水分，也沒有用來醃漬文蛤備用，所以沒有腥味，可以品嘗到美味的精華。

第二點是應付硬度的方法。如果是柔軟的文蛤，只需醃漬數小時立刻就能用來捏製成握壽司，但是地蛤這時還很硬，也不夠入味，所以不能在當天使用。將地蛤放置1天的時間之後，就能充分變軟，醃漬液的味道也能融入其中，變得很美味。時間的掌控是關鍵。要捏製的時候如果再加熱的話，味道會變差，肉質也會變硬，所以讓它自然地恢復至常溫也很重要。

◆熬乾醃漬液

醃漬液是將煮到酒精成分蒸發的酒、醬油、砂糖和水加在一起，將水分熬乾到剩下一半的份量。在每次買進文蛤時製作醃漬液，為了避免在醃漬文蛤時讓文蛤受熱，醃漬液要先冷卻下來備用。不使用文蛤肉的水煮液。

◆以醃漬液醃漬

從文蛤肉壓出內臟，如果是地蛤的話，貝柱也很硬，所以要去除。剖開成一片，然後放入醃漬液中醃漬，在冷藏室中靜置1天。捏製完成的握壽司，塗上星鰻的濃縮煮汁之後端上桌。

蒸鮑魚—①

一柳和弥（すし家 一柳）

以鮑魚製作的壽司料有各種不同的類型。除了品種不同之外，生食、煮、蒸等調理法，各店採用的手法都不相同。「すし家 一柳」春～夏季使用黑鮑魚，秋～冬季使用蝦夷鮑，以獨特的蒸法製作完成。

在春季～初秋使用黑鮑魚。照片中是南房總・白濱產的，800g～1kg的大型鮑魚。秋冬是小型的蝦夷鮑當令的時期，從三陸和北海道寄送過來。

◆排出空氣之後蒸煮鮑魚

在前置作業中取下外殼和內臟，以流動的清水沖洗，同時只用手去除髒汙。如果是黑鮑魚，就在缽盆中塞滿8顆份（照片右）。放上紙，再包覆數張保鮮膜之後，用橡皮圈固定，然後按壓鮑魚，稍微排出缽盆中的空氣（左）。以鋁箔紙包覆之後放入蒸鍋中。

將同一產地的鮑魚以接近真空的狀態蒸煮

鮑魚的工作經過反覆的試驗之後，終於確立了現在的調理方法。最初，我是將鮑魚連同在水中加了酒和鹽的煮汁一起用壓力鍋煮，也曾經以醬油和酒慢慢煮，做成「煮鮑魚」。

但是，使用壓力鍋在短時間內調理只能將鮑魚煮軟，卻缺少鮑魚的風味，而煮鮑魚則常常沾染上調味料的味道。為了能否更進一步做出濃郁的、只有鮑魚才有的「海水風味」，我不斷地進行試驗。

接下來，嘗試的方法是將鮑魚浸泡在以酒、鹽、水調製而成的煮汁中，或稍微稍微淋點煮汁之後再蒸。雖然材料與「酒煮」相同，但不是使用直火，而是邊蒸邊燉煮的方法，這是最近被稱為「蒸鮑魚」這種料理的主流作法。可以做出風味和柔軟度都令人相當滿意的鮑魚。

但是，我心想如果索性不要使用調味料，只以鮑魚做成蒸煮風味的話，風味是否會更濃縮，於是想出這個什麼都不加只將鮑魚蒸熟的方法。

製作的重點在於，在缽盆中塞滿鮑魚，盡可能排出缽盆中的空氣之後，包覆保鮮膜，以接近真空的狀態蒸煮鮑魚。這麼一來，可以蒸得很軟，而且鮑魚滲出來的汁液，它的風味會充分滲透到鮑魚肉裡面。因為完全沒有雜質，鮑魚的香氣和味道真的很豐富，外形也很漂亮。而且耐得住久放。

這個調理方法只有以同一品種、同一產地的鮑魚大量製作才有意義。食物的差異會反映在鮑魚的風味上，所以使用相同生長環境的鮑魚來製作的話，特質會變得很明確，而且以1個、2個鮑魚為單位所累積的鮑魚汁液份量不多，所以必須大量製作。

品質優良的素材未經過度加工，就能突顯素材的味道。這就是那種類型的調理方法。

已經蒸了6小時的鮑魚。鮑魚浸泡在自身滲出的水分中。「千葉・房總的黑鮑魚充滿海水的香氣。蝦夷鮑則受到其進食的昆布的影響，成品有甘甜的風味。」（一柳先生）。

在冷藏室放置2天以上

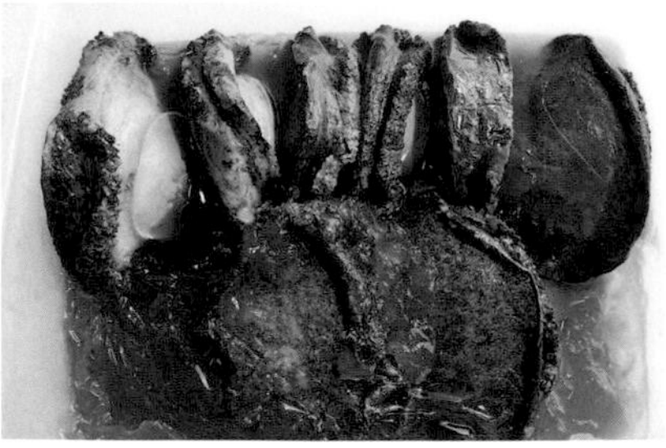

將冷卻至常溫的鮑魚連同蒸汁一起裝入容器中，在冷藏室放置2天以上使之入味。蒸汁會凝結成湯凍狀。要捏製握壽司的時候將鮑魚恢復至常溫，切成波紋狀，再塗上壽司醬油。

蒸鮑魚—②

渡邉匡康（鮨 わたなべ）

蒸鮑魚的第2個範例是，淋上酒以蒸鍋製作成酒蒸鮑魚的方法。這是壽司店一般稱為「蒸鮑魚」的料理具代表性的調理方法。渡邉先生的工作是，以累積了1週的蒸汁醃漬鮑魚，或是以鮑魚肝製作成醬汁，是意識到香氣的工作。

夏季是黑鮑魚、雌貝鮑、眼高鮑的時令，而晚秋～冬季則是蝦夷鮑的季節。這次使用的是宮城縣金華山產的，一個重300g左右的蝦夷鮑。雖然體型小，但是味道近似黑鮑魚，風味豐富。「鮑魚肉平坦的那面呈現深黃『枇杷色』的鮑魚特別美味。」渡邉先生說道。

◆取下鮑魚殼之後清理乾淨

將鮑魚放在流動的清水底下以棕刷搓洗外殼。因為蒸煮的時候外殼要當成容器，所以要徹底清除髒汙。取下外殼時，利用金屬磨泥板的握柄。為了避免弄破內臟，將握柄沿著外殼插入鮑魚肉底下，取下鮑魚肉（照片右）。去除口器，將留在殼上的鮑魚肝取下來（左）。

◆過一下熱鹽水再清洗

在蒸煮之前，先在熱鹽水中過一下去除髒汙（照片右）。浸泡10秒左右，髒汙就會浮上來，然後立刻以冰水急速冷卻，以免餘溫繼續加熱。接著，放在殺菌效果很高的電解水底下沖水，同時以棕刷用力搓洗，清除邊緣和背面的髒汙和發黑的部分（左）。蝦夷鮑的邊緣有皺褶，累積了汙垢，所以該店會將皺褶全部刷乾淨。

將鮑魚肉和肝放在殼裡蒸，突顯出海水的香氣

本店的蒸鮑魚是將鮑魚放入清理乾淨的外殼中，淋上多一點酒，連同外殼放入蒸鍋中蒸煮而成的。小型的鮑魚蒸3小時，像黑鮑魚之類的大型鮑魚則要蒸6～7小時，花費相當長的時間把鮑魚蒸軟。

鮑魚加熱的方式有用酒來煮的酒煮，和加了醬油的醬油煮，而且同為蒸鮑魚也可以做成鹽蒸，或是不使用調味料去蒸，作法各有不同，而現在我最喜歡的就是這個調理方法。因為感覺製作完成的鮑魚最柔軟，也最能突顯出香氣。尤其對壽司料的鮑魚來說，香氣是重要的關鍵字。

舉例來說，我的方法是將鮑魚殼當做容器，連同鮑魚肝一起蒸鮑魚肉，設法充分利用由外殼和鮑魚肝冒出來的海水香氣。此外，蒸煮完成時由鮑魚滲出來的，充滿鮑魚風味的蒸汁累積在外殼中，接連幾天把這個蒸汁貯存起來備用，將剛蒸好的鮑魚放在蒸汁中醃漬一陣子，讓鮑魚吸收香氣。

於是放涼之後，將蒸汁和鮑魚肉分開，再以保鮮膜好好地將鮑魚肉包起來保存。然後在即將捏製之前再次連同蒸汁一起以蒸鍋加熱，讓香氣散發出來。以一道又一道的工序，充分利用香氣，而且意識到不要讓香氣消失。

此外，在捏製成握壽司的時候，將鮑魚薄片切入切痕使它變成袋狀，裡面填入醋飯，做成鞍掛式壽司。然後，一般的作法是塗上濃縮煮汁或壽司醬油，但本店卻是以鮑魚肝製作醬汁塗在握壽司上。將與鮑魚肉一起蒸熟的鮑魚肝，連同少量的蒸汁放入果汁機中攪打成滑順的泥狀，然後以細孔濾網過濾而成。只要塗上一抹這個醬汁，就會變成香氣和鮮味都格外鮮明的蒸鮑魚。

◆淋酒之後蒸煮

將鮑魚肉和鮑魚肝放在外殼裡，淋上大量的酒（照片上）。連同外殼放入蒸鍋中，蓋上鍋蓋，蝦夷鮑蒸3小時，如果是黑鮑魚等大型的鮑魚則要蒸6～7小時（下）。蒸到鮑魚肉完全變軟，黃色變深之後就完成了。將外殼裡面的蒸汁過濾，與至上一次為止所貯存的蒸汁加在一起，用來醃漬鮑魚。以包覆著保鮮膜的狀態冷卻下來，變涼之後將蒸汁和鮑魚肉分開，兩者都以保鮮膜密封起來保存。

◆在即將捏製之前加熱

在即將捏製之前連同少量的蒸汁一起稍微蒸熱（照片上）。縱向切成2等份，然後以波紋切法橫向切片，切成一貫份。從側面切入切痕做成袋狀（下），將醋飯填入這裡。

◆以鮑魚肝製作醬汁

將蒸過的鮑魚肝剝除薄膜，與少量的蒸汁一起放入果汁機中攪打成泥狀。以細孔濾網過濾之後做成醬汁。有時候鮑魚肝裡面會有卵，因為有的部分苦味強烈，所以要避免使用那個部分，最後務必要確認味道。

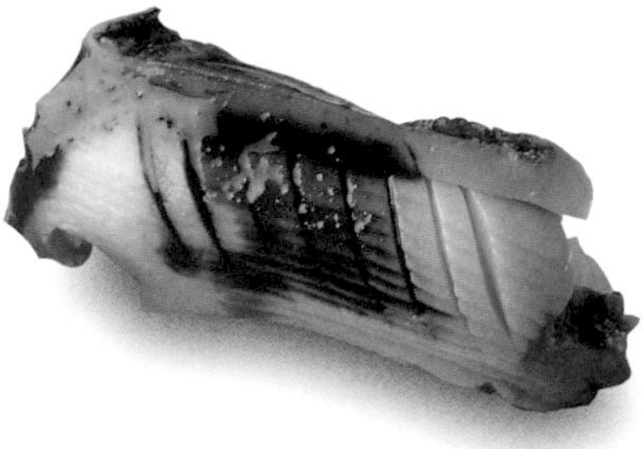

煮鮑魚

青木利勝（銀座 鮨青木）

「銀座 鮨青木」所供應的鮑魚，雖然都通稱為「蒸鮑魚」，卻會因應季節有時用蒸的，有時用煮的，以2種方法進行調理。這裡要介紹的是先做成酒煮鮑魚之後，再以淡口醬油和味醂煮成的「煮鮑魚」。

照片中是千葉縣銚子產的大型黑鮑魚。使用春季～初秋為時令的黑鮑魚，冬季時則更換成三陸以北的蝦夷鮑。

◆清理鮑魚

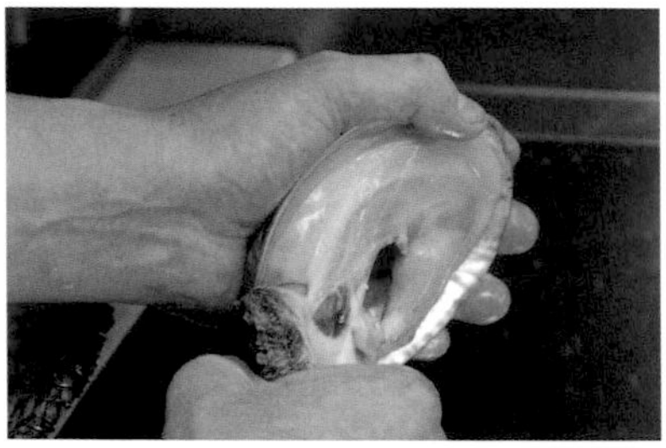

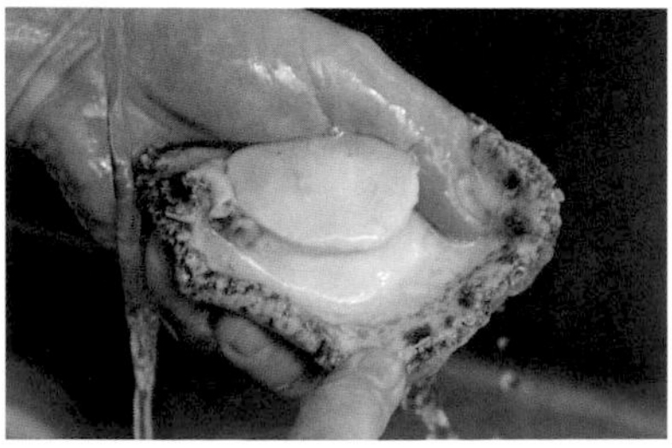

將金屬磨泥板的握柄從鮑魚殼較尖的那一側插入鮑魚肉底下，從殼中取下鮑魚肉。從後方往前拉動鮑魚肉的話，內臟就這樣殘留在殼中，取下鮑魚肉（照片上）。以流動的清水沖淋鮑魚肉，同時以棕刷搓洗兩面。尤其要將皺褶的髒汙和鹽分清洗乾淨（下）。

◆做成酒煮鮑魚

以酒、醬油、味醂煮成鹹甜口味的傳統技法

雖然本店為在鮑魚上淋酒和撒鹽再以蒸鍋蒸熟的「蒸鮑魚」備料的工作已經增多，但是仍然將承襲自前代店主，使用醬油製作的「煮鮑魚」當做傳統的工作，一有機會就會製作。

蒸鮑魚的顏色稍淡，品嘗到的是鮑魚原有的風味滲出來的味道。另一方面，煮鮑魚的魅力在於以徹底煮乾水分的酒、醬油、味醂的風味滲入其中，具有深度的味道。

處理調理前的鮑魚時，需要注意的是，與鮮魚一樣，要購買品質好的活鮑魚。然後，以棕刷仔細搓洗，將髒汙和鹽分清洗乾淨。

想要做出高雅的味道的話，我喜歡只靠在調理過程中加入的鹽和醬油添加鹽分，因此必須事先將海水的鹽分清除乾淨。所以，在用水清洗的時候，取下外殼，將毫無遮蔽的鮑魚肉兩面和皺褶仔細洗淨。因為本店經常會以鮑魚的內臟製作鹽辛，所以在這個階段內臟也要取下，只清洗鮑魚肉。

在這之後的調理就只管放入鍋子中煮了。將酒煮到酒精成分蒸發之後加入鹽和水，再放入鮑魚持續煮3小時左右。這個酒煮是調理的基礎，藉著以酒慢慢燉煮，酒的鮮味會滲入鮑魚肉中，抑制腥味，而且煮得更軟，突顯出有咬勁的觸感。

中途要一邊補充水一邊繼續煮，燉煮完成時理想狀態是將煮汁熬煮到幾乎只剩下少量。在這個最後階段加入淡口醬油和味醂，以很短的時間一邊煮鮑魚肉一邊沾裹煮汁，讓鮑魚肉裏滿調味料的香氣、鮮味、鹹味和甜味。煮到變成具有光澤和濃度的漂亮琥珀色時，美味的煮鮑魚就完成了。

以醬油和味醂完成烹煮

將鮑魚煮軟，煮汁熬煮到幾乎變乾之後，加入淡口醬油調味（照片右）。加入味醂之後稍微熬煮一下，讓鮑魚沾裹上煮汁，同時呈現漂亮的光澤（左）。就這樣浸泡在煮汁中醃漬，放涼。

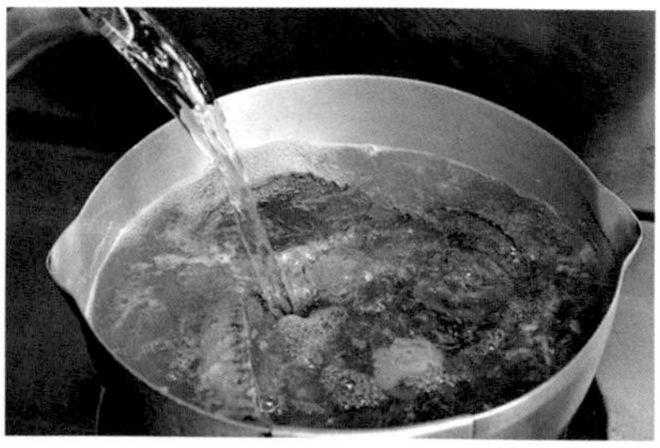

將大量的酒倒入鍋子中煮滾，然後點火讓酒精成分蒸發。加入水和鹽，再放入鮑魚，先煮到沸騰之後轉成小火，煮大約3小時（照片右）。在這段期間，如果水分變少了要適度地添加水（左）。

煮扇貝

鈴木真太郎（西麻布 鮨 真）

扇貝的貝柱如同平貝和青柳貝一樣，多半以生貝柱捏製成握壽司，但有時也會採用像煮文蛤一樣以醬油味的醃漬液醃漬調味的方法。在「西麻布 鮨 真」，採用這個煮扇貝製作午餐時段的握壽司。

扇貝取下貝殼之後，只使用貝柱。照片中為直徑4～5㎝大小的貝柱。選用不會太大，也不會太小，符合握壽司大小的尺寸。橫向切成2等份，做成一貫份。

◆將扇貝的貝柱以醃漬液醃漬

將醬油、砂糖、味醂、水加在一起以火加熱，煮滾之後關火，讓溫度降至大約80℃。將貝柱放進這裡，擱置到冷卻成常溫，使貝柱入味。

◆靜置一個晚上

將變成常溫的貝柱連同煮汁一起移入密閉容器中，放在冷藏室靜置一個晚上，使貝柱的中心也都入味。照片中是已經放置一個晚上的貝柱。在捏製成握壽司之前都浸泡在煮汁中醃漬備用。

以溫熱的煮汁醃漬，溫和地使貝柱入味

扇貝的貝柱是鮮味很豐富的素材。生食的話可以強烈感覺到甜味，而煮過之後，不僅甜味，還可以實際感受到鮮味的濃郁。做成壽司料的時候，煮扇貝也比生扇貝的味道有層次，以壽司店的工作來說，感覺好像呈現出「上等感」。

煮扇貝的重點在於，首先要挑選符合握壽司尺寸的貝柱。將肉厚的貝柱水平分成2等份，使用其中1片做成一貫握壽司，外形好看，份量上也很容易與醋飯融為一體。尺寸太小，或者相反地尺寸太大的話，與醋飯也不能均衡地搭配，所以要設法挑選符合自家店裡握壽司尺寸的貝柱。

第二個重點是受熱的程度，這是最重要的一點。過度加熱的話，貝柱會緊縮變硬，肉質變得乾巴巴的，所以雖然要讓貝柱入味卻也必須想辦法煮得很柔嫩。因此，不是以直火烹煮，而是採用只浸泡在溫熱的煮汁中醃漬，使貝柱入味的「深度醃漬」法。

煮汁的材料有醬油、砂糖、味醂、水。剛沸騰時煮汁太熱，貝柱會立刻緊縮，所以要在關火之後，等煮汁的溫度降至80℃左右時才放入貝柱，放置數小時的時間直到煮汁變成常溫，以餘溫來加熱。因為貝柱不容易入味，所以訣竅是要把煮汁製作得稍微濃郁一點。

此外，冷卻至常溫的階段時還不夠入味，所以就這樣直接放在煮汁中醃漬，然後靜置在冷藏室中使之入味。放置一個晚上的話，就可以使味道恰到好處。

要捏製成握壽司時，將貝柱水平切成2片，用手指按遍整個貝柱，將纖維壓鬆是讓貝柱變得美味的秘訣。整個貝柱變得很鬆軟，入口之後立刻與一粒粒的醋飯融合，吃起來更加美味。

壓鬆纖維

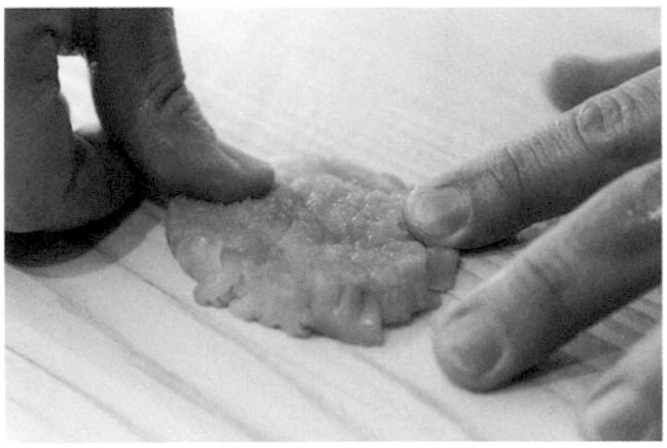

在快要捏製之前，橫向切成2片，1片1片用手指輕輕按壓，把纖維壓鬆。這樣一來便能與醋飯融合為一體。捏製時在壽司料底下暗藏山葵泥和磨碎的柚子皮，最後塗上濃縮煮汁。

煮海瓜子

大河原良友（鮨 大河原）

壽司料「煮貝」以文蛤和鮑魚為代表，而海瓜子也是傳統的煮貝用素材。因為顆粒小，所以多半是把好幾個海瓜子肉集中起來捏製，或是以海苔捲起來做成軍艦卷，而「鮨 大河原」將海瓜子肉與醋飯一起盛在小缽中，做成小蓋飯的型式。

以優良貝類的產地聞名的愛知縣三河產的海瓜子。每天早上，到築地市場購入已經去殼的，最大顆的海瓜子肉。

◆一邊清洗海瓜子，一邊累積汁液

捨棄購入時累積的汁液，重新加水輕輕搓洗（照片右）。放在網篩中瀝除水分之後立刻將網篩疊放在缽盆中，積存滴落的海瓜子汁液（左）。反覆進行3～4次，一邊去除泥砂和外殼碎片一邊將汁液積存下來。

◆以已經調味的海瓜子汁液烹煮

在積存的海瓜子汁液中加入醬油、稍多的日本酒和生薑的搾汁，製作成煮汁。以大火煮滾之後放入海瓜子，再次煮滾時關火。撈除浮沫。

以「深度醃漬」的作法做成清淡多汁的煮貝

將海瓜子當成壽司料使用的店家似乎很少，但它卻是美味的煮貝之一。本店主要是在海瓜子最美味的春季到夏季期間，使用特大顆的海瓜子做成料理端上桌。

一般在將海瓜子捏製成握壽司時，為了讓個頭小的海瓜子肉穩定地放在醋飯上，似乎多半會將它燉煮成沒有水分，稍微硬一點的狀態。

但是煮成清淡又殘留水分的鬆軟狀態，應該比較能夠突顯出海瓜子本身的香氣和鮮味。如果設法做成以風味為優先，當成壽司料很容易入口的話……因為這樣的想法，我設計出以小蓋飯的型式盛在小缽中提供給客人的方法。這麼一來，就能品嘗到含有水分的海瓜子豐富的美味。

我調理煮海瓜子的方法，特色是將在用水清洗的過程中從海瓜子肉滲出的汁液積存起來，在那個汁液中加入醬油和酒製作成煮汁。因為清洗的水中摻雜了泥沙或外殼碎片，所以要用網篩過濾，捨棄雜質，在那之後殘留在網篩中的海瓜子肉會滴下含有鮮味的汁液，所以要用缽盆接住汁液15秒左右，積存起來。

將這個用水清洗和瀝除水分的工序反覆進行3～4次就可以去除髒汙，海瓜子的汁液也能積存到充分的量。清洗過度的話只會讓海瓜子肉的味道流失，所以在最低限度下停止清洗是重點。

此外，加熱時間也很重要。將煮汁煮滾之後放入海瓜子，再次煮滾時移離爐火。之後是煮物常用的做法「深度醃漬」——將海瓜子和煮汁分開，分別冷卻至常溫之後再度混合，使海瓜子入味。

如果煮太久，海瓜子肉收縮之後會變硬，無法展現出鬆軟海瓜子的美味。為了保持這個柔嫩度和風味，直到提供給客人之前都要放在常溫中保持也很重要。

◆以煮汁醃漬

將煮過的海瓜子放在網篩中與煮汁分開（照片左），各自放涼之後再度混合，在常溫中使海瓜子入味（下）。放入冷藏室的話，海瓜子收縮後會變硬，所以要以常溫保存，當天使用完畢。

煮得很鬆軟的煮海瓜子。因為有汁液殘留，所以不捏製成握壽司，而是以小缽盛裝醋飯，將海瓜子放在醋飯上。分量與握壽司大致相同，是一口大小。

赤貝的備料

渡邉匡康（鮨 わたなべ）

在以生貝肉捏製成握壽司的貝肉中，最受歡迎的是赤貝。赤貝除了是江戶前的傳統壽司料之外，漂亮的朱紅色和肉厚的貝肉，還有豐富的海水香氣，似乎都是受到歡迎的原因。渡邉先生也是受到赤貝的香氣吸引的其中一人。

赤貝的時令是秋季～初春，但是「每年的狀況不同，有時候新年時貝肉才好不容易變得飽滿起來」（渡邉先生）。照片中是以高品質聞名的宮城縣閖上產赤貝。肉厚，而且香氣也很濃郁。

◆剝除赤貝的外殼

直到要提供之前，盡可能以帶殼的狀態保存。提前把外殼打開的話，也要將積存在殼中的紅色汁液取出，裝在缽盆中，將貝肉浸泡在其中備用。

◆拔除鬚狀物

貝肉鼓起的那一側，有鬚狀物從貝肉的中心冒出來，所以要用菜刀壓著，把它拔除。也可以在剖開貝肉之後，從內側取出。

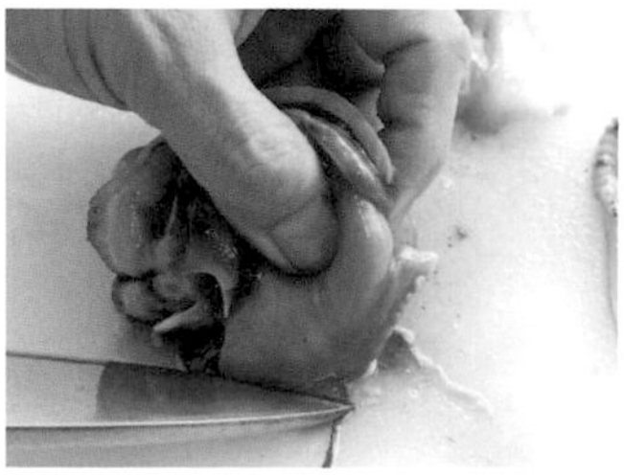

◆分開貝肉和外套膜

以菜刀壓住外套膜，剝下貝肉，將兩者分開。如果是預先備料的話也可以就到此為止，將貝肉浸泡在紅色汁液中，然後清理外套膜備用。

◆將貝肉剖成一片

將菜刀放平，從露出內臟的那一側切入貝肉，一直切進去，剖開成一片。削除殘留在兩側的內臟。

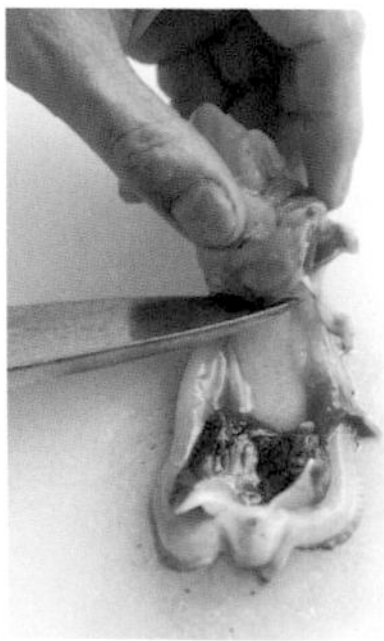

在快要捏製之前才剝除外殼，充分突顯其香氣

除了以煮或蒸為王道的鮑魚和文蛤之外，大部分的貝類基本上都是以生貝肉或是水煮成半熟貝肉來捏製。

但是，實際上也可以直接說：「唯一好吃的生貝肉是赤貝」，藉此突顯出生赤貝的美味程度。像象拔蚌、日本鳥尾蛤、北寄貝、平貝這些貝類，生食也很好吃，而以水煮或是炙烤等方式稍微加熱之後，感覺好像鮮味會大為增加，比較能突顯出個性。

有人說，赤貝充滿海水的香氣，那也是要以生貝肉來捏製才會有的。其實，對於這個香氣我有自己的標準，掌握的原則就是有著「小黃瓜香氣」的赤貝就是品質好的赤貝。這是我在修業時代學到的訣竅，但在每天處理赤貝的過程中也實際體驗到了。以赤貝的外套膜和小黃瓜組合而成的「裙邊小黃瓜」確實是合理的搭配。

赤貝的備料工作中最重要的一點就是，直到快要捏製之前才剝除外殼，將貝肉剖開。這是為了突顯出最濃郁的香氣。把剖開之後整理乾淨的貝肉長時間放在壽司料木箱中備用，香氣會明顯地消失。如果，無論如何都想先進行備料的時候，剝除外殼之後，最好將貝肉連同積存在外殼中的汁液一起裝入容器中，直到捏製之前都以汁液醃漬備用。只有這樣而已也可以減少香氣的消失。

此外，在捏製赤貝的時候，將去殼的貝肉迅速過一下醋液，似乎傳統上也是作為江戶前的工作來進行。但是，因為醋的風味很強烈，所以好不容易保留的赤貝的海洋香氣會因而消失。這是可以取得新鮮赤貝的時代，本店省略在醋液中過一下的工序，直接就捏製成握壽司。

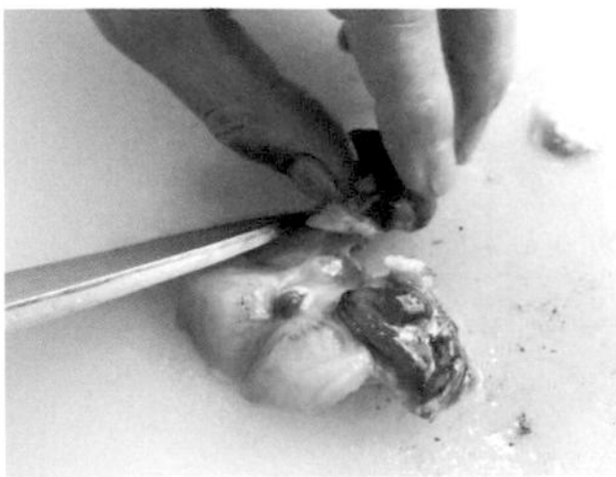

◆以鹽水清洗

清理乾淨之後，將貝肉、外套膜、內臟分別以鹽水清洗乾淨。如果內臟的狀態佳，就煮成醬燒料理，當成下酒菜，外套膜則做成生切片或海苔卷端上桌。

◆清理外套膜

外套膜的部分，在清除內臟之後，以菜刀仔細捋除位於皺褶裡面和邊緣的黑色髒汙。此外，位於中心的貝柱也要清除髒汙。

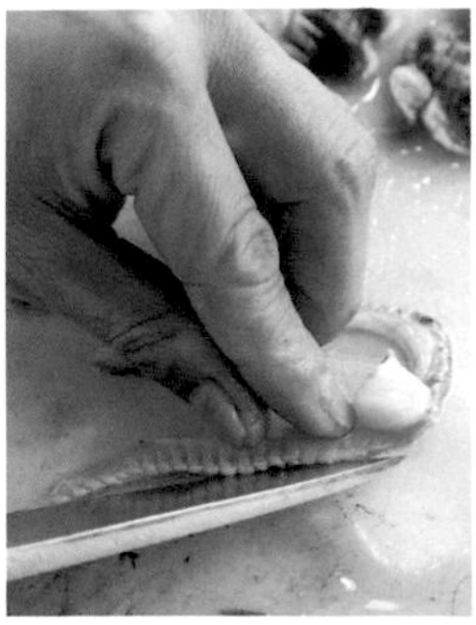

◆切入切痕

用來製作握壽司的貝肉，在兩側分別切入3道左右的切痕。雖然是為了使壽司醬油容易滲入，卻能使外形變得好看，也變得容易咀嚼。

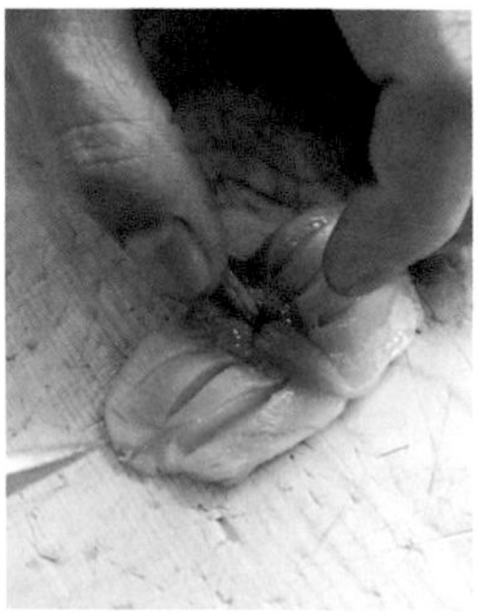

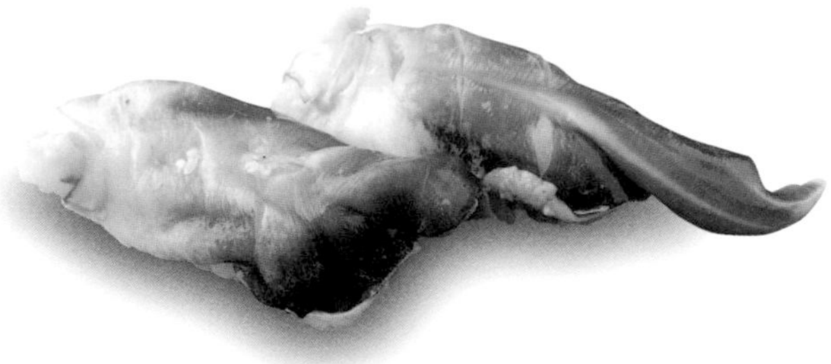

燙煮日本鳥尾蛤

渥美 慎（鮨 渥美）

日本鳥尾蛤表面的黑色是它的特色之一，如何讓容易褪色的黑色保持美觀也是備料的重點所在。此外，近來對於加熱的程度可以靈活地調整，「鮨 渥美」也是以2種方法製作提供給客人享用。

以帶殼狀態購入的日本鳥尾蛤。時令是初春～初夏，當令的日本鳥尾蛤，貝肉變厚，香氣和甜味也增多了。照片中是兵庫縣淡路島產的日本鳥尾蛤。

◆ 清理日本鳥尾蛤

撬開外殼，捨棄殼中的水分之後，以開殼刀取下貝柱（照片上）。取出貝柱時要避免使貝肉受損，然後去除外套膜（用來做成下酒菜）。因為貝肉的黑色容易褪色，所以放在表面光滑、不易產生摩擦的鋁箔紙上，以菜刀剖開，去除內臟（下）。

◆ 以加了醋的溫水煮

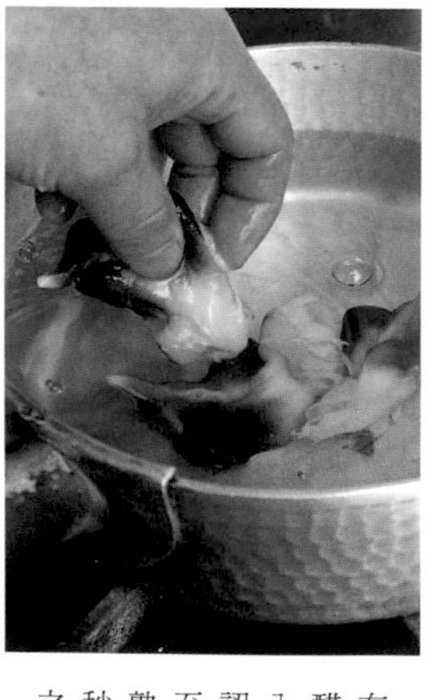

在水中加入定色用的醋，以火加熱，然後放入日本鳥尾蛤。一邊確認貝肉的觸感一邊加熱至將近50℃，煮至半熟。加熱時間30～40秒。貝肉變得膨脹飽滿之後即可取出。

展現咬勁和風味俱佳的半熟日本鳥尾蛤

拜養殖和冷凍品普及之賜，現在一整年市面上都看得到日本鳥尾蛤，然而天然日本鳥尾蛤的時令是在春季。貝肉增厚之後更有咬勁，甜味、香氣也很濃郁，變得更加美味。

日本鳥尾蛤的備料工作，最重要的是保留天然的漂亮黑色。因為即使只是以手指或砧板等器具摩擦到而已也很容易剝落，所以在清理、水煮、以冰水清洗的一連串作業之中，都要盡可能設法不要接觸到黑色的部分。

此外，剖開之後拔出內臟的時候也不要直接放在木製砧板上。因為砧板的表面有細微的裂痕，一旦摩擦到表面，顏色就很容易剝落。從以前流傳下來的方法是，放在像玻璃板之類光滑的材質上進行作業，而我則是將鋁箔紙鋪在砧板上，然後在鋁箔紙上調理。鋁箔紙的表面很平滑，所以是個有效的方法。

一般來說，日本鳥尾蛤都是燙煮過後才食用，但是新鮮的日本鳥尾蛤也可以使用生貝肉端上桌。

不過，完全生的日本鳥尾蛤，表面黏滑，水分很多，而且我覺得香氣和味道也比不上加熱過的貝肉。因此，本店全部都燙煮過後才供應，最近我改變成以不同的2種加熱程度出菜，讓客人享受品嘗之後評比的樂趣。

其中一種方式是加熱至溫水的狀態就關火的半熟調理法（標題的照片左）。保持貝肉的厚度，捲成一團，而且咬勁變得很有彈性。另一種方式是以滾水在短時間內燙煮，完全煮熟的調理法，這個方法會讓貝肉變得平坦，觸感光滑（標題的照片右）。風味方面，感覺半熟的貝肉風味好像比較濃郁。我們店裡會將這兩種貝肉，依照當時的流程，臨機應變分別製作成握壽司和下酒菜。

◆泡冰水使肉質緊實

放入冰水中急速冷卻，同時用手指輕柔地搓掉殘留在貝肉上的內臟等髒汙。以溫水加熱至半熟的貝肉，就這樣保持厚度，圓滾滾地捲成一團，黑色也不容易消失。

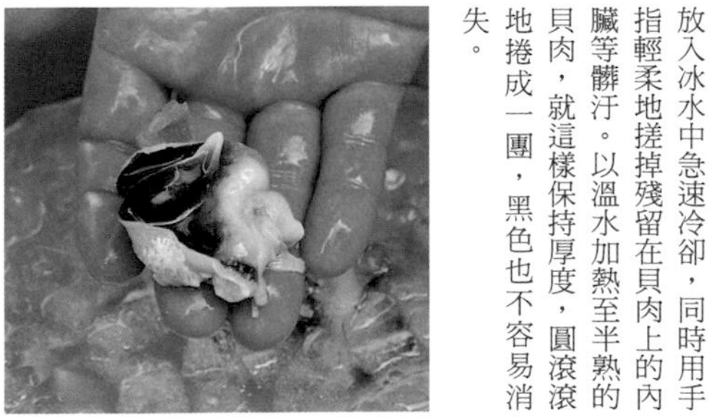

擦乾水分之後備料工作就完成了。左列是加熱至半熟的日本鳥尾蛤。右列是以過熱水的方法（參照右欄說明）加熱至中心熟透的日本鳥尾蛤。

過熱水的方法

日本鳥尾蛤一般來說多半是以滾水燙煮，將它完全燙熟。放入加了醋的85℃熱水中，過了10秒左右之後撈起來，泡在冰水中使肉質緊實。用滾水燙煮過的貝肉不是捲縮成團，而是變成平坦的狀態。

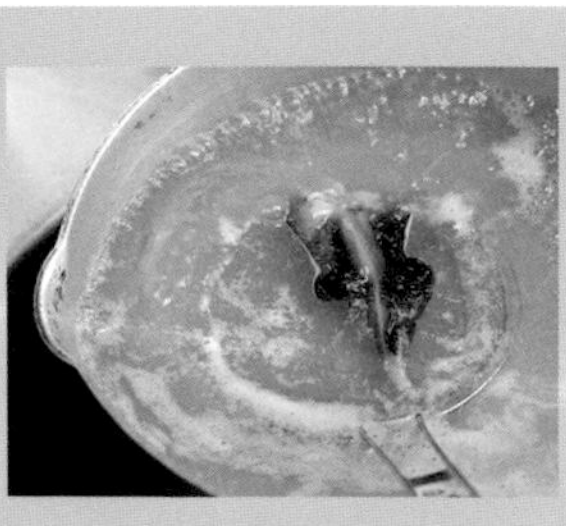

燙煮牡蠣

太田龍人（鮨処 喜楽）

作為壽司料的歷史猶新，但是最近用來捏製成握壽司已很常見的牡蠣。酒煮、醬油煮、甜醋漬等備料的方法，每家店都有各自的特色，「鮨処 喜楽」也是以用鹽水煮過後再包上海苔的獨特型式提供給客人享用。

位於岩手縣和宮城縣交界處的廣田灣所產的真牡蠣。「除了品質高級之外，也是為了支援東日本大地震的災後重建工作」（太田先生），直接向當地熟識的生產者訂購。以帶殼的狀態購入最大尺寸、生長了3年的牡蠣。

◆以鹽水燙煮牡蠣

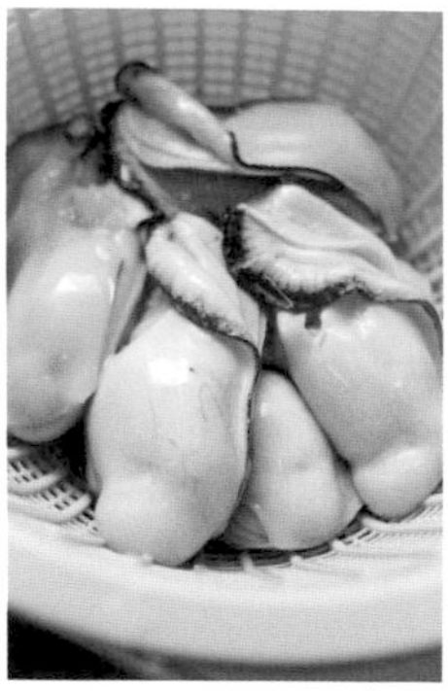

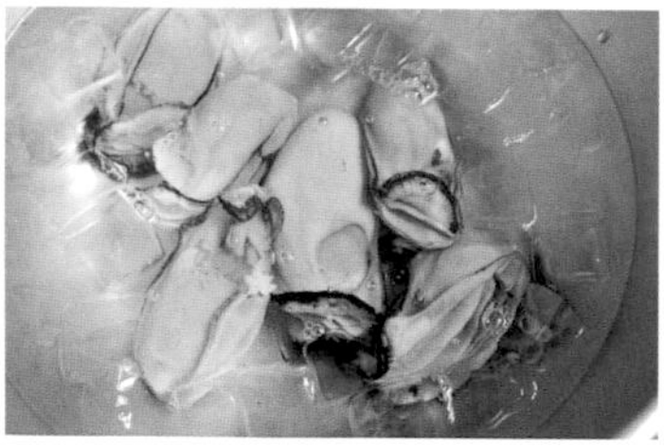

牡蠣去殼之後用水清洗，去除髒汙，然後以熱鹽水燙煮。將與海水的鹽分濃度相同的鹽水煮滾之後，放入牡蠣肉煮不到30秒。加熱至表面稍微緊縮，中心溫熱的程度即可停止加熱（照片右）。為了避免餘溫繼續加熱，放入冰水中（中），變涼之後放在網篩上瀝乾水分（左）。廣田灣的牡蠣在這個階段仍維持膨脹飽滿的狀態。將牡蠣冷藏保存。

放入滾水中煮不到30秒是美味的要訣

推崇江戶前壽司的壽司店開始使用牡蠣製作是在昭和的後半時期之後才開始的。隨著時代的變遷，下酒菜變得豐富，在開始使用各種不同素材的過程中也採用了牡蠣。

本店也是從我擔任這一任店主之後才開始採用牡蠣。因為日本人喜歡牡蠣，而且牡蠣是可以做成各種美味吃法的素材。做成下酒菜時，塗上壽司醬油再炙烤，做成握壽司時以熱鹽水迅速汆燙。生牡蠣也很好吃，但是做成握壽司的話水分太多，別讓黏滑的觸感把醋飯變得濕濕黏黏的。味道方面也是只有加熱之後產生濃縮感才能與醋飯取得平衡。

我使用的是真牡蠣。雖然以夏季為時令的岩牡蠣，味道也受到好評，但是因為岩牡蠣的體型非常大，所以很難捏製成握壽司。購入的是即使在大產地三陸海岸當中評價也很高的岩手縣廣田灣所生產的，生長了3年的特大號牡蠣。外殼的長度為18cm左右，取出的牡蠣肉，以飽滿柔軟，具有厚度為特徵。生長了2年的牡蠣已經充分成長，風味也很棒，但是考慮到捏製成握壽司時，外觀帶來的強烈衝擊感，所以選用生長了3年的牡蠣。

以鹽水燙煮的程度是將牡蠣放入已經沸騰的滾水中，煮不到30秒。一旦放著煮到再次沸騰，中心加熱過度之後牡蠣就會變硬。雖然進行加熱，卻只將牡蠣的中心加熱到稍微半熟，是可以享受到鮮味和黏糊觸感的重點。

如果以整個牡蠣肉來捏製的話，壽司料的體積很大，所以分切成2片之後再捏製，然後以裁切得很大張，足以包住全體的海苔捲起來，這是本店的風格。牡蠣和海苔有共通的碘味，在味道或觸感方面也非常契合，我認為正因為有了海苔才襯托出牡蠣的美味。淋上酢橘汁，在海苔變得濕潤柔軟時便是適合享用的時刻。

◆分切

接到客人點餐之後，取出已經完成備料的牡蠣，分切之後才捏製。因為是特大的尺寸，所以以水平分切成2片之後，以半邊做成一貫份。

◆捏製後以海苔捲起來

抹點山葵泥之後捏製成握壽司，再以大小可以包覆全體的海苔捲成一條。從海苔上方擠點酢橘汁，放上鹽，為了方便入口，切成兩半之後端上桌。

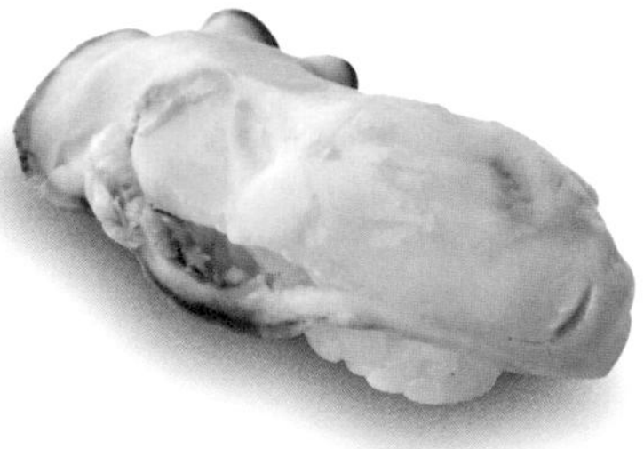

煮牡蠣

岡島三七（蔵六鮨 三七味）

這裡要介紹的是以醬油和砂糖調味的「煮牡蠣」的備料工作。
雖然牡蠣握壽司是現代才有的，
但是市面上變得有大量優質的養殖牡蠣出現，
似乎可以說是固定成為壽司料的一個原因。

從各個不同的產地，以帶殼的狀態買進真牡蠣。照片中是兵庫縣赤穗產的，而常用的是長崎縣諫早產的真牡蠣。體積雖然不大，但是「牡蠣肉肥厚，呈乳白色，沒有海腥味是它的優點。」岡島先生說道。

◆ 水煮之後讓牡蠣殼張開

基本上使用的是水煮之後讓牡蠣殼張開的方法。將水和酒以9：1的比例混合，從還是冷水時就將牡蠣帶殼放進去，然後以火加熱煮滾。煮一陣子，等殼打開之後立刻取出。

◆ 泡冷水使牡蠣肉變緊實

從殼中取出牡蠣肉，立刻泡在冷水中，阻止餘熱繼續加熱。此外，如果是以開殼刀撬開外殼的話，將加入酒的水煮滾之後，放入牡蠣肉煮5分鐘左右，再泡入冷水中。

以白醬油和味醂煮出顏色漂亮、肉質柔軟的牡蠣肉

本店用來製作握壽司的牡蠣，選定為以柴魚高湯清淡調味的「煮牡蠣」。藉由稍微加點醬油的鮮味和砂糖、味醂的甜味，牡蠣的味道就會變得很濃郁，這點令我很滿意。我覺得就像在品嘗甜味高雅的日式點心時，心情為之放鬆一樣，煮牡蠣微微的甜味也變成美味的關鍵。

不過，雖說是煮牡蠣，加熱的時間卻極為短暫。因為在前置作業中，牡蠣已經帶著殼或是以去殼的牡蠣肉預煮過了，所以放入煮汁中烹煮時頂多煮1分鐘左右。而後，採用的方法是一邊放涼一邊吸收煮汁的味道，就這樣放置一個晚上使牡蠣入味。為了讓牡蠣肉保持飽滿柔軟，需細心注意，以免煮太久，造成牡蠣肉緊縮變硬。

此外，獨特的乳白色也是展現牡蠣美感的重要關鍵。利用以淺黃色為特徵的白醬油製作煮汁，以免牡蠣被染成茶褐色。白醬油是愛知縣的特產，而且是生產量非常少的特殊醬油，除了牡蠣之外，像是白子料理等，想要突顯素材的白色時也會利用到白醬油。

至於牡蠣開殼的方法，本店採用的方法是在鍋子中加入了水和酒，然後將牡蠣連殼一起放進去煮，在外殼啪地打開的瞬間就立刻撈起來，然後取下外殼。

不同產地生產的牡蠣，有的不容易開殼，這個時候就要以開殼刀撬開外殼，取出牡蠣肉，但是使用開殼刀的缺點在於會擔心器具或殼的碎片損傷牡蠣肉。關於這點，連殼用水烹煮的方法完全不會弄傷牡蠣肉，可以保持原來漂亮的外形取出牡蠣肉。此外，因為是同時稍微加熱，所以也有兼顧預煮工序的優點。本店對於帶殼文蛤也是以相同的手法取出文蛤肉。

以白醬油的煮汁烹煮

將柴魚高湯以白醬油、粗粒糖、味醂調味製作成煮汁，然後煮沸。將泡過冷水變得緊實的牡蠣充分瀝乾水分之後放入煮汁中，蓋上紙蓋，以小火煮1分鐘之後關火。

吸收煮汁

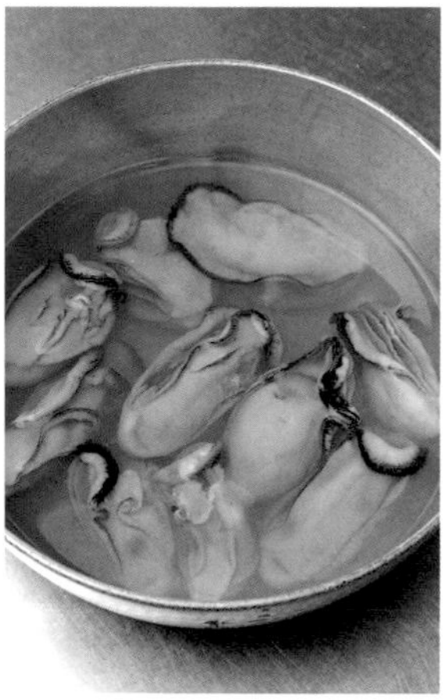

就這樣放著讓它冷卻下來，消除餘溫。以這個狀態也可以使用，但是通常會在冷藏室中靜置一～兩個晚上，使牡蠣充分入味之後使用。水平分切成2片，捏製成握壽司。

其他素材的備料

煮星鰻—①

福元敏雄（鮨 福元）

**星鰻以醬油和砂糖混合而成的煮汁烹煮，再塗上濃縮煮汁是標準的握壽司。
將以前通常都把味道調整得很濃郁的煮汁變得很清淡，
以添加鹽取代濃縮煮汁的吃法也變得很普遍。
福元先生也以濃縮煮汁和鹽這２種風味供應星鰻握壽司。**

雖然星鰻的時令是夏季，但是一整年市面上都會販售活星鰻或是經過活締處理的星鰻。一般來說，關東地區多半使用背開法，關西地區多半使用腹開法。

◆用鹽搓揉星鰻，去除黏液

將經過活締處理的星鰻撒上鹽，用手捋住星鰻從頭部朝向尾部移動，去除黏液。捋除黏液４次之後用水清洗，然後再度撒鹽，再捋除黏液４次。然後再次用水清洗。

◆剖開成一片

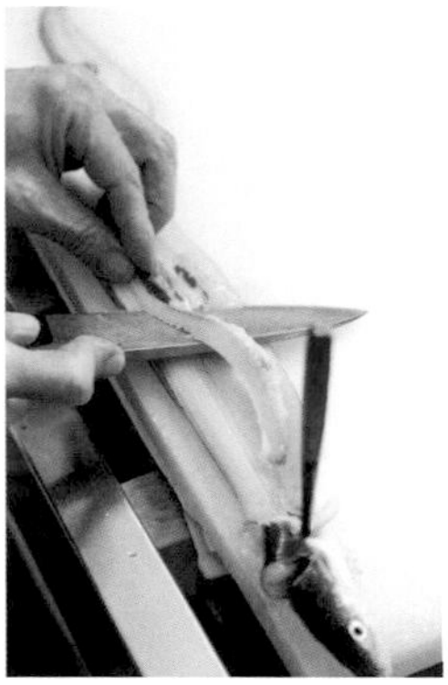

用鰻魚錐子釘住，從背部剖開成一片，切除內臟、中骨、魚鰭、頭部，修整成淨肉。福元先生說：「長崎縣松浦產的星鰻，肉厚又美味。」最近都只使用松浦產的星鰻。

◆用水清洗

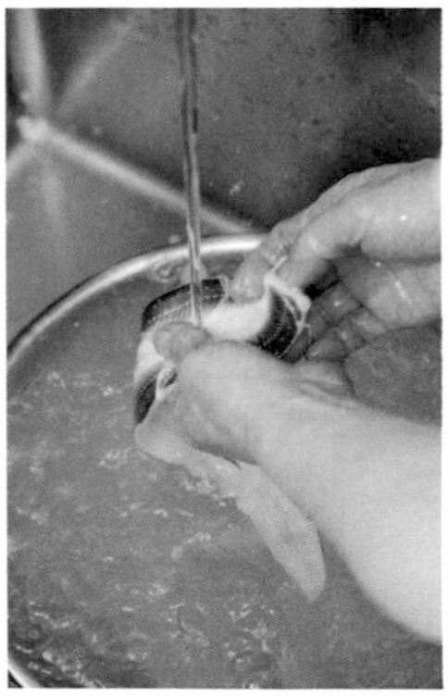

將剖開成一片的星鰻以不會損傷星鰻肉的程度，一邊搓揉一邊用水沖洗。將殘留在表皮上的黏液、附著在星鰻肉上的髒汙，以及小刺等搓洗乾淨。

以每次備料時製作的煮汁突顯星鰻的香氣

江戸前壽司的星鰻基本上是以醬油味烹煮。煮得很鬆軟的魚肉在舌面上瞬間融化的柔軟度是一大優點，獨特的味道和香氣也頗具魅力。

以傳統的手法來說，因為煮汁中使用了很多的醬油和砂糖，所以鹹甜的味道很濃郁，魚肉的顏色也很深，但是最近為了特別突顯星鰻的「香氣」，而減少調味料用量的店家漸漸增多了。我也是採用那樣的作法，調整調味料的配方，不使用補加煮汁的方式，每次備料時都製作新的煮汁，設法讓客人可以享用到星鰻細膩的香氣和味道。

味道清淡的製作方式也很適合將煮星鰻佐鹽食用的方法。傳統的作法是將煮星鰻塗上甜味的濃縮煮汁，而本店從數年前起，除了濃縮煮汁之外開始端出添加了鹽的煮星鰻。使用鹽作為直接品嘗壽司料風味的方法，是最近壽司店的流行趨勢之一。雖然濃縮煮汁的美味無可挑剔，但是添加鹽的吃法也能盡情享受到星鰻清爽的風味，是非常別致的味道。

那麼，為了讓客人佐鹽吃到美味的煮星鰻，不僅要調整煮汁的味道，前置作業也有需要注意的地方。那就是，要徹底清除表皮的黏液。如果是搭配濃縮煮汁，醬油的香氣可以蓋過黏液的味道，但是搭配鹽的話，即使只有一點黏液也可能散發出腥味。只塗上濃縮煮汁的提供法要捋除黏液5次，而添加鹽的提供法則要進行8次。

我也試過許多種清除這個黏液的方法，結果確定的方法是在剖開之前先撒滿鹽，然後從頭部朝向尾部用手捋住星鰻，去除黏液。不會損傷魚身，而且可以徹底清除乾淨。這些調理工作是趁著活締處理之後的魚身還活絡的時候立即進行的。這也是為了把星鰻煮得很柔軟的重點。

◆以煮汁烹煮

煮汁的配方是煮到酒精成分蒸發的酒800cc、水1.5ℓ、醬油150cc、砂糖35g。煮汁沸騰之後放入星鰻，撈除浮沫，蓋上落蓋，以稍小的中火靜靜地煮20分鐘。

煮好的星鰻要非常小心地取出以免魚肉潰散，然後放在網篩上。1尾星鰻可以做成4貫，非常迅速地炙烤一下才捏製成握壽司。累積5次份的煮汁，最後將頭部和魚骨熬出味道，製作成星鰻的濃縮煮汁。

煮星鰻—②

周嘉谷正吾（継ぐ 鮨政）

關於煮星鰻，利用油脂的方法、吸收煮汁的方法、保持柔嫩度的方法等，各項工序中都充滿壽司師傅的巧思。星鰻的備料工作中第一個考慮的是「如何保留容易流失的油脂。」周嘉谷先生說道。

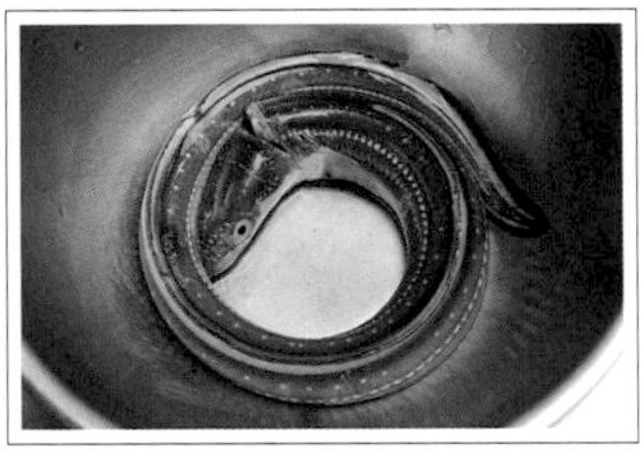

使用的星鰻，1尾重100～200g。不論大型的也好，小型的也好，都必須是油脂肥美的星鰻。買進在市場經過活締處理的星鰻之後立刻剖開。

◆將星鰻剖開成一片，以骨切法切斷小刺

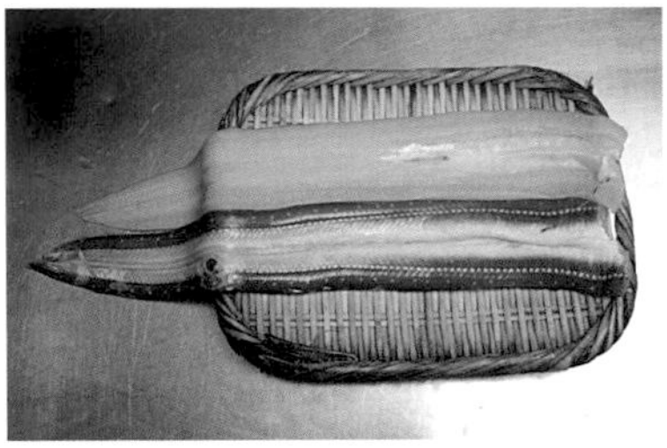

從背部剖開，去除內臟、中骨、頭部、魚鰭、魚鰭旁邊的硬皮之後用水清洗，修整成乾淨漂亮的一大片星鰻（照片上）。儘管星鰻的小刺細而柔軟，但是做成煮星鰻時會令人擔心，所以稍微以骨切法切斷小刺。以菜刀的刀尖在中骨附近切入短短的切痕（照片下）。

◆以湯霜法處理

將星鰻在70℃的熱水中汆燙約5秒，然後放入冰水中。表皮黏液會凝固成白色，所以要用棕刷搓除。黏液在加熱之後會凝固，變得容易去除。

使用減少甜味、以鹽為主的煮汁在短時間內烹煮

我對星鰻改變看法起因於在修業的那一年期間，脫離星鰻，只處理天然鰻魚。與肉質富有彈性、油脂豐富的鰻魚相較之下，星鰻的肉質柔嫩，油脂又少。我深切地感受到兩者的差異，認識到星鰻最重視的就是「纖細感」。

因為是油脂最少的星鰻，所以購入油脂肥美的星鰻是第一要務。而且，為了不讓稀少的油脂流失，烹煮的時間要盡量減少到最短是第二個重點。以加熱15分鐘，餘溫調理5分鐘為標準。

不花太多時間烹煮還有其他的原因。因為油脂少的素材，煮汁容易滲透進去，所以烹煮太久的話，煮汁會壓過星鰻的風味。而且，魚肉也會變得容易潰散，所以還具有防止這些情形發生的目的。我認為，絕不讓稀少的油脂和鮮味流失，以最大限度保留下來是煮星鰻的要點。

除此之外，還有其他的重點。譬如去除黏液的方法。有的方法是在剖開星鰻之前先把黏液捋除，有的則是剖開之後才用水洗掉黏液，而本店是在剖開星鰻之後以湯霜法處理，再以棕刷搓掉。以熱水讓黏液凝固，清楚看見黏液之後確實地清除，優點是還可以一併清除內臟裡面的飼料異味。

另一個重點是煮汁的作法。材料雖是一般的材料，配方卻別有特色。如果砂糖有可能使星鰻的肉質變硬，那麼捏製成握壽司之後，才加上濃縮煮汁的甜味可以稍微減少這種情形。此外，鹽分方面，因為鹽比醬油更能有效地突顯出星鰻的味道，所以加入很多的鹽。

烹煮的工序，比起「增添風味」，我著重的是讓星鰻「突顯出纖細味道的加熱」。

◆以煮汁烹煮

煮汁採用添補的方式。將上次備料時使用的煮汁加熱，再添加酒、熱水、粗粒糖、醬油、鹽來調整味道。放入星鰻煮大約15分鐘之後關火，利用餘溫加熱5分鐘。

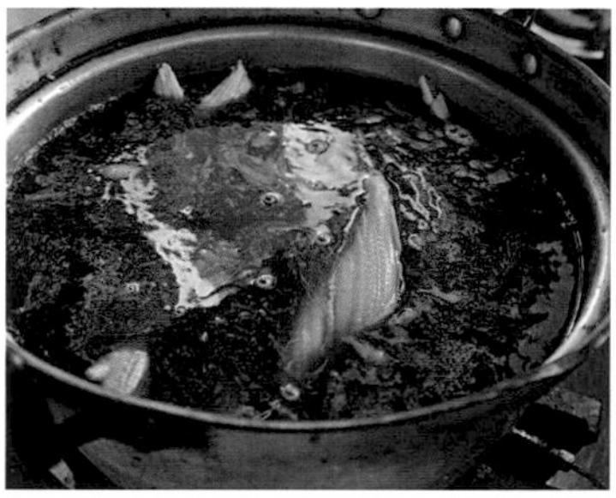

以避免星鰻肉潰散的方式撈起星鰻，放在竹篩上。將使用過的煮汁煮乾水分至剩下半量，一部分做成濃縮煮汁，其餘的保存起來作為下次要用的煮汁。

◆使餘溫散去

因為星鰻的肉很柔嫩，容易潰散，所以即使烹煮完成了也不要立刻取出。將煮汁的半量移至另一個鍋子中，讓剩下的煮汁成為剛好可以淹過星鰻的狀態，然後將整個鍋子墊著冰水5分鐘左右，使餘溫散去，星鰻肉穩定下來。

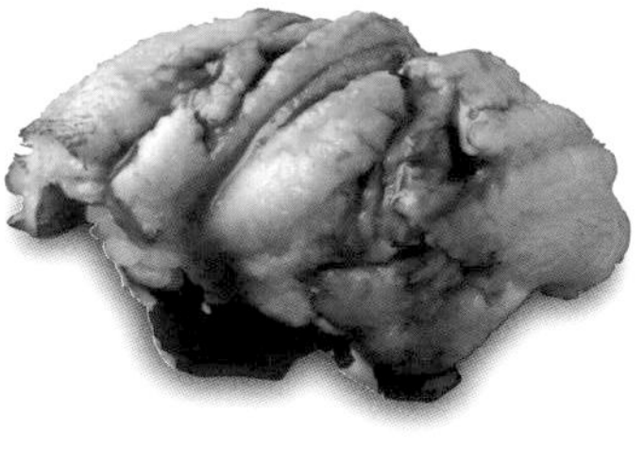

煮星鰻—③

小林智樹（木挽町 とも樹）

煮星鰻的第3個範例是在煮汁方面費盡心思的「とも樹」的備料工作。將剖開星鰻時累積下來的魚骨和頭部用水熬出味道，萃取高湯，除了利用高湯製作煮汁之外，在烹煮期間也反覆地調整味道，致力於突顯星鰻風味的細節工作。

星鰻變得油脂肥厚又美味是從初夏開始的。在市場買進已經活締處理的星鰻，「趁剖開時魚身還會微微抽動，很有活力的時候烹煮。」（小林先生）。

◆去除星鰻的黏液

星鰻撒上大量的鹽，放置5分鐘左右，這是「とも樹」風格的前置作業。「黏液浮出來之後比較容易去除。」小林先生說道。在這之後，用手捋除星鰻身上的黏液，再用水仔細清洗乾淨。

◆剖開成一片

以關東地區的作法，從背部剖開成一片。去除內臟、中骨、頭部、魚鰭，然後一邊沖水一邊仔細地去除腹部的薄膜、殘留的黏液，和小刺。頭部從正中間剖開，中骨捋除中間的血液，然後冷凍保存用來萃取高湯。

◆以頭部和中骨萃取高湯

冷凍過的頭部和中骨累積40尾份之後即可萃取高湯。解凍之後以烤箱稍微烤上色，放入沸騰的熱水中以小火煮1小時半，熬出味道（照片上）。在這其間，撈除浮沫，如果水分變少了就添加酒和水。萃取出混濁的白色高湯。過濾之後裝入塑膠袋中冷凍保存。

每次備料都適當地分別使用各種調味料

本店的星鰻備料工作的特色之一，是有效地利用每次剖開星鰻時切下來的頭部和中骨。除了用水熬出味道萃取白色的高湯，用來製作煮汁之外，用熱水汆燙過後也可以用來製作濃縮煮汁。

煮汁是採用重複使用相同煮汁的方式，所以每次烹煮時都會加入星鰻的風味，增添濃郁感，不過也不能持續不斷地使用。因為煮汁的品質會變得低落，缺少纖細的風味，顏色也會變得太深。到了第六次左右，將煮汁的一半用事先以頭部和中骨萃取出來的高湯稀釋，再以調味料調整味道，製作新的煮汁。一般多半是以水稀釋，但以星鰻的高湯稀釋可以補充高雅的鮮味。

開始煮的時候，調整煮汁的味道很重要，在烹煮的過程中風味時刻在變，星鰻的品質也每次都不一樣，所以我在煮的時候會試嘗好幾次味道，用心找出完全符合理想的味道。

具體來說，在魚肉變軟之前不要隨便翻動星鰻，經過8分鐘之後第一次試嘗味道，而後相隔3分鐘左右進行。

這個時候，不是試嘗煮汁，而是試吃星鰻尾巴的末端，確認味道和香氣。想要添加鹽分的時候，以染色方式和鹹度的調整，分別使用淡口醬油、濃口醬油、白醬油、鹽。至於糖分方面，如果還想要有香醇的味道就使用中雙糖，想要清爽的甜味就用上白糖，如果想要有鮮味就使用味醂。為了清楚辨別味道，要在空檔時間喝水、魚肉稍微放涼之後才品嘗之類的，對於試味道相當費心。

大約花了20分鐘，煮出入口即化的柔軟度和恰到好處的甜度，以像是甜點的感覺在用餐的尾聲享用的話，心情就會平靜下來，所以在餐點的最後部分才上桌。

◆以煮汁烹煮

煮汁是以水、酒、濃口醬油、淡口醬油、白醬油、鹽、粗粒糖為主製作而成，重複使用。使用6次左右之後將半量當成濃縮煮汁的材料，其餘的半量在加入星鰻高湯和調味料之後，作為下次的煮汁。烹煮時將星鰻放入熱煮汁中，從中火開始，慢慢將火勢轉小來烹煮。

◆每隔數分鐘試味道

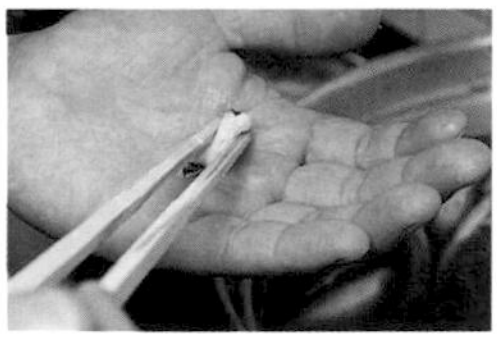

開始烹煮經過8分鐘左右之後，第1次試味道。而後每隔2～4分鐘就試味道，視需要添加調味料調整味道（照片上）。試味道時不是試嘗煮汁，而是掐下一小塊尾部的末端試吃（下）。在20～25分鐘的燉煮時間內試味道5～6次。

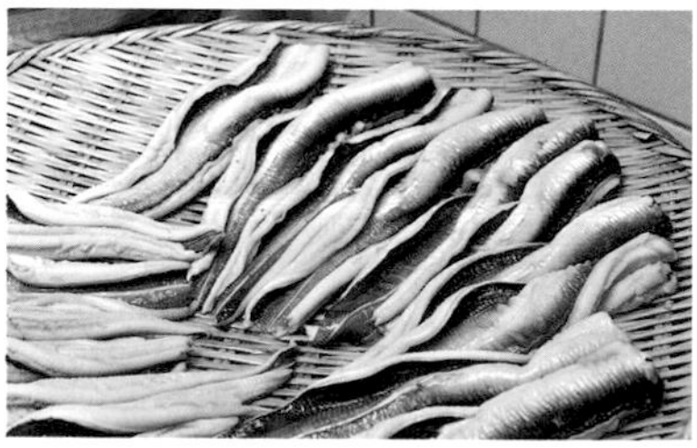

烹煮完畢之後放在網篩上放涼。將沒有試嘗味道的星鰻尾部末端掐一小塊下來確認味道。油脂非常少的也可以用來製作粗卷壽司。在要捏製成握壽司之前，稍微炙烤一下星鰻肉那一側。

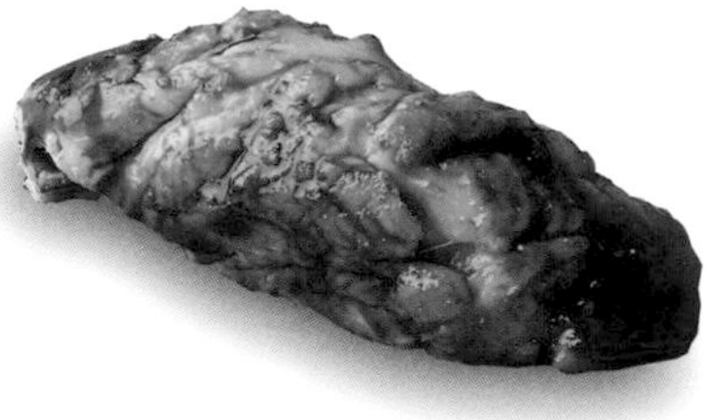

煮星鰻—④

增田 励（鮨 ます田）

「鮨 ます田」的煮星鰻並不會把一般多半都會去除的表皮黏液去除乾淨。而且，在1次的備料中也會視星鰻的油脂多寡設定烹煮的時間差，或是在捏製握壽司時不是烤出香味而是炙烤到油脂浮現的程度，堅持自己獨特的方法。

東京灣的星鰻是江戶前壽司的代表性食材，品質也很好。如果買進的是在市場經過活締處理的星鰻，就不去除黏液，立刻進行備料工作。

◆將星鰻剖開成一片之後清洗

以背開法剖開星鰻，去除內臟、中骨，和魚鰭等，以流動的清水搓洗。這裡不需進行去除黏液的特別作業。表皮雖然滑溜卻沒有髒汙（照片右）。依油脂的多寡來判定，分成3組（左）。

◆設定時間差來烹煮

煮汁採用每次使用完畢的方式。以水、粗粒糖、醬油、味醂調合之後煮滾，從油脂少的那組開始，隔2～3分鐘的時間差將星鰻放入煮汁中。蓋上木蓋，從一開始放入星鰻的時間點開始算起，煮大約30分鐘就完成了。

烹煮完成時全部的星鰻都要試嘗味道

很多店家會將星鰻撒鹽搓揉，或是淋上熱水之後用菜刀刮除，藉此去除「黏液」。但是，本店是在將星鰻剖開成一片之後，為了去除髒汙，只用水清洗。專門批發星鰻的中盤商跟我說過好幾次，「黏液是鮮味的來源。不要去除。」於是我漸漸變成在沒有去除黏液的情況下進行備料。

星鰻的黏液據說是腥味的根源，也有的說法認為腥味是殘留在胃裡的飼料造成的。捕獲之後讓星鰻徹底吐出飼料，經過活締處理之後立刻剖開烹煮似乎很重要。實際上，如同盤商的建議，即使不去除黏液也可以煮出美味的星鰻。不過，與黏液的有無並沒有關係，而是偶爾就會有帶著腥味的星鰻，所以煮好之後一定要試嘗全部星鰻的味道。

此外，煮汁是每次備料時都要準備的。比起重複使用煮汁的方法來得清淡，可以輕鬆地品嘗星鰻的風味。以煮汁製作的濃縮煮汁也是製作成塗抹時一下子就可以抹開，稍微稀薄的濃度，這也是為了突顯星鰻的味道。我認為對於煮星鰻味道的印象也受到濃縮煮汁很大的影響。

烹煮時根據油脂的多寡設定時間差，希望分別煮出最好的成品。油脂少的星鰻為了盡可能煮得軟一點，所以要烹煮得久一點，而油脂多、肉質柔軟的星鰻，烹煮的時間短一點。在剖開生的星鰻時，依照厚度、彈性、魚肉的顏色等來判斷，分成3組，錯開時間放入鍋子中。

要捏製成握壽司時稍微用烤箱烘烤一下，但是目的不是為了烤出香氣，而是為了讓油脂在口中產生立即融化的柔軟度和濕潤感。因為是「煮星鰻」，顧名思義，不要烤出焦色，以油脂輕輕浮在魚肉中的感覺迅速烘烤一下就結束。

◆利用餘溫加熱

烹煮完畢，關火，就這樣蓋著木蓋放置大約10分鐘。利用餘溫加熱，同時使星鰻入味。

◆將煮好的星鰻試嘗味道

將煮好的星鰻取出，放在長方形淺盤中，全部掐下邊角碎肉來試嘗味道，確認是否沒有腥味等。煮汁以集中數次為1次的頻率，製作成濃縮煮汁。以調味料調整味道，累積1週的煮汁，熬乾水分，製作成濃縮煮汁。

汆燙海鰻

吉田紀彥（鮨 よし田）

作為點綴關西夏季的魚，海鰻以各式各樣的調理法受到喜愛。以壽司來說，一般都是做成以醬油烤出香氣的棒壽司，但在這裡將由在京都開店的吉田先生為大家解說，迅速通過滾水的「汆燙海鰻」握壽司。

使用肉厚而且油脂肥美，魚骨和魚皮都很柔軟的優質海鰻。照片中是評價很高的韓國產海鰻，在進貨的當天一定要製作。利用空運，在市場經過活締處理之後，送到店裡。

◆將海鰻剖開成一片

將送到店裡的海鰻立刻從腹部剖開。切除頭部，剖開成一片之後，去除中骨、魚鰭。品質好的海鰻，魚身是帶點粉紅色的白色，閃閃發亮很漂亮。

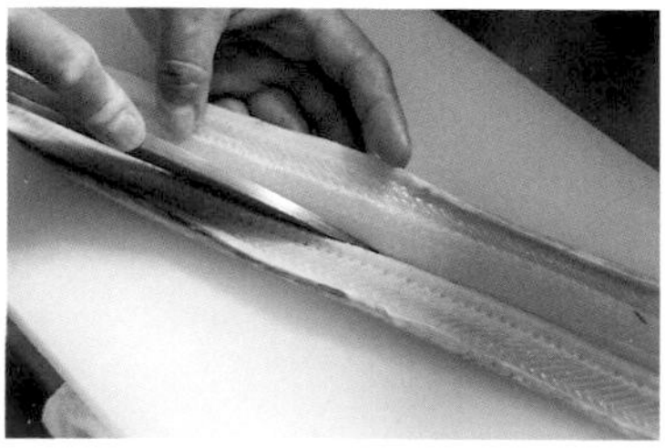

◆靜置半天

以吸水性高的紙擦乾水分之後，再以廚房紙巾包起來，在開始營業之前，放在高濕度的2℃冷藏室中保存大約半天。充分去除水分很重要，每3個小時就要換紙。

◆以骨切法處理

在要上菜之前以骨切法處理。以海鰻刀切入大約2㎜寬的切痕，同時切斷小刺，再以2㎝左右的寬度切下魚肉。骨切法是將菜刀深切入直到貼近魚皮的地方。

經過活締處理當天海鰻，在捏製前過一下熱水

在京都，7月的祇園節又稱為「海鰻節」，而祇園節的前後是海鰻盛產的高峰期。也有人說，海鰻是「喝了梅雨的水之後就會變得鮮美」，實際上，產卵前是海鰻充分貯存了養分的季節。不過，到了秋季油脂會更加肥美，所以海鰻的時令很長，本店在5～10月的半年時間讓客人品嘗海鰻的美味。

提到海鰻，為了將無數的小刺切得細細的，一定要使用留下一片魚皮而把魚肉切得極薄的「骨切法」，這是最需要熟練的技術。製作「汆燙海鰻」的時候，除了要運用骨切法，海鰻的新鮮度和備料的流程也很重要。

汆燙海鰻是將分切開的魚肉瞬間過下滾水，屬於一種生魚片。就像以生海鰻供應時一樣，因為海鰻的香氣和味道會直接顯現出來，所以新鮮度格外重要，基本上在以活締處理過的當天就提供給客人。

此外，分切之後過一下熱水的工序要在上菜之前才進行也是不變的規則。雖然偶爾會看到將汆燙過的海鰻以冷藏保存的例子，但是這麼一來，魚肉變冷之後會緊縮變硬，肉質也會變得乾柴。不論是做成生魚片，還是做成握壽司的壽司料，把剛完成的汆燙海鰻端上桌是絕對的條件。正因如此，魚肉的中心仍保有熱度，成為帶有柔軟的觸感和鮮味，最美味的汆燙海鰻。

因此，前置作業在進行到骨切法之前的狀態就暫時停止，在營業時間開始前，要將包住海鰻的紙更換好幾次，去除多餘的水分，同時將海鰻靜置。如果好好地保存品質好的海鰻，即使在骨切法的階段魚肉也仍然帶有彈性。

此外，一般都會在汆燙海鰻上面添加梅肉。本店是以炒過的柴魚粉、醬油、煮到酒精成分蒸發的酒等調整之後，製作成酸味較少、具有鮮味的梅肉，將海鰻清淡的味道突顯出來。

◆過滾水後以冰水使魚肉變緊實

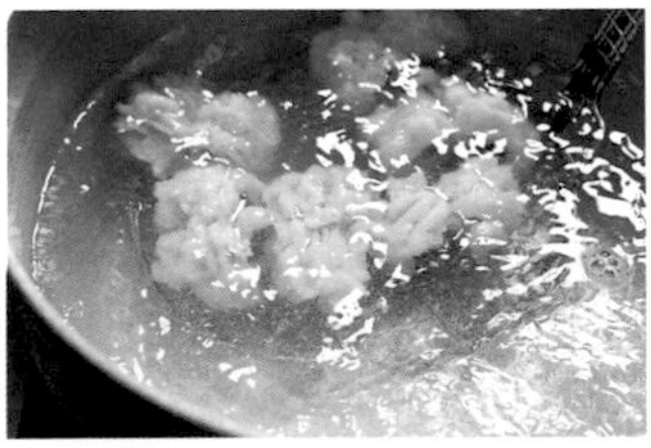

將海鰻的魚皮朝下放在網勺上，浸泡在已經沸騰的滾水中（照片上）。加熱大約15秒，讓切痕像開花一樣張開來之後，以網勺撈起來，放入冰水中（下）。放置15秒左右讓餘溫消退，然後撈起來。如果魚皮較硬的話，最好一開始只將海鰻的魚皮那面浸泡在滾水中5秒左右，再將全體浸泡在滾水中。

◆瀝乾水分之後捏製

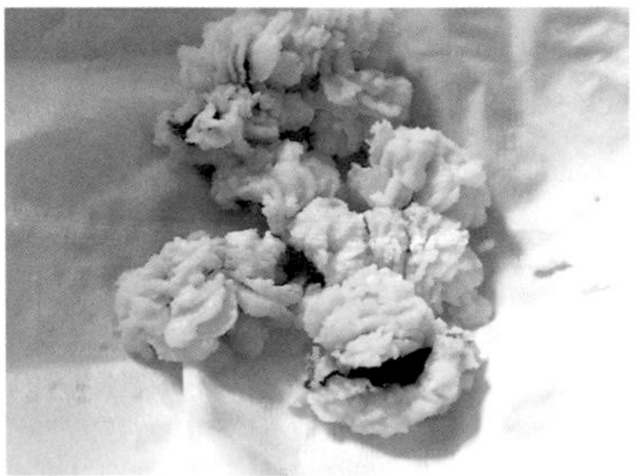

從冰水中撈起來的海鰻，用手掌輕握，擠出切痕中的水分。接著用紙夾住，將全體擦乾水分，然後立刻捏製成握壽司。在上面擺放少量的梅肉之後即可上桌。

酒煮銀魚

佐藤卓也（西麻布 拓）

在日本料理中，可以生食或製作成天婦羅、滑蛋料理、主要湯料等，用途廣泛的銀魚，在壽司店中也因作為宣告春天來臨的壽司料而大受歡迎。最近有很多店家以小型的生銀魚捏製握壽司，但佐藤先生是將大型的銀魚煮成清淡的「酒煮」之後才捏製。

作為初春美味而深受重視的銀魚。在春季的產卵期捕撈到的聚集在湖泊、沼澤或河口的海水淡水交界處的成魚。長度7～8cm。雌魚是抱卵狀態。

◆將銀魚筆直地排列

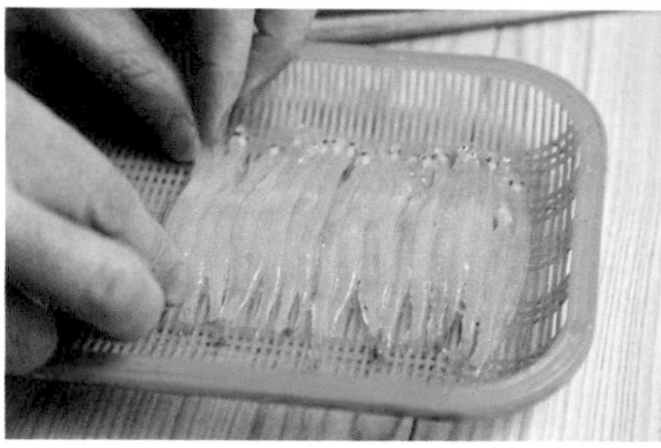

將生銀魚以鹽水清洗過後，1尾1尾筆直地排列在要放入鍋子中的網篩上。如果隨意擺放就下鍋去煮，銀魚會彎曲成「く」字形，所以要排列成直線狀，就能煮成漂亮的形狀。

◆以煮汁烹煮

加熱1分多鐘。以煮汁深度醃漬一個晚上

聽說銀魚在春天出生，以1年的時間成長之後於隔年春天產卵，然後結束一生。因此才會在銀魚成長之後，已經充分貯存養分以備產卵之前捕撈起來，享用那絕無僅有的美味。我也是每年2～4月都一定要推出這道料理。

挑選銀魚的時候，最重要的條件就是產地。小魚一般都是在湖岸或河口的海水和淡水交會處捕獲的，所以很容易沾染鄰近土地的異味。因此，挑選沒有受到這種異味影響的銀魚很重要。我自己大多使用島根縣宍道湖產的銀魚。

至於要以生魚捏製，還是煮過之後再捏製，則依個人喜好來區分。因為擔心生食的時候有骨頭多的觸感和苦味，所以要使用小型的銀魚，但是即便如此還是會有點硬度，帶點苦味。另一方面，煮過的銀魚一定會變軟，單就這一點就可以使用成長得較大、味道很好的銀魚，所以我主要都是煮過之後再捏製成握壽司。大型的銀魚處於抱卵狀態的比例也較多，可以品嘗到風味特別好的銀魚。

銀魚因為是白色的，在日本稱為白魚，所以製作重點在於不要沾染煮汁的顏色，煮出雪白的銀魚。本店以酒、味醂、砂糖、鹽和少量的淡口醬油製作煮汁。味醂和砂糖的甜味是用來減少銀魚的苦味。此外，如果要減少腥味，突顯出銀魚的風味，必須借助醬油之力，所以加入極少量淺色的淡口醬油。

以1分多鐘極為短暫的時間將銀魚煮熟之後，為了避免餘溫繼續加熱，將銀魚和煮汁分開來，各自放涼。這個時候，在煮汁中放入事先洗掉鹽分的鹽漬櫻葉，增添「春天的香氣」。將銀魚放回煮汁中之後，櫻葉的香氣與煮汁的味道一起稍微轉移至銀魚中，突顯春天的意象。

用紙覆蓋以免銀魚亂跳，然後將酒、味醂、砂糖、鹽、淡口醬油、水煮滾，製作成煮汁，以煮汁煮銀魚1分多鐘（照片右）。煮熟之後撈起來，就這樣蓋著紙放涼。照片左是已經冷卻的狀態。煮汁中則放入已經用水洗過的鹽漬櫻葉，然後放涼。

◆以煮汁醃漬

將櫻葉從煮汁中取出，再將銀魚浸泡在煮汁中，放入冷藏室靜置一個晚上，使銀魚入味。瀝乾水分之後用來製作握壽司。

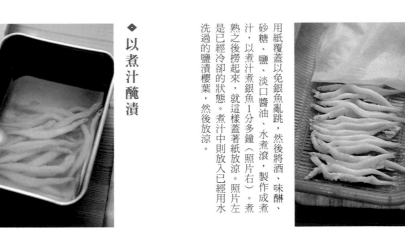

高湯醬油漬鮭魚卵

岩 央泰（銀座 いわ）

鮭魚卵是將鮭魚的卵巢拆散成一顆顆的卵粒，以調味料醃漬調味而成。
大部分是以醬油味為基底，除了只以醬油醃漬之外，
也有以酒、味醂、高湯、鹽等調整味道的方法。
一般是做成用海苔捲起來的軍艦卷壽司，但也可以廣泛利用做成下酒菜。

鮭魚卵的原料是鮭魚的卵巢。從夏末開始，當年內都是備料的季節，剛上市時，鮭魚卵的薄膜柔軟，味道也很清淡，但是漸漸地薄膜就會變硬，味道也變得濃厚。有日本產、阿拉斯加產等的鮭魚卵。

◆將鮭魚的卵巢澆淋滾水，剝散開來

取下包住卵巢的薄膜，為了拆散卵粒，注入滾水，然後以長筷迅速地攪拌。為了不將鮭魚卵燙熟，在短時間內進行作業。拆散鮭魚卵之後立刻倒掉熱水。

◆反覆用水清洗

倒入大量的冷水，一邊以手掌攪拌或左右擺動一邊將卵粒確實地拆散（照片上），然後把浮上表面的髒汙倒掉（下）。與卵粒連在一起的黏膜、血管，和壓碎的卵粒等會變成髒汙大量出現，所以要反覆用水清洗至沒有髒汙變得乾淨為止。

連同柴魚高湯的醃漬醬油一起品嘗的鮭魚卵

鮭魚卵的備料，就是將被薄膜包住的卵巢拆散成卵粒，再把髒汙去除乾淨之後，以醃漬液使之入味這樣的流程。

我的方法因為是一開始就使用滾水把卵粒拆散，所以在這裡不要加熱過度是最需要注意的重點。雖然有的方法是從一開始到最後，都用冷水或溫水拆散卵巢然後清洗，但是一開始就倒入接近沸騰的熱水，然後一口氣以長筷攪拌的話，包覆著卵巢的薄膜迅速剝離，卵粒就會分散開來，效率很高。

不過，如果慢慢地花時間進行作業的話鮭魚卵會被燙熟，所以迅速攪拌是不變的法則。遵守這個規則，就不會發生卵粒受熱而緊縮變硬的情形。

拆散成卵粒之後倒入冷水，攪拌卵粒洗掉髒汙，反覆進行這個作業。在這個階段必須注意的是，要隨著季節控制水溫。鮭魚的卵巢，在剛上市的夏季因為還沒有成熟，所以包覆著卵粒的皮膜還很軟，隨著時序從秋季來到冬季，卵巢成熟後皮膜就會變硬。

另一方面，夏季的自來水溫度很高，所以夏季第1次用水清洗時如果不調降水溫，餘溫會透過包覆卵粒的軟膜加熱，或是軟膜容易破裂。因此，訣竅是第1次要放入冰塊急速冷卻，同時用水清洗。相反地，在皮膜變硬的冬季，有時還會淋上2次熱水。

最後的關鍵是醃漬液的味道。如同本店取的「高湯醬油漬」這個名稱一樣，醃漬液的特色是柴魚高湯的味道很濃郁，是連同醃漬液一起享用的鹽分。不會太鹹的溫和味道，因為滲透壓的關係，似乎也很容易產生粒粒分明的觸感。調味料中還加入酒和柚子皮提升風味。

◆用鹽讓顏色變鮮豔

清洗結束時撒入一把鹽攪拌的話，在清洗的過程中，一部分顏色已經變得白濁的鮭魚卵會恢復透明的橙色。放在網篩上一陣子，徹底瀝乾水分。

◆以醃漬液醃漬

將柴魚高湯、醬油、酒、削碎的柚子皮加在一起煮滾，放涼之後，將鮭魚卵放入醃漬液中醃漬半天以上，使鮭魚卵入味。保持味道和觸感都是理想的狀態，在2~3天之內使用完畢。

鹽漬鮭魚卵

佐藤博之（はっこく）

就連鮭魚卵，對於去除薄皮等前置作業和調味的方法，每家壽司店也都費盡心思。第2個例子將介紹佐藤先生的作法，不用熱水而是以手工將鮭魚卵拆散之後以常溫的鹽水清洗，調味時以鹽為主所完成的鮭魚卵。

鮭魚卵備料工作的高峰期是在秋季。將鮭魚的卵巢拆散成卵粒，然後以鹽等調味。「在市場一顆顆品嘗比較之後，挑選卵膜柔軟而且油脂多的鮭魚卵。」佐藤先生說道。

◆拆散鮭魚的卵巢

表面的卵以手指捏著取下，接著以手指夾住卵巢膜往外捋動，取下卵粒（照片右）。沒有清除乾淨的細筋也要仔細去除（左）。

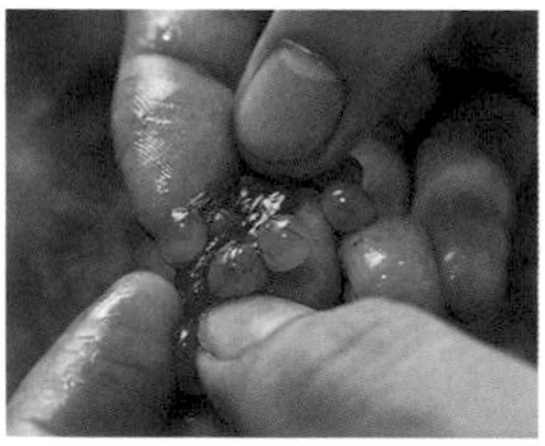

◆以鹽水清洗

放在鹽分濃度3％的鹽水中，以指尖迅速地攪拌清洗（照片右）。放在網篩上，輕輕地左右搖晃，去除髒汙（左）。這個步驟總共進行3次。淡水會使卵粒變得白濁，而鹽水可以使卵粒維持橙色。

考量到與紅醋醋飯的搭配度所製作的鹹味鮭魚卵

因為有的壽司店將鮭魚卵備料之後以冷凍等方式保存，1整年都會提供鮭魚卵，所以不容易知道鮭魚卵的時令。實際的盛產期是鮭魚抱卵的9～10月。本店基於「品嘗時令美味」的考量，只限定在這2個月的期間內供應。

鮭魚卵的前置作業幾經波折，如今終於確定下來的方法是用手捋住鮭魚的卵巢拆散成1顆顆的卵粒，用鹽水清洗之後以網篩一邊瀝乾水分一邊去除髒汙。雖然浸泡在熱水中可以迅速地取下卵巢膜，拆散卵粒，但是我考慮到希望進行備料時不要施加絲毫熱的壓力，所以採用花時間用手拆散的方法。而且，在這之後用鹽水（濃度3％）清洗時，也是使用常溫的鹽水。

在這裡使用鹽水是為了保持卵粒緊繃的觸感，用淡水的話感覺好像水分會滲透進去之類的，變成鬆弛的觸感。不管怎樣，因為長時間泡在水中清洗的話，皮膜會變硬，所以用水清洗時要迅速進行，這點很重要。將用水清洗10秒左右的工序反覆進行3次就停止。

調味的方法一般都是採用醬油漬，而本店的作法是淋上一點以鹽為主體的壽司醬油。第一個理由是，因為使用對味覺產生強烈衝擊的紅醋做的醋飯，我覺得不適合搭配較濃郁的醬油味。其他的壽司料也都沒有塗上壽司醬油，或是要控制塗抹的量之類的。

鹽量的調整也是以能突顯出鮭魚卵的風味使用最大限度的量，每天試嘗味道，如果味道不夠的話就添加新的鹽，在4～5天內使用完畢。完全以醬油漬之類的液體醃漬的鮭魚卵，皮膜緊繃，粒粒分明的觸感是魅力所在，但是鹽漬鮭魚卵放置幾天之後皮膜的柔軟度會變得用舌頭就能輕鬆壓破。在口中黏糊地溶化的同時，鮮味擴散開來，形成獨特的美味。

◆瀝乾水分

將廚房紙巾鋪在竹篩上，再將鮭魚卵攤開，然後以廚房紙巾按壓，去除表面的水分。如果有髒汙，也要在這裡去除。

◆以鹽和壽司醬油調味

將鮭魚卵移入容器中，撒鹽混合。以增添風味的程度淋上一圈壽司醬油，然後混合。以保鮮膜等包覆之後，放在冷藏室中讓鮭魚卵入味。

照片右是備料完畢的當天，左邊是第3天。每天試嘗味道，味道不夠的話就加鹽調整。當天就可以享用，但是第3天左右才會到達美味的高峰。

煮葫蘆乾—①

神代三喜男（鎌倉 以ず美）

除了做成海苔卷的壽司料之外，當成下酒菜也大受歡迎的煮葫蘆乾。作為材料的葫蘆乾有漂白和未漂白兩種，神代先生將在這裡解說漂白葫蘆乾的前置作業和煮出有咬勁的葫蘆乾的訣竅。

葫蘆乾有漂白和未經漂白的，照片中是漂白過的類型。為了防蟲、防黴而以二氧化硫燻製。配合海苔的尺寸切成比20cm大一點進行備料。

◆用鹽搓揉葫蘆乾

為了洗掉水溶性的二氧化硫，先在水中浸泡一個晚上，隔天把水倒掉之後用鹽搓揉。鹽要大量地撒，用力抓揉清洗直到漂白的異味消失，放在流動的清水底下一邊搓揉一邊沖洗。

◆水煮

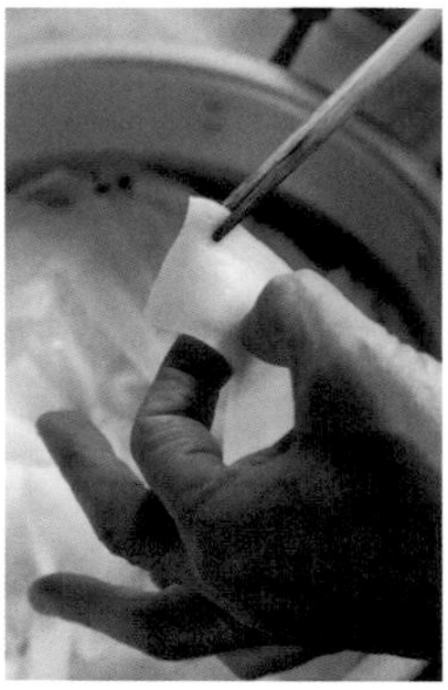

將葫蘆乾放入可以充分淹過它的水，蓋上紙蓋之後烹煮約20分鐘。煮到用指甲扎進去時能輕鬆扎出一個洞的柔軟程度就完成了。然後，泡在水中冷卻，再擠乾水分。

◆使粗細一致

為了避免烹煮時味道不均，將較寬或是較厚的部分1條1條地修整使形狀一致。這次是將寬度約2cm的葫蘆乾一致切成大約1cm寬。

以脫水機去除水分，再沾裹濃郁的煮汁

市面上流通的葫蘆乾大多屬於漂白的類型。以二氧化硫燻製，設法維持顏色，避免發黴，提高保存性。因為這個二氧化硫可以溶於水中，所以浸泡在水中一個晚上，再用鹽搓揉，用水仔細清洗過後就能去除成分，氣味和味道都不會有問題，可以煮出美味的葫蘆乾。

在煮葫蘆乾的時候要考慮兩個重點。其中一個是尺寸大小要一致。某部分的寬度或厚度不一樣的情形很多，如果直接就煮的話味道和觸感會變得不均勻。此外，即使修整得很一致，如果寬度太寬的話會不容易入味，咬勁也不佳。

因此，預煮得很軟之後，1條1條切齊成寬度大約1cm，沒有太厚的部分。只以葫蘆乾為中心的細卷壽司，特別重視均勻的調味和很好的咬勁。

第二個重點是在烹煮之前要使葫蘆乾的水分充分消散。本店是將水煮後切齊的葫蘆乾放入脫水機中運轉5分鐘左右，完全去除表面的水分。煮汁不加水或高湯，只使用醬油、粗粒糖、味醂製作。煮汁的量很少，感覺是象徵性地沾裹在葫蘆乾上面。

事先徹底去除水分的話，比較容易吸收調味料的味道，短時間內就能煮好，所以也不會發生因加熱過度而變得太軟的情形。因為在預煮的階段就已經充分煮軟了，所以可以保持舒服的咬勁，口感也不會太濕軟，吃起來很爽口。因為經得起久放，所以還有可以集中一次大量製作的優點。

照片中介紹的是以壽司捲簾捲起來的葫蘆乾卷，但在我們店裡，為了充分發揮海苔清脆的觸感，基本上是做成葫蘆乾手卷。

◆將葫蘆乾脫水

將葫蘆乾集中起來放入洗衣網袋中，放入脫水機5分鐘，徹底去除水分。這裡先徹底去除水分的話，味道就很容易滲入，而且煮出來的成品不會濕黏，具有咬勁。

◆以醬油和粗粒糖烹煮

將粗粒糖和醬油煮滾，粗粒糖溶化之後放入葫蘆乾烹煮（照片上）。為了使味道均勻分布，以長筷一邊攪拌一邊以大火開始煮，中途轉為小火。葫蘆乾染色之後（中），加入已經煮到酒精成分蒸發的味醂。後半階段翻動鍋子混合（下），煮大約20分鐘直到沒有水分為止就完成了。

煮得閃亮濕潤的葫蘆乾。攤開在竹篩上放涼之後，放入冷藏室保存。砂糖使用粗粒糖可使煮好的葫蘆乾味道香醇有光澤。

煮葫蘆乾—②

西 達広（匠 達広）

「匠 達広」使用的葫蘆乾是現在已經很罕見的無漂白品。
不需要用鹽搓揉，直接預煮，利用水煮液當做煮汁。
以煮成鹹甜的味道，鬆軟又有咬勁的葫蘆乾為目標。

未經漂白的葫蘆乾。雖然流通的量很少而且價格比較昂貴，但是「因為味道和觸感都很好，所以我很喜歡使用。」（西先生）。配合海苔的寬度切成25㎝左右之後再調理。

◆用熱水煮葫蘆乾

用水清洗葫蘆乾，然後以大量的熱水預煮。為了使水煮液充分導熱，蓋上落蓋（照片右）。烹煮時間以15～20分鐘為準。煮到用手指和指甲捏掐時，會清楚留下指甲印的柔軟度（下）。

◆以煮汁烹煮

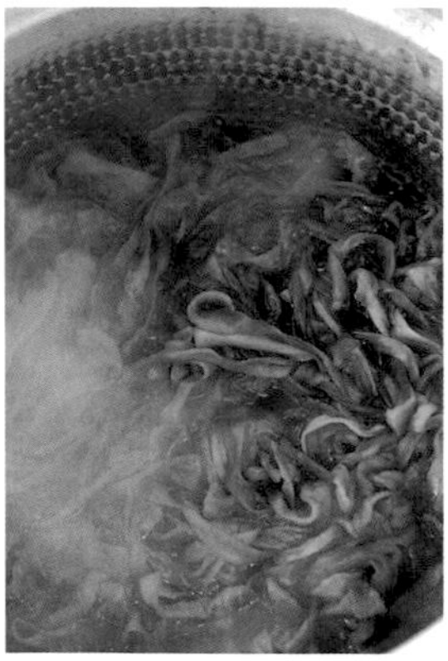

與醋飯融為一體的柔軟度和很好的咬勁

以前如果提到江戶前壽司的「海苔卷」，指的就是葫蘆乾細卷壽司。我認為如同握壽司一樣，葫蘆乾也是與醋飯的平衡很重要的壽司料。除了味道的調整，理想中的葫蘆乾，最好是咬感柔軟，與醋飯一起入口時觸感鬆軟。然後，還有清脆海苔的咬勁和香氣——這些全都融為一體之後，才算是完成了美味的海苔卷。

要製作出這種理想的葫蘆乾卷，重點在於選用品質優良的材料，以及調整預煮的狀態。

本店使用的是未經漂白的葫蘆乾，具有鬆軟厚度的觸感，以及味道的深厚和甜味，都是令我滿意的地方。包含削切方式和乾燥方法在內，綜合看來，感覺似乎很謹慎地製作完成。雖然生產量很少，價格昂貴，卻是要煮出我自己滿意的狀態時不可缺少的葫蘆乾。

順便提一下，漂白過的葫蘆乾為了洗掉漂白的材料二氧化硫，必須在前置作業中泡水還原，用鹽搓揉，而使用未經漂白的葫蘆乾就不需要花費這些工夫了。可以直接預煮，而且還有個優點，就是可以利用有鮮味流出的水煮液來製作煮汁。

此外，在水煮的工序中最重要的就是不要弄錯烹煮的程度。標準是用指甲按壓時會清楚留下痕跡的柔軟度。不到那個程度的話會有纖維殘留，質地很硬，而如果煮得過久的話，接下來以煮汁烹煮完成時口感就會變得濕軟易碎。在膨鬆的柔軟度中依然咬勁十足，那才是葫蘆乾的極致美味。

調味方面是醬油、砂糖、味醂的鹹甜滋味。甜度和鹹度會因不同的店家而有所差異，本店的葫蘆乾有扎實的甜味和醬油味。

擰乾葫蘆乾的水分，然後以少量的水煮液與水、砂糖、味醂、醬油製作成煮汁。以剛好可以淹過葫蘆乾的煮汁開始煮（照片右），偶爾翻拌，均勻地燉煮。煮到幾乎沒有煮汁時，翻動鍋子使水分蒸發（下）。

◆放在竹篩上放涼

煮得很鬆軟的葫蘆乾。立刻攤開在竹篩上放涼，然後裝入容器中保存。

玉子燒—①

廚川浩一（鮨 くりや川）

玉子燒以前被說是「壽司店最能展現本領」的壽司料。
傳統的玉子燒是在蛋液中加入海鮮的肉泥之後烘烤而成的「厚蛋燒」。
首先要介紹的是，除了全蛋之外還加入了蛋白霜，
質地軟嫩的「卡斯提拉風味玉子燒」。

◆將芝蝦磨成蝦泥

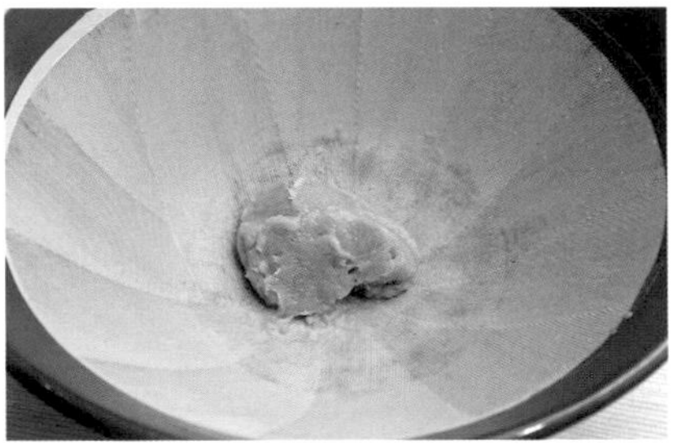

作為玉子燒基底的芝蝦泥。去除蝦殼和泥腸，將清理乾淨的芝蝦蝦仁以果汁機攪打，再以細孔濾篩過濾，製作成滑順的蝦泥。

◆加入大和芋和蛋之後研磨攪拌

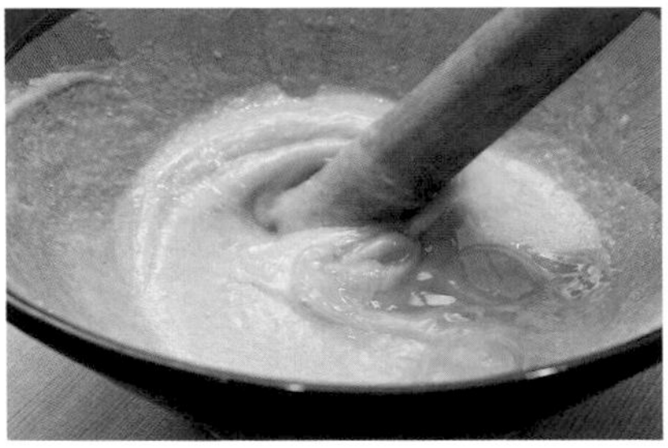

以研磨缽將芝蝦的蝦泥研磨出黏性之後，依照順序加入和三盆糖、大和芋泥、酒、蛋黃和蛋白，每次加入材料時都要以研磨棒研磨攪拌均勻。最後加入少量的醬油，增添香氣。

◆與蛋白霜混合

另外將蛋白打發製作成尖角挺立的蛋白霜。製作成質地細緻、不易消泡的硬式蛋白霜很重要。將蛋白霜一口氣全部加入先前的蛋液中，攪拌至均勻。以橡皮刮刀混拌以免弄碎氣泡。

以蛋白霜、和三盆糖以及較多的芝蝦突顯特色

壽司店是「讓客人吃到魚貝的店」，這是我一貫的主張。玉子燒也不例外，使用魚貝製作才是壽司屋的工作。整體來說，我是秉持著魚貝的肉泥是主體，蛋是凝固用的材料這樣的觀念在製作玉子燒的。

魚貝肉泥的材料是白肉魚和芝蝦，而江戶前壽司基本上是使用芝蝦，所以本店也只以芝蝦製作玉子燒。芝蝦的味道濃郁、香氣高雅、黏度強等，綜合以上各點是最適合製作玉子燒的材料。

其他的材料還有大和芋、砂糖、酒、醬油等。材料大致上相同，但是配方不同，成品的味道和觸感就截然不同。我也反覆試做，改了數十次之後才確立現在的配方。

因為本店從開店時就有很多客人不是把玉子燒當成握壽司，而是當成下酒菜來享用，所以我想辦法特別把它做成「適合下酒菜的玉子燒」。鮮味、香氣、觸感都作了變化，是讓人吃了很開心的玉子燒。

因此，我在普通的蛋黃和蛋白之外還加入蛋白霜，做出公認的膨鬆感和多汁感，或是砂糖使用的是和三盆糖，使玉子燒散發出香氣並且有著溫潤的甜味。然後，為了突顯出蝦子的鮮味和香氣，我還減少了凝固用的材料大和芋，增加了芝蝦的用量。

調理上的第一個重點是製作氣泡細緻、不易消泡的蛋白霜。然後縝密地計算火勢和時間，烤出質地濕潤的玉子燒。加入蛋白霜的玉子燒，質地非常軟嫩，所以中途要翻面的時候，玉子燒會裂開成兩塊。因此，一開始以瓦斯的火烘烤底面，接著移至烤箱烘烤上面，然後就這樣覆蓋鋁箔紙燜烤，以這3個階段的調理方式製作，就可以不用翻面，完成玉子燒。

◆以玉子燒鍋烘烤底面

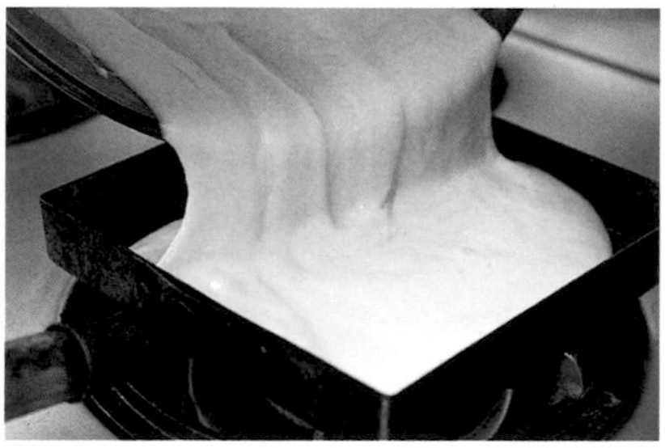

將蛋液倒入已經燒熱的銅製玉子燒鍋中，以極小的直火加熱，烘烤30分鐘左右。底面出現淺褐色的烤色就完成了。

烘烤完成的玉子燒。表面芳香，中心軟嫩，有緊密的細緻氣泡，濕潤的質地入口即化。不做成握壽司，單純以玉子燒的形式供應。

◆以烤箱烘烤上面

連同玉子燒鍋移入烤箱中，以小火烘烤大約15分鐘，將上面烤上色。接著鬆鬆地覆蓋鋁箔紙，將火力稍微加大，燜烤30分鐘左右。直到中心烤熟。

玉子燒—②

植田和利（寿司處 金兵衛）

第2個範例要介紹的是，以芝蝦的蝦泥和蛋為基本材料，質地烤得很濕潤的，「寿司處 金兵衛」風格的厚蛋燒。翻面之後，以木蓋按住的「覆蓋」手法也是傳統技法之一。另一方面植田先生也要挑戰甜點風味的玉子燒新作品。

說到使用魚貝肉泥製作的玉子燒原料，以風味和柔軟度來說，芝蝦是最適合的。芝蝦在市面上一整年都看得到，品質良好的時期是冬季。「金兵衛」以帶殼的芝蝦換算，使用全蛋和同量以上的芝蝦。

◆以菜刀剁碎芝蝦

將芝蝦去除蝦殼和泥腸。以菜刀剁碎製作蝦泥的基底。「因為希望不是做成糊狀而是保留顆粒的感覺」，所以不使用攪拌機。前半段以刀尖切剁，後半段以刀背敲剁出黏性。

◆以研磨鉢研磨

移入研磨缽中，一邊依照順序加入鹽、大和芋泥、砂糖一邊研磨。黏著力增高之後集中成一團。在加入蛋之前充分完成具有黏性、硬質的蝦泥。

◆加入蛋研磨

將蛋大約分成3次加入。與蝦泥充分融合很重要。為了避免製造出氣泡，迅速地攪拌至變得滑潤，最後加入醬油和味醂提味。

單面烤透，背面迅速烘烤

本店的玉子燒是以芝蝦和蛋，凝固用的大和芋和砂糖等的調味料製作而成的。這個組合從第一代店主那時開始採用之後就沒變過，但是以前完成的玉子燒很薄，好像差不多是伊達卷的厚度。第二代店主把它製作成將近3㎝的厚蛋燒，烘烤的程度也改做成柔軟得好像中心要融化了一樣，我則承襲這樣的作法。

我們的玉子燒也很柔軟，但是與氣泡滋滋溶化的蛋白霜類型不一樣。口感輕盈鬆軟，舌頭上卻又有濕潤軟黏、融化開來的感覺。以菜刀切剁使蝦子充分產生黏性，將蛋充分地研磨攪拌，然後以最小的火候烘烤才能製作出這樣的觸感。

將蛋液從玉子燒鍋的邊緣滿滿地倒入，以極小的火烘烤40分鐘左右，翻面之後烘烤完成。不過，一開始只烤熟7~8成，所以翻面之後表面停止凝固，保留中心的濕潤感。單面呈焦褐色，另一面則維持鮮黃色。

這個時候，採用翻面之後立刻以木蓋壓住玉子燒烘烤的方法。這個作業稱為「覆蓋」，據說是江戶前的玉子燒必做的工作。原因在於輕輕壓住柔軟的玉子燒讓它「穩定下來」，品嘗的時候就會產生濃縮感。

到了我這一代，也有好幾件事要挑戰。其中一項是提高芝蝦的比例。在第二代店主的時代，1片玉子燒使用350g（帶殼）的芝蝦，現在則增加至500g。此外，已經提供了加入抹茶的玉子燒，也正在嘗試製作加入糖煮蘋果和肉桂的蘋果派風味等「甜點」變化款玉子燒。目標是做出當成「用餐收尾的甜點」，充滿玩心的玉子燒。

◆以玉子燒鍋煎烤

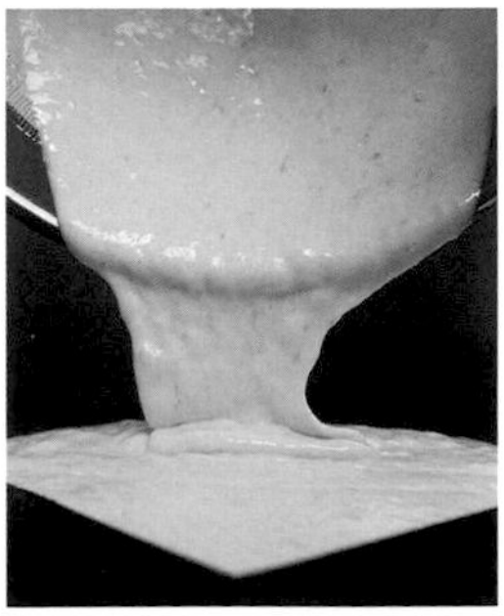

一邊在玉子燒鍋中塗抹米油一邊加熱至冒煙，降溫至適當的溫度之後，倒入蛋液（照片上）以極小的小火加熱大約40分鐘。為了受熱均勻，每隔數分鐘輪流烘烤底面的¼。表面形成薄膜之後翻面。中心仍是半熟狀態。在玉子燒的下方插入3根長筷（中），一口氣翻面（下）。

◆以木蓋覆蓋，靜置

轉動長筷把表面弄平之後，蓋上木蓋，一邊輕壓一邊輪流加熱¼的底部（照片上）。不要烘烤到上色，稍微加熱即可。烘烤完成之後翻面，放在木蓋上，放涼10分鐘（下）。在木蓋的上面再次翻面，讓它冷卻。

玉子燒—③

小林智樹（木挽町 とも樹）

第3個範例是使用芝蝦和海鰻的2種肉泥，加入多一點液體調味料等，以材料和搭配為特色的「木挽町 とも樹」玉子燒。為了做出厚度，所以分成2片，預先烘烤之後再貼合，兩面以遠火花時間慢慢烘烤而成。

◆製作大和芋泥

凝固用的材料使用黏性強、呈拳頭狀的薯蕷。細細磨碎之後，再以研磨棒仔細研磨成細緻鬆軟的泥狀。這是為了做出膨鬆柔軟的玉子燒的重點之一。

◆加入肉泥和調味料

為了使芝蝦產生滑順感，剁碎之後再以果汁機攪拌（照片右的前方）。海鰻製作成泥狀（照片右的後方）。在大和芋中依照順序加入芝蝦、鹽、海鰻，每次加入時都要仔細研磨，將砂糖以網篩過篩，酒和味醂混合在一起，分別以逐次少量的方式加入，研磨混合（左）。最後加入淡口醬油增添香氣。

◆加入蛋

蛋以1次1個的方式，稍微打散之後加入大和芋中（照片上）。這也是為了製作出鬆軟的觸感。蛋9個都是使用全蛋，1個份直接加入蛋黃，而蛋白則打發成蛋白霜，最後輕輕混合就完成了（下）。

將加入蝦子和海鰻的玉子燒2片疊在一起烘烤

玉子燒是以向老師傅學來的方法為基礎，再分別將材料、配方、烘烤方法稍作調整，反覆試做，費盡心思製作出來的作品。

以魚貝肉泥來說，現在只使用芝蝦製作的店家很多，但是以前利用白肉魚的作法也很普遍，將芝蝦和海鰻以1比1的比例組合而成的配方是從老師傅那裡學來的。只有芝蝦的話可以做出膨鬆柔軟的玉子燒，加入海鰻的話會變得稍微緊實一點。

但是，不使用海鰻的話會少了濃醇的味道，因此我以約10g為單位增加芝蝦、減少海鰻不斷試做，終於找出可以兼顧柔軟度和濃醇味道的重點。那就是相對於蛋10個，使用芝蝦165g、海鰻100g的比例。雖然也試過以魴鮄或小柱取代海鰻，但是口感和鮮味就是不及海鰻。

材料方面所費的心思也包括了凝固用的山藥。我使用的是黏性比一般的大和芋還強的薯蕷，追求玉子燒的一體感，同時藉由以研磨缽研磨得很細緻，引出鬆軟的口感。此外，液體調味料的味醂和酒也增加至最大限度，目的是為了製作出類似甜點的滑順感、柔軟度。

本店的玉子燒，厚度很高，光是厚度夠高就能有效地感受到柔軟度。不過，因為厚度變高，不容易烤熟，所以要分成2片分別烤熟至7成左右，貼合之後再繼續加熱。

為了能在不把表面烤焦的情況下，將厚厚的玉子燒的中心也烤熟，我也引進了高30cm、特別訂製的烤台。將這個烤台架在瓦斯爐上，再放上玉子燒鍋，就可以用遠火的小火烤出濕潤的質地。因為烤台圍住了火源，熱力不易散失，火力平均地圍繞著四角形的玉子燒鍋，就能均勻受熱烤出漂亮的玉子燒，這也是它的優點。

◆烘烤第1片

將具有高度、特別訂做的不鏽鋼製烤台架在瓦斯爐上，放上玉子燒鍋烘烤（照片右）。一開始把製作好的蛋液的¾量倒入鍋中，每隔15分鐘就將玉子燒鍋的方向轉90度，總共轉1圈。烘烤至鬆軟地膨脹起來，表面形成薄膜的程度（左），翻面之後再烤10分鐘左右，烤至呈稍微凝固的程度。倒扣在木蓋上，取出玉子燒。

◆烘烤第2片之後重疊

以另一個玉子燒鍋烘烤剩下的¼量的蛋液，同樣要轉動方向，總共烘烤25分鐘左右。蓋在第1片玉子燒的上面。將第2片玉子燒朝下放回鍋子中，烘烤大約20分鐘。蓋上木蓋使厚度一致（照片上），或是錯開位置，將加熱慢的部分採重點式烘烤來調整。在這之後，正反翻面3次就完成了（下）。總共將近3小時的工序。

醋飯、甜醋漬生薑（薑片）、壽司醬油、濃縮煮汁一覽

將壽司店必備的4大要素的想法，以6家店的作業為例來介紹。

【　醋飯　】

稻米的類型，以及使用紅醋或米醋，或是兩者的調合醋……
與壽司料的平衡感很重要的、握壽司的另一名主角。

継ぐ 鮨政

將紅醋煮乾至剩下半量，加入鹽和砂糖使之發酵之後，在快要與米飯加在一起之前，才將米醋加入攪拌。因為紅醋的酸味容易消散，無法維持到深夜時段，所以先將紅醋濃縮，製作成鮮味精華備用，然後在那裡面補充可使酸味持續的米醋，以這種型式進行作業。

鮨 わたなべ

米飯是使用富山縣產或是新潟縣產的越光米，煮得稍硬一點。壽司醋的材料是以醋2ℓ加上精製鹽150g、藻鹽30g、砂糖80g的配方，減少甜味。醋是將米醋「金將」和釀造醋「水仙」（兩者皆為橫井釀造工業株式會社）以3比2的比例調製而成。

鮨 一新

將向新潟縣契作農戶購入的越後息吹米，以用炭火加熱的壓力鍋煮成粒粒分明的米飯。越後息吹米不易黏糊，以帶有甜味和清爽的香氣為特徵。調合醋使用的是以紅醋（「與兵衛」、「珠玉」。皆為橫井釀造工業株式會社）和鹽調製、不加砂糖的江戶前壽司傳統配方。

鮨 くりや川

右邊是為了搭配鮪魚所設計，以紅醋「與兵衛」（橫井釀造工業株式會社）為基底加上酒粕醋「三判山吹」（味滋康），再加入淡口醬油、砂糖、鹽調製而成，酸味和鹹味較重。也用於星鰻和明蝦。左邊是使用紅醋「琥珀」（橫井釀造工業株式會社）製成的溫潤味道。

鮨 太一

產地不拘，使用「顆粒大，形狀的輪廓鮮明，不太有甜味的舊米」。將紅醋和米醋以1：5的比例加入煮得稍硬的米飯中，再加入少量的鹽。醋使用的是味道非常突出的千葉縣鎌谷市私市釀造株式會社的產品。

すし処 みや古分店

淘洗富山縣產的越光米，瀝乾水分之後冷藏3天，然後以冷水烹煮。藉由這個工序可讓米粒產生裂痕，達成提高壽司醋吸收率的目標。調合醋是將米醋和紅醋（「珠玉」。橫井釀造工業株式會社）以6比1的比例調製，甜味壓過鹹味。

【甜醋漬生薑（薑片）】

清除口中餘味的甜醋漬生薑，
以酸味、甜味、辣味達到平衡為製作重點。

継ぐ 鮨政

將生薑薄薄地切片之後汆燙一下，再以米醋（橫井釀造工業株式會社）醃漬而成。該店為了因應個人喜好、外賣和伴手禮等多種需求，也與市售品一起併用，而關於自製的薑片則是在接到主廚搭配套餐的點餐，或常客的點餐時才提供。

鮨 わたなべ

除了一般的薑片之外，還準備了下酒菜使用的薑片。一般的薑片（右）是以薄切片備料，在「千鳥醋」（村山造酢株式會社）中加入三溫糖和味醂，調製成稍甜的味道。下酒菜用的薑片（左）是不使用砂糖的鹹味。以塊狀備料，切得稍厚一點端上桌。醃漬液的醋是以米醋和紅醋調製而成。

鮨 一新

準備一種薄切薑片。為了避免薑片的味道太過搶味，以溫潤的酸味和甜味的「爽口餘味」為目標。調味料是以蘋果醋（橫井釀造工業株式會社）、味醂和鹽為主體，只加入極其少量的砂糖。

鮨 くりや川

將切成薄片的日本國產生薑以滾水汆燙，瀝乾水分之後撒上鹽混拌，變涼之後用水清洗，再擠乾水分。將米醋、砂糖、鹽、水煮滾之後放涼，製作成甜醋，再將前述的薑片放入甜醋中醃漬2天左右。這是可以感受到些微甜味的類型。

鮨 太一

將高知的批發商以手工作業切片的生薑，用鹽醃漬一個晚上之後，以滾水煮到變軟。用手擠乾水分，放入以米醋、少量的水、鹽、砂糖調製而成的甜醋中醃漬一個晚上以上就完成了。砂糖的分量要加到讓生薑的味道變得溫潤的程度，製作出充分發揮辛辣味的味道。

すし処 みや古分店

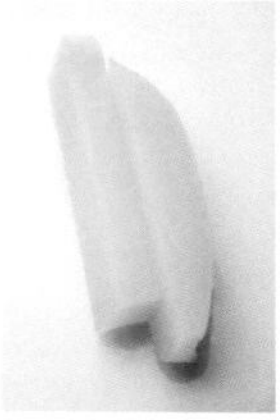

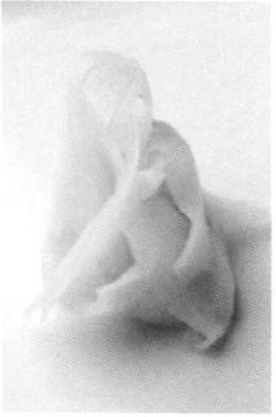

雖然準備了薄切薑片和薑塊這兩種選擇，但是調味是一樣的，在紅醋和米醋的混合液中以砂糖添加甜味製作而成。基本上是端出薄切薑片（右），而在油脂成分多的握壽司上桌之後，為了清除口中餘味，端出的是以塊狀備料，切成約5㎜厚、辣味有點嗆的厚切薑片（左）。

【壽司醬油】

這是用於醬油漬，或是塗在握壽司的壽司料上，最後潤飾用的調味料。
以濃口醬油與酒或味醂調製是基本配方。

継ぐ 鮨政

只以煮到酒精成分蒸發的酒、濃口醬油混合之後調製而成，標準的握壽司專用壽司醬油。與供生魚片使用、鹹味和鮮味明顯的土佐醬油相較之下，溫潤的鹹味是其特徵。

鮨 わたなべ

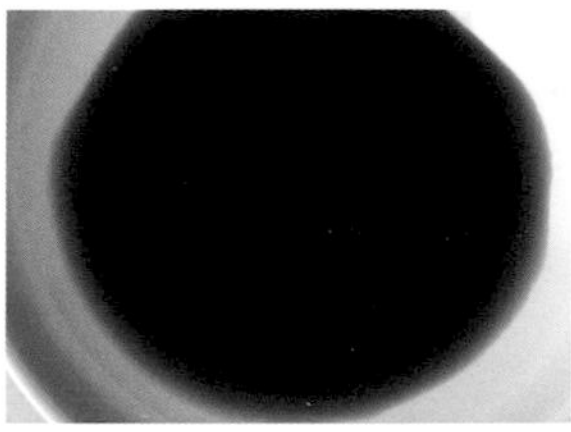

在基本材料的濃口醬油和酒之中加入少量的味醂、酒和同量的水煮滾。因為加了水，減弱了鹹味，做出清爽的風味。雖然還加入極少量的砂糖，但不是為了加入甜味，而是為了做出「壽司醬油似乎不會流動，稍微有點濃度的感覺。」渡邉先生說道。

鮨 一新

在濃口醬油和酒這些基本材料中，加入味醂的甜味和昆布的鮮味，煮滾之後就這樣讓昆布浸泡在裡面儲存起來備用。作為握壽司專用的壽司醬油使用，而供生魚片使用的要另外提供將昆布換成柴魚片製作而成的土佐醬油。

鮨 くりや川

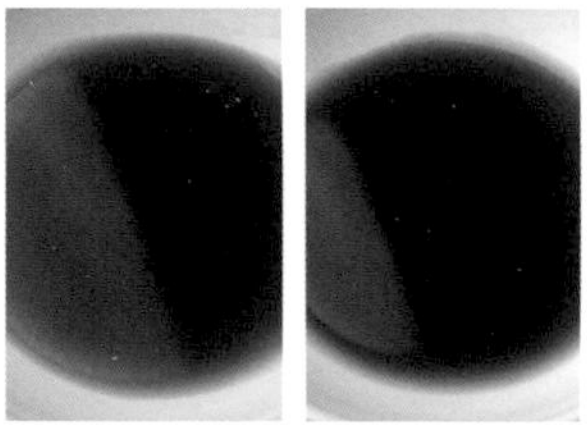

改變醬油的配方，準備供鮪魚和鰤魚等油脂多的壽司料使用的濃郁風味壽司醬油（右），以及供白肉魚和烏賊等清淡的壽司料使用的淡味壽司醬油（左）。在連同昆布醃漬一晚的濃味生醬油（石川縣能登產）中，加入酒和味醂之後煮滾，再加入柴魚片，過濾而成。

鮨 太一

以濃口醬油一升對⅕量的味醂混合在一起，放入昆布之後煮滾。關火之後就這樣將昆布放在裡面，放入冷藏室熟成1週左右，使用添加了鮮味的壽司醬油。以前有時候也會加入將酒精成分煮到蒸發的酒，但是現在則是將味醂的量增加到那個程度，做出溫潤的味道。

すし処 みや古分店

只以濃口醬油和酒製作，最基本的壽司醬油。將煮到酒精成分蒸發的酒與濃口醬油混合之後煮滾而成，醬油使用的是供壽司醬油專用的「紫峰之滴」（柴沼醬油釀造株式會社）。這是以木桶釀造，在釀造過程中不加熱的生醬油，充分突顯出圓潤醇厚的味道。

【 濃縮煮汁 】

顧名思義，這是將水分熬煮得更少、濃厚的醬油醬汁。
是星鰻、文蛤、煮烏賊等不可欠缺的煮汁。

継ぐ 鮨政

在上次烹煮星鰻時的煮汁中加上醬油和粗粒糖，以文火煮乾水分而成。自前代店主的時代開始不斷添補，繼續使用。顏色較淺，帶有紅色，稍微強調鹹味。主要作為煮星鰻的「共醬汁」使用，但也會應用在蝦蛄等料理。

鮨 わたなべ

照片中是星鰻用的濃縮煮汁。以煮星鰻的煮汁為基底，加入2成分量的粗粒糖之後煮乾水分，以溜醬油增添濃醇的味道。使用文蛤的煮汁製作成文蛤用的濃縮煮汁，在煮烏賊的煮汁中補充星鰻的濃縮煮汁製作成烏賊用的濃縮煮汁等，配合壽司料更換濃縮煮汁。

鮨 一新

在星鰻和文蛤當令的季節常備的兩種濃縮煮汁。將每次為星鰻備料時剩餘的煮汁煮乾水分，然後以酒、味醂、濃口醬油調整味道和濃度，與到上次為止的濃縮煮汁混合之後使用（右）。文蛤的濃縮煮汁（左）也是每一季都以相同的手法製作。

鮨 くりや川

將煮過星鰻的煮汁過濾之後以砂糖和濃口醬油調味，煮乾水分2小時左右直到濃度變得黏稠為止。煮星鰻除了搭配這種簡單的濃縮煮汁之外，還會配合時節撒上磨碎的柚子皮和山椒等，增添風味。

鮨 太一

供煮星鰻使用的濃縮煮汁。在煮過星鰻的汁液中添加濃口醬油和粗粒糖，然後放入星鰻的頭和中骨，以2天的時間用文火煮乾水分，第3天改為隔水加熱，製作出色澤和風味都很濃厚的濃縮煮汁。好像快要用完時就要貯存星鰻的煮汁，每次製作之後再添補的類型。

すし処 みや古分店

只準備星鰻專用的一種濃縮煮汁。將每次為星鰻備料時剩餘的煮汁不斷添補，收集起來，累積到大約１００尾份的煮汁時，加入砂糖和濃口醬油之後煮乾水分。這是濃縮了大量星鰻的鮮味，帶有甜味，濃厚的濃縮煮汁。

第二章　壽司店的下酒菜

生魚片
昆布漬　醋漬

❖三種生魚片盤
（鮨 まつもと）

緊接著開胃小菜上桌的生魚片拼盤。甘鯛一整年都會登場，與其他的白肉魚、貝類、章魚等搭配組合。

作法

①甘鯛採用與壽司料相同的備料方式（參照P.40），將已經靜置2～3天的魚肉分切成稍厚的魚片，將魚皮迅速炙烤一下。

②真鯛以三片切法剖開之後，去除魚皮，切成魚片。

③真章魚清除內臟之後，以鹽仔細搓揉，去除黏液。用水洗淨之後，將鹽水（感覺有點鹹的鹽分濃度）和酒加在一起，煮滾時放入真章魚，蓋上落蓋煮40～50分鐘。煮好之後放在網篩上放涼。切成一口大小。

④將①、②、③一起盛盤，附上山葵泥。由客人隨個人喜好沾鹽或壽司醬油享用。

❖生魚片拼盤（すし処 めくみ）

從照片下方起逆時鐘方向，依次為能登產的比目魚、赤螺、障泥烏賊、牡丹蝦。超過20㎝的大型牡丹蝦，風味也很出色，冬季時如常供應。

①以活締法處理比目魚（參照P.30）。

②經過6～8小時之後將①以五片切法剖開，切成魚片。

③將帶殼的牡丹蝦靜置1天，引出甜味。去除蝦頭、內臟、蝦卵和蝦殼，蝦身切成一半之後，將尾側做成生魚片（將頭側的蝦身炙烤之後做成握壽司）。

④以活締法處理障泥烏賊之後剖開，將身軀靜置1～2天，引出甜味。撕除皮膜之後修整切塊，在單面斜地切出細細的切痕。分切成小片。

⑤赤螺＊從外殼取出螺肉之後，去除內臟等，螺肉以觀音開法片開。

⑥將②～⑤盛盤，附上山葵泥和鹽＊。

＊**赤螺**　一種卷貝，標準的日文名稱為小長辛螺（コナガニシ）。分布於日本全國各地，在能登通稱為赤螺

＊**鹽**　能登半島・舳倉島產的海鹽細細磨碎之後使用

❖三種生魚片拼盤

（すし処 小倉）

從白肉、赤肉、亮皮魚、蝦子、貝類之中，依客人的喜好上菜。

照片中右起為湯霜真鯛、明蝦的現剝活蝦和蝦頭鬼殼燒、北寄貝。

作法

①將真鯛修整切塊，在魚皮上澆淋滾水燙過之後，切成平切生魚片。

②將活的明蝦摘下蝦頭，剝除蝦殼，取下身軀的蝦肉備用。將蝦頭炙烤過後剝除蝦殼。搾取酢橘汁淋在蝦肉和蝦頭上。

③北寄貝取下外殼之後去除薄膜、外套膜和內臟，清理乾淨，取出貝肉。分切成容易入口的大小，在醋裡迅速過一下。

④將蘿蔔絲、小黃瓜絲、茗荷絲混合而成的「劍」和青紫蘇葉（省略解說）放在竹葉上，再盛放①、②、③。附上山葵泥和甜醋漬生薑（省略解說），將醬油倒入小碟子中放在一旁。

❖貝肉拼盤 煎酒
（寿司處 金兵衛）

沾煎酒享用的生貝肉切片。日本鳥尾蛤、赤貝、青柳貝。為了「突顯海鮮的風味」，連白肉魚的生魚片也多半搭配煎酒上桌。

作法

①將日本鳥尾蛤、赤貝、青柳貝分別清理乾淨，切成適宜的大小，做成生切片。青柳貝也使用外套膜。

②製作煎酒。將羅臼昆布浸泡在酒（純米酒）中，靜置一個晚上。以火加熱煮到快要沸騰時取出昆布。

③將已經去籽的醃梅（鹽分濃度13.5％。紅紫蘇醃漬）放入②之中，咕嚕咕嚕地煮乾水分，把酒煮到剩下七成左右的量。添加少量新的酒使溫度下降，然後加入柴魚片（不含血合肉），煮到沸騰。稍待數秒之後，以網篩過濾。

④將③倒回鍋子中，以鹽、溜醬油調味，煮滾之後移離爐火。放涼之後使用。

⑤將蘿蔔絲、青紫蘇葉盛入器皿中，再將①的貝類一起盛入，附上山葵泥。將④的煎酒倒入另一個小碟子中放在一旁。

洋蔥拌鰹魚（鮨 福元）

添加了洋蔥泥的鰹魚腹肉生魚片。「我在修業時期偶然搭配出來的組合，我很喜歡兩者契合的味道，所以為客人提供這種吃法。」（店主・福元先生）

作法

①將鰹魚的腹肉修整切塊，再分切成厚5㎜的魚片。

②將洋蔥磨碎之後放在棉蒸布中擰壓，輕輕擰出水分。

③將①的鰹魚片排列在器皿中，各放上少量的②的洋蔥。與醬油一起端上桌。

醬油漬鰹魚（すし家 一柳）

將初鰹魚切成稍厚的魚塊，放在壽司醬油中醃漬5分鐘。添上香氣豐富的蔥泥和生七味作為香辛佐料。

作法

①以三片切法剖開鰹魚之後修整切塊，切成稍厚一點的魚塊。將醬油和味醂煮到酒精成分蒸發，製作成醃漬液，放入鰹魚塊醃漬5分鐘。

②將細香蔥的蔥花放入研磨缽中，研磨出黏性之後，再加入少量的生薑榨汁，製作成蔥泥。

③取出①的鰹魚塊，以廚房紙巾擦乾水分後盛盤。盛入②的蔥泥和生七味*作為香辛佐料。

***生七味** 市售的七味辣椒醬。材料有紅辣椒、山椒果實、生的生薑、生的柚子皮、黑芝麻、青海苔、鹽

❖初鰹和新洋蔥（蔵六鮨 三七味）

宣告春季到來的初鰹和新洋蔥的組合。加入茖蔥薄片，添加清脆的咬勁和類似大蒜的香氣。

作法

①將半片鰹魚斜斜地削切成魚片。

②將新洋蔥和茖蔥切成薄片，分別泡在冷水中30分鐘左右。充分擦乾水分之後將兩者混合在一起。

③將大蒜和生薑分別磨碎成泥，各取少量混入割醬油（省略解說）中。

④將①的鰹魚和②的蔬菜盛在一起，再淋上③。

⑤最後潤飾時，灑上少量的酸橘醋（省略解說）。

❖鰹魚稻草燒（鮨 まつもと）

以稻草燻烤，將表面稍微烤熟的鰹魚稻草燒。調味是採用據說「與燻烤的香氣很對味」的芥子醬油。

作法

①以三片切法剖開鰹魚，帶著魚皮直接在魚肉那面撒上較多的鹽，放置1小時左右。

②將①的鰹魚滲出的水分和鹽擦拭乾淨。將稻草放入稻草燒專用的鐵桶中，點火燃燒，冒煙之後吹熄大的火苗。將烤網架在鐵桶上，放上鰹魚，以皮面為主，炙烤兩面。移離鐵桶之後就這樣放置一會兒，放涼。

③將②的鰹魚切成一口大小之後盛盤，附上茗荷薄片等香辛佐料。將壽司醬油倒入小碟子中，滴入芥末醬之後，附在一旁。

❖ 東洋鱸昆布漬（匠 達広）

東洋鱸以數天的時間熟成之後，做成昆布漬。以薄塗的壽司醬油和插入中心的鹽昆布當成調味料，請客人享用。

作法

①以三片切法剖開東洋鱸（富山灣產），去除魚皮之後修整切塊。用紙包住，放在冷藏室數天使之熟成。

②用擰乾的濕抹布擦拭真昆布，其中一片撒上鹽之後放上①的東洋鱸（如果魚片較大的話縱切成2等份）。上面也撒上鹽，再放上另一片真昆布。用保鮮膜包住，放在冷藏室醃漬一個晚上。

③將②的東洋鱸斜斜地削切成魚片，然後將每一片捲起來，盛盤。添上鹽昆布細絲，再塗上少量的壽司醬油。旁邊附上山葵泥。

❖ 炙烤醋漬狹腰（鮨 太一）

狹腰是鯖魚的幼魚。肉質柔軟，所以採用與醋漬鯖魚一樣的作法，以大量的鹽和醋製作成味道較濃的醋漬狹腰。

作法

①以三片切法剖開狹腰，帶著魚皮直接用鹽醃漬3小時。用水洗淨之後擦乾水分。浸泡在米醋中醃漬1小時。

②將①的水分擦乾，去除腹骨和小刺。

③將②分切成一口大小之後，主要烘烤魚皮的部分（內側保持生的狀態），盛盤。

❖ 醬烤金眼鯛霜燒生魚片（鮨 くりや川）

塗上以醬油為基底的醬汁之後迅速炙烤，然後再度浸泡在醬汁中賦與鮮味。將自製的醋昆布細細切碎，用來增添風味。

作法

①以三片切法剖開金眼鯛，分切成一口大小，在魚皮上塗抹沾醬*。只烘烤魚皮的部分。將熱騰騰的魚皮再度浸泡在沾醬中。

②製作醋昆布。將切成適當大小的日高昆布浸泡在米醋中，然後放入蒸鍋中蒸軟。倒在網篩中瀝乾水分，整個撒上極薄一層糖粉。放涼之後，以菜刀細細切碎。

③將①盛盤，放上少量②的醋昆布。依客人喜好附上山葵泥。

*沾醬 以醬油、酒、味醂等混合而成的自製醬汁

❖醬油漬鰆魚（鮨 まるふく）

將鰆魚用鹽醃漬之後炙烤表面，做成醬油漬。醃漬1天，從醬汁中取出之後，再靜置1天引出鮮味。

作法

①以三片切法剖開鰆魚，連皮直接在兩面撒鹽。如果魚片較大的話，放置30～40分鐘。

②用水洗掉①的鹽分，然後擦乾水分。穿入鐵籤，烘烤至皮面呈現焦痕，內側的魚肉表面出現淺淺的烤色為止。

③抽出②的鐵籤，不泡冰水，趁熱直接放入醬油醬汁*中醃漬，然後放在冷藏室中靜置1天。

④從③的醬油醬汁中取出鰆魚，擦掉表面的醬油醬汁，用紙包住密封起來，放在冷藏室中靜置1天。

⑤將④分切成一口大小之後盛盤，放上極少量的紅柚子胡椒。

*醬油醬汁　將味醂、酒煮到酒精成分蒸發掉之後，加入醬油和柴魚高湯，煮滾之後放涼而成的醬汁

❖炙烤金眼鯛（西麻布 鮨 真）

將帶著魚皮的金眼鯛魚塊放在烤網上迅速炙烤。事先用鹽醃漬，放在冷藏室的出風口處，或是以吸水紙吸水，把鮮味濃縮起來。

作法

①以三片切法剖開金眼鯛（千葉縣銚子產）。帶著魚皮直接在兩面撒鹽，放置30分鐘左右，去除多餘的水分。以流動的清水洗淨，再用紙擦乾水分之後，放在冷藏室20分鐘左右，讓魚肉再滲出更多的水分。再次以流動的清水洗淨，再用紙擦乾水分。

②將①的魚皮那面朝下放在竹篩上，然後放在冷藏室的出風口處50分鐘左右，讓表面的水分蒸發。以吸水紙包住，放在冷藏室中靜置4～5小時。

③將②切成一口大小的魚塊，放在以大火烤熱的烤網上，迅速炙烤兩面。

④將③以2～3片份一起盛在盤中，放上蘿蔔泥，淋上土佐醋、酸橘醋，撒上一味辣椒粉，最後盛上奴蔥*的蔥花。

*奴蔥　將高知縣所栽培的青蔥在幼嫩時期就採收的一種小蔥

熟成鯖魚醋昆布漬（鮨 まるふく）

以用米醋和酒泡軟的醋昆布包住醋漬鯖魚，靜置2天。盛盤時，夾住甜醋漬生薑，再以白板昆布包起來。

作法

①將酒和米醋混合，再將用於昆布漬、肉質較薄的真昆布浸泡在其中10分鐘左右，使之膨脹變軟，製作成醋昆布。

②將廚房紙巾鋪在較大張的保鮮膜上，放上①的醋昆布，再放上以三片切法剖開的醋漬鯖魚（省略解說）。上面也要放置醋昆布，全部以廚房紙巾和保鮮膜包住。放入塑膠袋中，抽出空氣，放在冷藏室中靜置2天。

③將白板昆布放入以水、米醋、砂糖、鹽、醬油煮沸而成的煮汁中，迅速煮一下，就這樣浸泡在煮汁中放涼。要使用時分切成適當的大小。

④將②的鯖魚取下魚皮之後，切成薄薄的魚片。將甜醋漬生薑（省略解說）剁碎之後以鯖魚片夾住，放在青紫蘇葉上，然後以③包起來。

⑤將④盛盤，塗上壽司醬油後放山葵泥，再撒上磨碎芝麻。

醋漬鯖魚（寿司處 金兵衛）

以浸泡在醋中的時間只有短短的10分鐘，做成清淡的醋漬鯖魚為特徵。可以品嘗到半熟魚肉的黏稠口感和清爽的風味。

作法

①以三片切法剖開鯖魚，帶著魚皮直接撒滿大量的鹽，放置2小時半左右。用水洗淨之後擦乾水分。

②將極少量的砂糖加入穀物醋中，再把①的鯖魚浸泡在其中10分鐘，做成醋漬鯖魚。瀝乾水分，去除小魚刺。排列在長方形淺盤之類的容器中，覆上保鮮膜，放在冷藏室中保存。

③上菜時剝除②的鯖魚的薄皮，切成一口大小，然後與青紫蘇葉、蘿蔔絲一起盛盤。搭配青蔥蔥花和生薑絲。

❖醋漬秋刀魚（寿司處 金兵衛）

將當令的秋刀魚以醋稍微醃漬之後製作成生魚片。將昆布的鮮味加入醋中，抑制秋刀魚的油膩感。一旁附上辣椒味噌之後上菜。

作法

①以三片切法剖開秋刀魚，帶著魚皮直接撒鹽，放置30分鐘。用水洗淨之後擦乾水分，就這樣靜置30～40分鐘，瀝乾水分。

②將少量的砂糖和昆布放入穀物醋中製作醃漬液，然後放入①的秋刀魚醃漬不到10分鐘。瀝乾水分之後立著排列在缽盆中。覆上保鮮膜，放在冷藏室中保存。

③上菜時將②的秋刀魚切成一口大小，與青紫蘇葉、蘿蔔絲一起盛盤。附上辣椒味噌蘿蔔泥*。

***辣椒味噌蘿蔔泥** 辣椒味噌是新潟縣Kanzuri公司的產品。將紅辣椒鹽漬之後，與米麴和鹽一起發酵熟成3年左右而成，這裡是將市售的瓶裝商品拌入蘿蔔泥中使用

❖炙烤秋刀魚（銀座 いわ）

只將皮面烤得香氣四溢的秋刀魚生魚片。將製作成魚鬆狀、調味成鹹甜味道的秋刀魚肝臟，還有生薑泥，各取少量放在魚皮上面。

作法

①切下秋刀魚的魚頭之後取出內臟，留下肝臟備用。以三片切法剖開魚身，在魚皮上撒鹽，只炙烤魚皮那面。

②將在①中保留備用的肝臟乾煎，使水分蒸發，然後以鹽、酒、味醂、醬油調味。

③將①的魚身切成容易入口的大小，然後將皮面朝上盛盤。分別放上少量的②的肝臟和生薑泥。

❖ 竹筴魚生魚片（西麻布 鮨 真）

放在竹筴魚生魚片上面的是，以研磨缽將細香蔥和青紫蘇葉研磨至產生黏性，再加入生薑汁所調成的香辛佐料。也可以用於竹筴魚握壽司。

作法

①切下竹筴魚（鹿兒島縣出水產）的魚頭，從背部剖開成一片之後，去除中骨和腹骨。

②將鹽撒在①的上面，放置10分鐘左右，去除多餘的水分。以流動的清水洗淨，切除背鰭和尾鰭之後，分切成2片。

③將②過一下醋水，用紙擦乾水分之後去除魚皮。

④將③切成一口大小，在皮側切入數道切痕。

⑤將細香蔥和少量的青紫蘇葉放入研磨缽中，研磨混合至產生黏性。加入少量的生薑搾汁混合。

⑥將④竹筴魚片盛盤，抹上壽司醬油之後，放上⑤的香辛佐料。

❖ 針魚昆布漬 細條生魚片（鮨 渥美）

將分切成細長條的針魚昆布漬附上芽蔥和鵪鶉蛋。請客人全部混拌之後享用。

作法

①去除針魚（長崎縣產）的魚頭和內臟，從腹部剖開成一片。薄薄切除中骨和腹骨。用水洗淨之後擦乾水分，撒鹽之後放置3分鐘左右。再次用水洗淨之後擦乾水分。

②以甜醋（將砂糖加入穀物醋中溶化而成）迅速擦拭真昆布。

③以2片②的昆布夾住①的針魚，以保鮮膜等包住，放在冷藏室中醃漬5小時左右。

④取出③的針魚，斜斜地切成細長條之後盛盤。附上整顆鵪鶉蛋、京丸姫蔥*、山葵泥。

*京丸姫蔥　靜岡縣認證的「靜岡食材精選」中的一種食材，與壽司店共同研發的芽蔥

❖醋漬沙丁魚卷（鮨 太一）

將肉質醃漬得很柔嫩的醋漬真沙丁魚，以青紫蘇葉、茗荷、甜醋漬生薑為中心，做成海苔卷。

作法

①製作醋漬沙丁魚（參照P.80）。

②將①的沙丁魚從正中央分切成一半，分別將魚肉較厚的部分片開。

③將2片②的沙丁魚排列在烤過的海苔上，再放上青紫蘇葉、甜醋漬生薑（省略解說）薄片、茗荷薄片，捲成海苔卷的樣子。切成圓片之後盛盤。

④以青紫蘇葉、甜醋漬生薑、茗荷裝飾。

❖汆燙星鰻（継ぐ 鮨政）

醃漬過後身軀具有透明感的新鮮星鰻，切入細細的切痕之後，過一下熱水再泡冰水，附上醃梅和涼拌山葵菜之後上菜。

作法

①將星鰻剖開成一片，過一下熱水之後泡在冰水中（參照P.148）。

②將①的星鰻擦乾水分，與汆燙海鰻的要領相同，從邊緣開始用菜刀切入細細的切痕，同時以2～3cm的寬度切下星鰻。

③在沸騰的熱水中加入少量的酒，放入②的星鰻迅速汆燙一下，然後瀝乾熱水。

④將③盛盤，附上梅肉（使用自製的醃梅）、山葵泥、涼拌山葵菜（省略解說）和小黃瓜絲。

❖香魚生魚片 鹽辛香魚味噌（すし豊）

將1整尾全部吃光的天然活香魚料理。魚身做成生魚片，內臟則做成鹽辛香魚味噌。魚雜和魚皮也可以裹滿片栗粉之後做成炸物（P.248）。

作法

①將活的香魚（天然）泡在冰水中使肉質緊實，然後以三片切法剖開。將魚身、內臟、魚雜（魚頭、魚下巴、中骨、腹骨、胸鰭）全部保留備用。

②將①的魚身拉除魚皮，以冰水清洗之後擦乾水分。分切成一口大小，盛裝在鋪上茗荷葉的器皿中，附上香辛佐料（蓼葉、茗荷絲、海帶芽、紅紫蘇的紫芽、菊花、山葵泥等）。

③製作鹽辛香魚味噌。將①的內臟與同量的米味噌一起用菜刀剁碎，裝入容器中，以烤箱將兩面烤出漂亮的金黃色。取少量盛裝在鋪上蓼葉的小碟子中。

❖ 薄切生障泥烏賊片（西麻布 鮨 真）

「障泥烏賊的甜味直接衝擊舌面」（店主・鈴木氏）以這樣削切得極薄的生切片提供給客人。也經常附上很對味的紅海膽。

作法

①將障泥烏賊（德島縣產）剖開成一片之後，去除內臟和腳，再將肉鰭和外側的厚皮一起剝除。因為兩面都附著了數片薄皮，所以將金屬製長筷插入皮和烏賊肉之間，就像以菜刀拉除時的要領一樣，將長筷從一端移動到另一端，剝除薄皮。

②將菜刀以幾乎與①的烏賊肉表面平行的角度切入切痕，再斜斜削切出極薄的生切片。將數片生切片一起盛盤，然後搾入酢橘汁，撒上鹽。附上山葵泥。

❖ 甜蝦昆布漬（銀座 鮨青木）

一般常見於白肉魚的昆布漬作法，店主・青木先生也以蝦子、小柱、長槍烏賊來製作。為了避免昆布釋出過多的苦味和鹽分，隨著不同的素材調整。

作法

①剝除甜蝦的蝦頭和蝦殼，只剩下蝦肉。

②將米醋塗在羅臼昆布上，再放上①的甜蝦，稍微撒點鹽。上面擺放已用乾抹布擦掉鹽分的羅臼昆布，然後全體以廚房紙巾夾住，再以保鮮膜包住。

③將②放在常溫中1～2小時使甜蝦入味之後，放在冷藏室中靜置8小時左右。

④取下③的昆布，只將甜蝦盛盤。如果甜蝦有蝦卵的話，可放上少量的蝦卵。

❖白蝦昆布漬和海膽（藏六鮨 三七味）

以富山灣特產的極小型白蝦搭配海膽。店主・岡島先生表示：「白蝦以昆布醃漬數小時，入味之後很美味。」

作法

①將已經剝除蝦殼的白蝦撒上極少的鹽之後放置20分鐘。

②將羅臼昆布浸泡在酒中30分鐘膨脹變軟，然後擦拭昆布的表面。準備2個同型的不鏽鋼長方形淺盤，其中一個用來放置昆布，再將①的白蝦以相同的高度均匀地鋪滿在昆布上面，然後再將另一片昆布放在上面。將另一個長方形淺盤疊在上面，以橡皮圈綁住，輕輕加壓。放在冷藏室4小時，使之入味。

③將②的白蝦盛裝在雞尾酒杯中，放上馬糞海膽之後，頂端再添上山葵泥。滴入少量的醬油之後請客人享用。

❖鹽水海膽（鎌倉 以ず美）

將新鮮的鹽水海膽以冷水去除鹽分之後，徹底瀝乾水分，重現剛捕獲時海膽的美麗樣貌。上菜時撒上少量的粗鹽。

作法

①將鹽水海膽*的鹽水瀝乾，再將海膽浸泡在冷水中5分鐘左右，去除鹽分。

②將①倒入網篩中瀝乾水分，然後暫時靜置在冷藏室中，一邊瀝乾水分，一邊使海膽的形狀鬆軟飽滿。

③將②盛盤，撒上粗鹽，再添上濱防風。

*__鹽水海膽__ 浸泡在與海水有著相同鹽分濃度的鹽水中運送的生海膽。此外，這次使用的種類是蝦夷馬糞海膽。

珍味

❖春季烏魚子
（すし豊）

本店除了冬季的烏魚之外，在春、秋季時也會以各種海鮮親自製作烏魚子。從照片後方起為鰆魚的卵巢、紋甲烏賊的白子、鰤魚的卵巢。

作法

①將鰆魚和鰤魚的卵巢取出之後，用水洗淨。以菜刀的刀背順著卵巢的表面刮出血管中的血。紋甲烏賊也取出白子之後，用水洗淨，一起擦乾水分。

②將鹽麴（自製）放入密閉容器中，埋入①的卵巢和白子，蓋上蓋子，放在冷藏室中醃漬大約2週。

③取出②的卵巢和白子，以燒酎清洗乾淨之後擦乾水分。

④將③擺放在網篩中，蓋上棉蒸布之後放入冷藏室。時時上下翻面，花費大約2週的時間讓它乾燥。

⑤將④裝入塑膠袋中，抽出空氣，放在冷藏室保存。

⑥將⑤切成薄片，盛盤。

❖烏魚子（銀座 鮨青木）

在冬季時製作出1年份的自製烏魚子。有時也會撒滿數種香藥草，製作出香藥草風味的烏魚子。

作法

①以湯匙輕輕捋動烏魚的卵巢，排除血水。撒滿鹽，覆上保鮮膜之後在冷藏室中放置1天。

②取出①的卵巢，清除鹽分。製作較濃的柴魚高湯，放涼後以酒稀釋，用來醃漬卵巢。在冷藏室中放置1天。

③將②的卵巢擦乾水分，以2片木板夾住，固定成扁平的形狀。放入曬乾食材用的曬乾籠內，掛在屋外通風好的場所，風乾3天~1週。

④待③的卵巢周圍變硬之後，卸下木板，再度放入曬乾籠內風乾2天左右。

⑤以吸水紙包住④，放在冷藏室中大約1個月，慢慢去除水分和脂肪成分。在這段期間吸水紙要每天更換。

⑥接近完成時，表面會長出薄薄一層的黴，所以要將薄膜剝除乾淨。每1條放入1個專用袋中，抽成真空狀態，放在冷凍室保存。

⑦要製作料理時，裝在袋中直接解凍（前一天就放入冷藏室中，或是當天泡在水中，或放在常溫中備用）。分切成薄片之後盛盤。

❖烏魚子（鮨 一新）

將鹽分降低至平常的7成左右製作而成的烏魚子，切得比較厚一點，兩面以炭火烘烤之後上桌。

作法

①購入烏魚的卵巢（1腹500g左右的大型卵巢），排除血水。撒滿鹽之後放在冷藏室中醃漬2~3週。這段期間，每天都要更換位置，或是上下翻面，使鹽均勻地遍布整副卵巢。

②將①的卵巢用水清洗，擦乾水分之後浸泡在以相同比例混合的酒和燒酎之中大約2天，去除鹽分。待全體一致恢復成像耳垂那樣的柔軟度時即可取出。

③擦乾②的水分，排列在鋪有保鮮膜的網篩中，上面再疊上網篩。在太陽下曬乾20~30天。

④將③切成1cm左右的厚度，以炭火將兩面烤出香氣。盛裝在鋪有青紫蘇葉的器皿中。

❖三種鹽辛（鮨 一新）

右起為墨烏賊子、新秋刀魚、真牡蠣的各種鹽辛。其他如梭魚、烏賊、莫久來（以海鞘和海參腸混合而成的鹽辛）等也用來製作鹽辛。

作法

鹽辛墨烏賊子

從春天抱卵的墨烏賊中取出卵，撒滿鹽之後裝在瓶子裡。放入冷藏室中，每天攪拌使之熟成。從2～3天後可以開始享用，可以保存3～4個月。

鹽辛新秋刀魚

①從初夏捕獲的新秋刀魚取出內臟，仔細去除魚鱗和髒污。以酒清洗之後擦乾水分。

②將①撒滿鹽之後裝在瓶子裡，然後放入冷藏室中，每天攪拌，以大約半年的時間使之熟成。

鹽辛真牡蠣

①取下真牡蠣的殼後，取出真牡蠣肉，以料理酒仔細清洗。取出之後擦乾水分。

②將網篩放在密閉容器中，再放上①牡蠣，撒滿鹽之後放在冷藏室中1週。這段期間，每天都要上下翻面，倒掉滲出來的水分。經過1週的時間去除水分之後，牡蠣變得相當小。

③將②的牡蠣放在另一個網篩中，毫無遮蔽地放在冷藏室中1週，讓牡蠣變得半乾。這段期間也要每天執行將上下翻面等工作，使水分平均地蒸發。

④將③分成2～3等份裝在瓶子裡，然後放入冷藏室中，每天攪拌，以大約半年的時間使之熟成。

❖ 鹽辛綴海膽（新宿 すし岩瀬）

將墨烏賊和白烏賊的切片以鯣烏賊的內臟調拌，然後使之熟成。加入少量的味噌和味醂提味。

作法

①從鯣烏賊取出內臟，不要弄破薄膜。將內臟撒滿鹽，放入冷藏室中3天使之熟成。用水清洗，沖走表面的鹽，擦乾水分之後以細孔濾篩過濾。

②剝除墨烏賊（甲烏賊）和白烏賊（劍尖槍烏賊）的外皮，將烏賊肉切成細長條。

③混合①的內臟和②烏賊肉，以末端加熱至滾燙的鐵籤攪拌，藉此殺菌。以少量的米味噌（以釀酒用米麴釀造而成的味噌）和味醂調味，放入冷藏室1～2天使之熟成。

④將③盛盤，放上馬糞海膽（鹽水漬）。

❖ 鹽辛（鮨 はま田）

將鯣烏賊的身軀陰乾，鮮味濃縮之後切成細絲。與鹽漬過的內臟調拌。

作法

①從鯣烏賊取出內臟，撒滿鹽之後放在冷藏室靜置1天。用水清洗過後擦乾水分後以細孔濾篩過濾。

②剖開①的鯣烏賊的身軀，剝除薄皮，用水清洗。擦乾水分之後將它陰乾（視鯣烏賊的狀態，陰乾半天～2天）。

③將②切成細絲，以①的內臟調拌。1天之內仔細攪拌5次左右，同時放在冷藏室內使之熟成。放置3～4天的鯣烏賊，會隨著熟成的進行釋出鮮味。

④將③盛盤。

❖ 鹽辛烏賊（㐂寿司）

以10月～隔年4月在青森和北海道捕獲的鯣烏賊製作。將以細孔濾篩過濾之後再調味的內臟和烏賊肉調拌在一起，靜置1天之後上桌。

作法

①拔除鯣烏賊的腳、頭、內臟和軟骨，將身軀清洗乾淨。腳可以用來製作其他料理，留取鹽辛用的內臟和身軀的肉備用。

②將①的內臟以細孔濾篩過濾，再以鹽、酒、醬油調味。

③將①的身軀的肉剖開成一片，剝除外皮，切成細長條。

④將②的內臟和③的身軀的肉混合，放在冷藏室中靜置1天以上，然後裝入器皿中上桌。

❖ 鹽辛（鮨処 喜楽）

將以鰑烏賊的肉和內臟鹽漬約2個月所製成的，
濃郁的市售鹽辛，
與本店做成一夜干的
劍尖槍烏賊肉調拌在一起。

❖ 熟成鹽辛（木挽町 とも樹）

使鰑烏賊的肉和內臟熟成
所做成的自製鹽辛。
每天攪拌，確認狀態，
熟成的第1～2個月後上桌。

❖ 鹽辛鮑魚肝和馬斯卡彭乳酪（銀座 鮨青木）

將鮑魚的肝、腸子、牙齒
分別醃漬，做成鹽辛，
再以義大利產的新鮮乳酪
馬斯卡彭乳酪調拌。

❖ 味噌漬鮑魚肝（鮨 太一）

帶有苦味和濃醇風味的鮑魚肝，
加上甜甜鹹鹹的練味噌風味
所做成的味噌漬。
多半用來添加在蒸鮑魚上面。

作法

①準備劍尖槍烏賊的尾鰭和腳。浸泡在立鹽中醃漬20分鐘左右。

②將廚房紙巾鋪在長方形淺盤中，再將①的尾鰭和腳瀝乾水分之後放在上面，就這樣放在冷藏室中一個晚上，使它變成半乾狀態。

③將②切碎成容易入口的大小，與鹽辛烏賊（青森縣產。市售品）一起混合。

④將③盛入器皿中，添上青柚子皮細絲。

作法

①從鯣烏賊取出內臟，用水清洗之後擦乾水分。留取身軀備用。

②將網篩重疊在缽盆上，鋪滿厚厚一層鹽，放上①的內臟之後再次蓋滿厚厚一層鹽。中途更換鹽2次左右，放在冷藏室中鹽漬10～14天。

③將在①中留取備用的烏賊身軀（包含尾鰭）剝除外皮，以鹽分濃度比3％稍濃一點的鹽水清洗。擦乾水分之後在太陽下曬乾2天半左右，使它乾燥，變得稍硬一點。

④以廚房剪刀將③剪得非常細，放入容器中。

⑤用水清洗②的內臟，徹底擦乾水分。剝除薄膜之後將內臟放入④之中，再加入太陽曬乾的鹽、酒和少量的味醂，以木鏟攪拌均勻。放入冷藏室中，每天攪拌之後觀察狀態，讓它熟成。依照烏賊肉恢復的狀態（柔軟度），必要時可以加入少量的酒和味醂。

⑥從烏賊肉變軟的第3週左右起才會提供這道料理。取少量盛在小碗中上桌。

作法

4種鮑魚鹽辛

①將鮑魚肝片開成兩片，撒滿鹽，在冷藏室中放置1天之後浸泡在酒中，放置2天。

②以使用於煮鮑魚的煮汁（省略解說）煮鮑魚肝30分鐘左右。擦乾水分，以細孔濾篩過濾之後撒鹽。

③在鮑魚的腸子（連接著鮑魚肝的細管狀內臟）上撒滿鹽，在冷藏室放置1天之後，浸泡在酒中放置2天。

④以菜刀將鮑魚的牙齒（位於口部的上下2片牙齒）切成小塊，撒滿鹽之後在冷藏室中放置1天。然後浸泡在酒中，放置2天。

最後潤飾

①將4種鹽辛鮑魚全部混合在一起，再加入剁碎的扇貝干貝和蝦米混合。在冷藏室中放置2～3天，使之入味。

②將鹽和少量鮮味調味料加入馬斯卡彭乳酪中攪拌，然後在冷藏室中放置1天。將①加入攪拌，然後盛盤。

作法

①將鮑魚肝從殼中取出，整個浸泡在酒中，然後放入蒸鍋中。以大火加熱的話鮑魚肝會破裂，所以一開始以小火加熱，熱力開始傳入鮑魚肝裡面之後才轉為中火，蒸40分鐘。取出之後放涼。

②以酒和味醂稀釋米味噌，以火加熱輕輕混合攪拌。放涼之後，放入①的鮑魚肝，醃漬2天。

③從②取出鮑魚肝，擦掉味噌，分切成小塊之後盛盤。

❖ 鹽辛牡蠣（鮨 太一）

將整顆牡蠣肉用鹽醃漬一個晚上所製成的鹽辛。冬季使用真牡蠣，夏季使用岩牡蠣製作。與利用積存在牡蠣殼中的海水做成的二杯醋一起享用。

作法

①將帶殼牡蠣的殼撬開，取出牡蠣肉。將積存在牡蠣殼中的海水倒入另一個缽盆中留存備用。用水清洗牡蠣肉，擦乾水分之後撒鹽，然後放在冷藏室中一個晚上備用。

②將事先留存的①的海水過濾，混合二杯醋（省略解說）之後做成牡蠣醋。

③將①的鹽漬牡蠣肉分切成3～4個，盛盤，淋上②的牡蠣醋。

❖ 扇貝卵巢生切片（西麻布 拓）

在初春的產卵期變成紅色的北海道產扇貝的卵巢，做成生切片。口感滑順，風味也很突出。

作法

①從扇貝（北海道野付產的天然扇貝）中取出卵巢，將菜刀從側邊切入，分切成2片。去除位於內側的消化腺，用水清洗乾淨。擦乾水分之後斜斜地削切成數片。

②將①盛盤，撒上鹽和白蔥碎末，再淋上芝麻油。

❖章魚肝和章魚卵（すし処 小倉）

使用與醬油煮章魚相同的煮汁燉煮活章魚的肝臟（照片右）和卵巢（左）。放在常溫中冷卻，變得緊實的時候即可享用。

作法

①從真章魚的身軀取出肝臟和卵巢，用水清洗乾淨。

②將①的肝臟和卵巢分別以棉蒸布包起來，放入醬油煮章魚的煮汁（參照P.118）中，與真章魚的腳一起煮略少於1小時。取出之後放涼，然後放在冷藏室中保存。

③在要上菜之前將②分切之後盛盤，淋上濃縮煮汁（省略解說），再添上山葵泥。

❖海參腸拌番茶汆燙海參（鮓 きずな）

以番茶迅速汆燙使顏色變好看並且去除腥味的番茶汆燙海參，用酸橘醋醃漬過後，以生的腸子和海參腸調拌。

作法

①用鹽搓洗海參（兵庫縣明石產），去除黏液。用水洗淨之後放入煮沸的番茶中汆燙1～2分鐘。以冷水清洗，使肉質變得緊實。

②將①的海參切除兩端，再縱切成二等份之後取出內臟。留取腸子備用，身軀用水洗淨之後切成小片。以使用酢橘製作的自製酸橘醋醃漬1小時左右之後，瀝乾水分保存。

③在②中留取的腸子，清除腸子裡面的汙垢之後清洗乾淨，擦乾水分再細細切碎。與用菜刀細細剁碎的海參腸（海參腸子的鹽辛。市售品）混合在一起，調拌②的海參。

④將③盛入器皿中，添上柚子皮細絲。

❖糠漬鯖魚 豆腐餻 鱉卵味噌漬（継ぐ 鮨政）

將鯖魚以米糠醃漬而成的糠漬鯖魚、將沖繩的島豆腐以紅麴醃漬而成的豆腐餻，以鱉的內子做成的味噌漬——將3種自製的珍味組合成拼盤。

作法

糠漬鯖魚（照片後方）

①將已經去除魚頭和內臟的鯖魚，一整尾以大量的鹽長期醃漬。現在所使用的是已經醃漬了4年的鯖魚。

②將①的鯖魚洗去鹽分之後擦乾水分。放入已經調味的糠床裡醃漬8個月。

③從②切下適量的鯖魚取出，清除米糠之後稍微炙烤一下。

豆腐餻

①將木棉豆腐切成2～3㎝的大小，撒滿鹽。密封起來，放在冷藏室中數天的時間，直到豆腐變得稍微硬一點。

②將①的豆腐放在網篩等裡面，為了可以去除水分，就這樣赤裸裸地放入冷藏室中。中途翻面好幾次，放置數天直到乾燥之後變得稍微硬一點。

③將果醬狀的紅麴（瓶裝的市售品）以酒等調味料稀釋。用來醃漬②的豆腐，密封起來，放在陰暗的場所半年的時間讓它發酵。

④從③取出豆腐餻，盛盤。

鱉卵味噌漬

①剖開鱉（雌性）取出鱉卵（內子）。清除薄膜等之後洗淨，剝散成1顆1顆的卵粒。

②將米味噌（自製）、味醂、醬油混合之後製作成味噌醃床。

③在②的味噌醃床的半量上面鋪紗布，再擺放①的鱉卵。蓋上紗布之後，再放上剩餘的味噌醃床，放在冷藏室中醃漬大約1週。

④取出③的鱉卵，盛盤。

❖半乾的口子（西麻布 拓）

三角形的是半乾的生海參卵巢（口子、海鼠子）。四角形的是鹽辛卵巢以酒稀釋後曬乾而成的東西。兩者都用炭火炙烤過就完成了。

作法

①將海參的卵巢以約10條為一組掛在繩子上，末端集中在一起，做成三角形。在室溫中放置一個晚上，製作成半乾的口子。

②將鹽辛海參卵巢（市售品）以酒稀釋，調整鹽分之後，逐次少量地放在攤開的保鮮膜上面鋪平。就這樣放置2天讓它變乾。

③將①和已剝下保鮮膜的②用炭火慢慢炙烤，不要烤焦，然後一起盛盤。

❖生蝦酒盜漬（鮨 太一）

以縞蝦（照片）和牡丹蝦等，肉質柔嫩的中型蝦製作而成的酒盜漬。味道濃醇的酒盜成為合適的調味料。

作法

①剝除縞蝦的蝦頭和蝦殼，取出蝦肉。

②將酒和鹽加入鰹魚酒盜（市售品）中，煮滾之後移離爐火，放涼。放入①的縞蝦，放在冷藏室中醃漬半天。

③從②取出縞蝦之後，以2尾份插入松葉串，盛盤。

❖鯨肉培根（継ぐ 鮨政）

以鯨的兩個部位製作而成的拼盤。喉腹摺經過鹽漬和預煮之後，燻製成培根。百疊則是煮掉油脂之後才上桌。

作法

①將明克鯨（或是塞鯨）的喉腹摺*塊以鹽醃漬數天。

②將①的鹽洗掉之後煮到中心也熟透。

③擦乾②的水分，再切成適當的大小。以燒櫻木屑燻煙的燻製器稍微煙燻一下。

④將鯨的百疊*分切成適當的大小。以加了鹽的熱水將百疊煮滾之後再把熱水倒掉，重複數次去除多餘的油脂。瀝除熱水，放涼。

⑤將③的喉腹摺切成薄片，④的百疊切成一口大小，一起盛盤。附上和芥子和青首蘿蔔的切雕。

*喉腹摺　從鯨的下頷到腹部的條紋狀部位

*百疊　鯨的第一個胃

拌菜　醋拌菜
醬漬菜

芝麻醬拌小柱（銀座　いわ）

在白芝麻拌醬中添加了芝麻油和青紫蘇葉絲。「將原本是為了以芝麻狀斑點為特色的胡麻鯖所設計的拌醬，應用在小柱上。」店主岩先生說道。

作法

①用水清洗小柱*，再以網篩瀝乾水分。放在廚房紙巾上擦乾水分，如果有泥沙、碎殼、皮膜等，要清理乾淨。

②將白芝麻炒過之後以研磨缽研磨，再以砂糖、醬油、柴魚高湯（省略解說）、少量芝麻油調整味道。

③以②的拌醬調拌①的小柱，最後加入青紫蘇葉絲調拌。以鹽或醬油調整味道之後盛盤。

***小柱**　青柳貝（馬鹿貝）的貝柱

核桃拌茼蒿（すし処　みや古分店）

將浸泡在醃漬液中使之含有鮮味的茼蒿做成白芝麻豆腐拌菜。在拌醬中加入大略切碎的核桃，增添濃醇的味道和香氣。

作法

①將茼蒿葉放入鹽水中汆燙之後，泡在冷水中。擰乾水分之後大略切碎。

②以柴魚高湯（省略解說）、白醬油、味醂製作醃漬液，再將①的茼蒿浸泡在醃漬液中使之入味。

③將擰乾水分的木棉豆腐、芝麻醬、砂糖、鹽以研磨缽中研磨混合，製作白芝麻豆腐拌菜的拌醬。將②瀝乾水分之後加入其中，與炒過之後大略切碎的核桃一起調拌。

④將③盛盤，放上柴魚絲。

❖ 竹筴魚碎丁拌味噌（鮨 渥美）

魚碎丁拌味噌所使用的魚和香辛佐料，店主渥美先生都會將因應不同的季節來變化。味噌是以砂糖、醋、柴魚高湯混合而成的酸甜風味。

作法

①去除日本竹筴魚（鹿兒島縣產）的魚頭和內臟，以三片切法剖開之後仔細地去除腹骨和小刺。用水清洗之後擦乾水分，再拉除魚皮。兩面撒上少許鹽，放置3～5分鐘左右。再次用水清洗之後擦乾水分，用菜刀剁碎。

②將信州味噌、砂糖、穀物醋、柴魚高湯混合攪拌。

③將①的日本竹筴魚放入缽盆中，再加入②的調和味噌、分別切碎的茗荷和大葉擬寶珠、生薑泥混合攪拌。

④將食用菊花的花瓣放入加了穀物醋的熱水中汆燙一下。泡在冷水中，然後擰乾水分。

⑤將③盛盤，附上大葉擬寶珠的葉子，盛放④的菊花花瓣。請客人全部混合之後享用。

❖ 鰻魚肝山藥泥（すし豊）

裹滿蒲燒風味的鹹甜醬汁烘烤而成的鰻魚肝，淋上山藥泥。只購入鰻魚的肝製作成料理。

作法

①集中採購鰻魚的肝，用水清洗之後擦乾水分。裹滿醬汁（醬油、酒、味醂、砂糖）之後，做成蒲燒風味的火鍋。裝入容器中，放在冷藏室中保存。

②客人點餐之後將①的肝以烤箱加熱，再次沾裹醬汁之後撒上山椒粉。

③將數個②的肝盛入器皿中，淋上山藥泥。中央打入整顆的鵪鶉蛋，附上山葵泥之後上桌。建議將全體攪拌均勻之後再享用。

❖ 紫海膽拌大和芋（鮨 福元）

將質地緊密的大和芋切成長方柱狀之後與紫海膽混拌在一起，以醬油調味。海膽就像是濃郁醬料的味道。

作法
①大和芋去皮，切成長方柱狀再將長度切齊之後盛盤。
②將紫海膽放在①的上面，再放上山葵泥。淋上醬油調拌之後享用。

❖ 生魩仔魚凝凍（鮨 渥美）

以煮文蛤的煮汁為基底，具有鮮味的凝凍。除了魩仔魚之外，因應不同的季節與海膽、蝦子、星鰻、蔬菜等搭配組合。

作法
①將煮文蛤的煮汁和柴魚高湯（皆省略解說）以相同比例混合之後加熱，以酒、鹽、醬油調味。加入已用冷水泡軟還原的明膠片溶勻之後，過濾。鍋底墊著冰水放涼。
②將鹽漬櫻花浸泡在水中去除鹽分，然後擰乾水分。
③將②放入器皿中，再倒入①。放在冷藏室中冷卻凝固。
④將生魩仔魚（靜岡縣御前崎產）盛在③的上面，擺放生薑泥之後即可上桌。

❖星鰻苗（鎌倉 以ず美）

在1月後半剛上市的時節，為了讓客人感受到春天的氣息而供應的星鰻苗。以生鮮狀態直接調味，讓客人享受到入喉時滑順的感覺。

作法

①用水清洗星鰻苗（星鰻的幼魚）之後放在網篩中徹底瀝乾水分。

②將①盛入雞尾酒杯中，放上鵪鶉蛋的蛋黃、細香蔥的蔥花之後，淋上稀釋過的醬油（省略解說）。

❖星鰻苗素麵（鮓 きずな）

將一般都是以三杯醋等帶有酸味的佐料調味的星鰻苗，做成以烏賊素麵為靈感所研發的麵味露風味上桌。

作法

①將星鰻苗（星鰻的幼魚）以鹽水清洗去除黏液，然後放在網篩中瀝乾水分。

②將①的星鰻苗盛入器皿中，倒入素麵麵味露*。

③將山藥以菜刀細細剁碎之後盛在②的上面，再添加細香蔥的蔥花、生薑泥、紫蘇花穗的花。

***素麵麵味露** 將以柴魚片和昆布萃取的高湯以醬油和味醂調味，冷卻之後的佐料

❖ 酸橘醋拌白肉魚的魚皮和貝裙邊（㐂寿司）

將比目魚和鯛魚的魚皮水煮之後冷卻，變得緊實之後切碎。還加入鮪魚的魚皮、平貝的外套膜等，讓味道有所變化。

作法

①在清理比目魚、鯛魚、鮪魚等的時候取下的魚皮，用水清洗之後汆燙一下。
②去除附著在①上面的血合肉和髒汙，再次用水清洗。擦乾水分之後放在冷藏室中冷卻。冷卻變硬之後，切碎。
③刮除平貝外套膜的黏液，用水清洗之後擦乾水分，切成小片。
④小黃瓜帶皮切成半月形的薄片。
⑤將②的魚皮、③的外套膜、④的小黃瓜加在一起，以酸橘醋*調拌。
⑥將⑤盛入器皿中，添加細香蔥的蔥花和紅葉蘿蔔泥。

***酸橘醋** 將酸橙的果汁、酒、味醂、醬油、紅辣椒混合調配而成的自家製品

❖ 醋味噌拌青柳貝小黃瓜（蔵六鮨 三七味）

這是稍微加熱過的青柳貝和用鹽搓揉過的小黃瓜做成的醋味噌拌菜。使用的是北海道・苫小牧產的，色澤鮮豔的大型青柳貝。

作法

①將青柳貝（馬鹿貝的貝肉）從冷水煮起，加熱至大約70℃。貝肉變成鮮豔的橙色之後泡在冷水中。
②將①的青柳貝擦乾水分，切整形狀。
③將②和用鹽搓揉過的小黃瓜（省略解說）盛入器皿中。添加醋味噌（西京味噌、米醋、味醂、醬油、砂糖），再撒上炒過的白芝麻。

❖蛋黃醋醬油拌 油菜花和螢烏賊（鮨 まつもと）

將以加了鹽的熱水煮過的油菜花和在漁港先水煮過的螢烏賊加在一起，製作而成的春季拌菜。作為醬汁的蛋黃醋醬油調整成稍微濃醇一點的味道。

作法

①將切成適當長度的油菜花以加了鹽的熱水迅速汆燙一下，然後泡在冷水中，再擰乾水分。

②去除螢烏賊（在漁港先水煮過）的眼睛、口器、軟骨。

③將醬油和米醋（千鳥醋）加入蛋黃中，一邊隔水加熱一邊混合攪拌。加熱至變得濃稠為止，製作蛋黃醋醬油。

④將①的油菜花、②的螢烏賊盛入器皿中，再淋上③的蛋黃醋醬油。

❖粗海蘊（木挽町 とも樹）

天然的粗海蘊是每年向淡路島的沼島訂購的產品，與蒟蒻絲相同的粗細和咬勁為其特色。

作法

①將粗海蘊（兵庫縣淡路島產）迅速汆燙一下讓顏色變好看，然後泡在冷水中。瀝乾水分之後攤開在砧板等上面，如果有小石頭和泥沙等要清理乾淨，再次清洗之後，瀝乾水分。

②製作醃漬液。將柴魚高湯、三杯醋、使用酸橙的果汁做的自家製酸橘醋（上述，省略解說）混合在一起加熱，加入少量的砂糖和味醂之後放涼。

③將②的醃漬液淋在①的海蘊上面，放在冷藏室中2小時左右，使之入味。

④將③盛入器皿中，擠入酢橘汁。

❖蓴菜（鮨 よし田）

作為夏季的一道開胃小菜上桌的醋拌菜。以爽口的調和醋調拌，撒上配色漂亮的小黃瓜和紅色萬願寺辣椒。

作法

①蓴菜用水清洗乾淨。將整條小黃瓜放在砧板上，撒上鹽，滾動搓揉之後用水清洗，與萬願寺辣椒（成熟的紅色辣椒）都切成約5㎜的小丁。

②將柴魚高湯（省略解說）、米醋、紅醋（酒粕醋）、淡口醬油、砂糖、鹽加在一起製作調和醋，溶入少量的山葵泥。

③將①的蓴菜、小黃瓜、萬願寺辣椒以②的調和醋調拌，盛入器皿中。

醋拌香箱蟹（鮨 わたなべ）

香箱蟹經水煮之後取出蟹肉和外子，重新填入蟹殼中的秋冬料理。春夏時節則改為蟹黃拌毛蟹。

作法

①將香箱蟹（松葉蟹的雌蟹）帶殼水煮18分鐘。

②將①拆解，小心取出外子和蟹肉，填滿已經清洗乾淨的蟹殼。

③以第一次高湯（省略解說）將三杯醋*調稀，再滴入生薑的榨汁。

④將②盛盤，添上酢橘，再將③的調和醋倒入另一個碟子中，隨附在旁。

三杯醋 以米醋、酒、味醂、淡口醬油、砂糖調配而成

水煮蟹（すし処 めぐみ）

代表北陸冬季美味的螃蟹以加了鹽的熱水煮過之後，填滿蟹殼中。11～12月雖是以香箱蟹為主，但是照片中的雌毛蟹也隨時都供應。

作法

①毛蟹連殼以清水洗淨。將鹽分濃度1％的純水煮滾之後，預煮毛蟹5秒左右，再次用水清洗，這次改以鹽分濃度1.7％的純水正式煮大約6分鐘。

②將①放在網篩上瀝乾水分，然後放置在常溫中。此外，上述步驟與香箱蟹（松葉蟹的雌蟹）的前置作業（參照P.98）相同。

③將②拆解，取出蟹腳的肉和身軀的蟹黃和蟹肉之後再填滿蟹殼。

④將③盛盤，附上蟹醋*。

蟹醋 以米醋、鹽、白醬油、酒、味醂調配而成

❖毛蟹和鮭魚子（銀座　いわ）

將軟嫩的毛蟹肉，和以醃漬液醃漬、咬勁佳的鮭魚子切成小丁之後拌在一起。一旁另外附上以柴魚高湯為基底的蟹醋。

作法

①毛蟹（帶殼）用水煮過之後，取出蟹肉，剝鬆。

②將柴魚高湯（省略解說）、鹽、酒、味醂、醬油加在一起煮滾，冷卻之後作為醃漬液。

③將鮭魚子浸在濃度淡的鹽水中醃漬半天左右去除鹽分之後，擦乾水分，然後浸在②的醃漬液中醃漬1天以上。

④製作蟹醋。將柴魚高湯、味醂、鹽、米醋加在一起煮滾之後放涼。

⑤將③的鮭魚子擦乾水分之後切成小片，與①的毛蟹肉混拌之後盛入器皿中。將④的蟹醋倒入另一個器皿中附在一旁，建議淋在拌菜上再享用。

❖蛋黃醋拌蟹肉（銀座　寿司幸本店）

將松葉蟹和鱈場蟹的蟹肉混拌在一起，做成蛋黃醋拌菜。為了也能搭配葡萄酒，拌入粗磨黑胡椒，可以嘗到隱約的辛辣感。

作法

①將松葉蟹身軀的肉和鱈場蟹的肉全都剝鬆之後混拌在一起。

②製作蛋黃醋。將蛋黃5個份與米醋和味醂各50cc混合，隔水加熱，一邊攪拌一邊加熱。完成時拌入粗磨黑胡椒粒，冷卻。

③將①的蟹肉以②的蛋黃醋調拌，盛盤。附上小黃瓜絲，撒上粗磨黑胡椒粒。放置的時間一久，會變得水水的，並且產生腥味，所以一定要剛調好就送上桌。

❖ 柳葉魚幼魚南蠻漬（すし家 一柳）

隨著季節更迭以時令鮮魚製作的南蠻漬。照片中為使用5月捕獲的柳葉魚幼魚所製作的稀有料理，有時也會做成一夜干供客人享用。

作法

①將柳葉魚（北海道產）的幼魚用水清洗乾淨之後，擦乾水分，以魚頭、魚鱗、魚鰭、內臟都保留著的狀態直接沾裹麵粉。以沙拉油炸得酥脆。

②將柴魚高湯（省略解說）、味醂、砂糖、米醋、淡口醬油、紅辣椒小圓片倒入鍋中混合之後煮滾，製作煮汁。

③將②的煮汁的一部分倒入缽盆中，再將①過一下煮汁洗掉多餘的油分，然後浸泡在剩餘的煮汁中，放置一個晚上，使之入味。

④將③的柳葉魚盛盤，再以曾放入煮汁中的紅辣椒裝飾。

❖ 醬油漬白子（鮨 まるふく）

將迅速氽燙過的、柔嫩的真鱈白子放入淡味的醬油醬汁中醃漬半天。撒上七味辣椒粉之後上桌。

作法

①以流動的清水清洗鱈魚白子，去除血液。

②將①切成一口大小，放入熱水中迅速氽燙一下。

③瀝乾②的水分，然後放入原本是溫熱的醬汁*中醃漬半天。

④將③與醬汁一起盛盤，撒上七味辣椒粉。

***醬汁** 將味醂和酒煮到酒精成分蒸發，加入醬油和水之後稍微煮沸一下所製成。以這款料理來說，放涼之後才可醃漬。

❖漬蜆（継ぐ 鮨政）

這是台灣料理「醬油漬蜆仔」的變化款。在醬油醬汁中加入長期熟成的味醂，再以蒼蔥和紅辣椒增添風味。

作法

①將蜆由冷水煮起，開始張開外殼之後取出。捨棄煮汁不用。

②在熟成味醂（市售品）中加入醬油、醬油漬蒼蔥*、紅辣椒混合，然後放入①的蜆，醃漬1天。

③將②的蜆連同醃漬液盛盤。

* **醬油漬蒼蔥** 在露天栽培的蒼蔥上市的時期，將蒼蔥切成適當的長度之後以醬油醃漬而成

❖油漬牡蠣（鮨 なかむら）

將用熱水汆燙過的牡蠣放入以淡味醬油為基底的煮汁中，立刻關火，讓牡蠣慢慢入味。最後潤飾時以太白芝麻油調拌之後上桌。

作法

①將牡蠣肉（廣島產）用水清洗乾淨之後，以熱水迅速汆燙一下，瀝乾水分。

②將味醂、酒、醬油、水在鍋子中混合之後煮滾，加入①之後立刻關火。就這樣放涼讓牡蠣入味。

③將②的牡蠣瀝除煮汁，以太白芝麻油調拌之後盛盤。

煮物　蒸物
水煮物

❖ 櫻煮章魚（銀座 鮨青木）

在前任店主時期就已經確立的「銀座 鮨青木」名菜。據說燉煮的時間比以前短，更能充分發揮章魚的風味。

作法

①去除章魚的內臟、眼睛、口器，將身軀連著腳直接用鹽仔細搓揉，去除黏液。用水清洗之後擦乾水分，將身軀切離，腳則以4隻為1組分切開來。以擀麵棍分別在腳的兩面敲打10次左右，把腳敲軟。身軀用來製作其他料理。

②將酒、水、醬油、砂糖一起放入鍋子中煮滾，製作煮汁。放入①的腳，不蓋鍋蓋，以小火燉煮30分鐘～1小時（視大小和軟硬度調整時間）。從煮汁中取出，放涼。

③將②分切之後盛入器皿中。

❖ 章魚江戶煮（すし処 みや古分店）

以焙茶和酒燉煮的煮章魚。與已經變成凝凍的煮汁一起上菜。該店的章魚握壽司也是使用這款江戶煮製作。

作法

①將章魚煮熟（參照P.120）。

②從①取出章魚之後，切成稍厚的圓片，與已經變成凝凍的煮汁一起盛入器皿中。附上紅紫蘇的紫芽和蘿蔔莖（夏季使用茗荷）。

❖ 煮比目魚鰭邊肉和鱈魚白子（銀座　寿司幸本店）

味道鹹鹹甜甜的煮鰭邊肉和白子。煮汁是追加調味料並且持續使用的，與魚一起調整味道之後烹煮。

作法

①直接以連皮帶骨還有魚鰭的狀態切下比目魚的鰭邊肉。鱈魚白子以清水洗淨。

②將持續使用於白肉魚燉煮料理的專用煮汁（以酒、味醂、醬油調和而成）煮滾，適當地追加調味料調味。放入①鰭邊肉和白子，煮到還保有適當的軟嫩度。

③與②的煮汁　起盛盤，附上生薑泥和山椒芽。

❖ 鯛魚白子和蕨菜芽（蔵六鮨　三七味）

4～5月是真鯛的時令，取其白子製作而成的燉煮料理。在以白醬油為基底的八方高湯中汆燙一下，讓顏色更白。連同以蔬菜八方高湯煮過的蕨菜一起盛盤。

作法

①將鯛魚白子清理乾淨之後切成一口大小，隔水加熱10秒，然後泡在冷水中。擦乾水分之後，放入已經煮滾的白醬油八方高湯*中。再次煮滾之後關火，放涼的同時使之入味。

②蕨菜以炭灰水和銅板去除澀味（省略解說），然後用水清洗。放入已經煮滾的蔬菜八方高湯*中，再次煮滾之後關火，放涼的同時使之入味。

③將①的白子盛盤，倒入少量煮汁。將②的蕨菜切成適當的長度附加在旁，再放上柚子皮絲。

***白醬油八方高湯**　將第一次高湯以白醬油、味醂、粗粒糖調味而成

***蔬菜八方高湯**　將第一次高湯以淡口醬油、味醂調味而成

❖煮鮟鱇魚肝（鮨　はま田）

不經預煮，一開始就切成小塊，花時間以流動的清水漂洗過的鮟鱇魚肝，放在煮汁中以大火一口氣煮乾水分，煮成質地濕潤的魚肝。

作法

①將鮟鱇魚肝切成一口大小，以流動的清水漂洗20分鐘去除血液等。

②將酒煮到酒精成分蒸發掉之後，加入水、砂糖、醬油煮滾，然後放入①的肝，以大火煮20分鐘。關火之後就這樣醃漬在煮汁中放涼，使之入味。

③將②的肝瀝乾醃漬液，分成2等份之後盛盤。

❖醬燒鮟鱇魚肝（鮨 なかむら）

鮟鱇魚肝不僅可以搭配酸橘醋，搭配鹹甜的味道也很對味。以醬油和砂糖等的煮汁煮乾水分，使之充分入味。

作法

①將鮟鱇魚肝（北海道余市產）清理乾淨，分切成約1cm見方、長5cm的長方柱狀。

②將味醂、酒、醬油、水、砂糖一起倒入鍋子中煮滾，放入①之後熬煮到煮汁幾乎完全變乾。

③將②的鮟鱇魚肝分切成一口大小，沾裹煮汁之後盛盤，添上山葵泥。

❖鮟鱇魚肝甘辛煮（すし家 一柳）

為了使鮟鱇魚肝能平均受熱、充分入味，切成一口大小之後再調理。將生薑和白蔥加入煮汁中可以抑制腥味。

作法

①去除鮟鱇魚肝的薄膜和筋，切成一口大小。撒滿鹽之後放置20分鐘。

②將①放入已經煮滾的熱水中，一邊撈除浮沫一邊煮至再度沸騰，然後瀝乾水分。

③將柴魚高湯（省略解說）、味醂、醬油、砂糖、生薑、紅辣椒、白蔥加在一起煮滾之後，放入②的鮟鱇魚肝，以中火煮20分鐘。就這樣醃漬在煮汁中，在常溫中放涼，使之入味。降溫至常溫時即可盛盤。

❖ 煮星鰻（㐂寿司）

「㐂寿司」的名菜之一是煮星鰻，以入口即化的柔嫩口感為特色。用於握壽司時就直接使用，用於下酒菜時則需炙烤一下，烤出香氣。

作法

①去除星鰻的內臟和中骨，剖開成一片之後撒滿鹽，仔細搓洗。以布巾（或菜瓜布、棕刷）捋住皮面去除黏液，再次用水清洗。

②將水、酒、醬油、砂糖一起倒入鍋子中煮滾，放入①的星鰻之後慢慢地烹煮。

③待②的星鰻稍微煮熟之後關火，就這樣放涼使之入味。星鰻的餘溫消散之後，倒入網篩中瀝除煮汁。

④上桌時將③的星鰻分切開來，炙烤兩面之後切成容易入口的大小。

⑤將④盛入鋪有竹葉的器皿中，淋上濃縮煮汁（省略解說），再附上山葵泥。

❖ 秋刀魚有馬煮（鮨処 喜楽）

加入山椒粒的醬油煮料理。其他的秋刀魚料理，例如將魚肝煎過之後塗上以酒、醬油稀釋過的醬汁，再用烤箱烘烤而成的「醬烤內臟」也頗受好評。

作法

①切除秋刀魚的魚頭和尾鰭，拔除內臟。用水清洗之後橫切成6等份的圓片。

②將鹽撒在①的秋刀魚上面，放置30分鐘之後以滾水清洗，去除髒汙。

③將②的秋刀魚放入鍋子中，加入比例相同的水和酒，分量比剛好蓋過秋刀魚再稍多一點，以火加熱。煮滾之後加入三溫糖和醬油煮乾水分，再次加入醬油之後繼續煮。煮乾水分之後加入有馬山椒*、味醂、溜醬油，煮乾水分直到煮汁幾乎完全變乾。

④將③放涼之後盛盤。

***有馬山椒**　以醬油煮山椒粒製作而成

❖ 自製油漬沙丁魚（すし家 一柳）

自製的油煮小沙丁魚。先用鹽醃漬，再泡入甜醋中醃漬之後，以沙拉油煮3小時以上，煮到魚骨變軟，具有豐富的風味和濃醇的味道。

作法

①用水清洗小沙丁魚之後擦乾水分，魚頭、魚鱗、魚鰭、內臟全都保留，直接撒滿鹽，放置2小時。洗去鹽分之後泡在甜醋（以米醋、砂糖、紅辣椒、昆布混合而成）中醃漬1小時。

②取出①之後擦乾水分，與分量足以蓋過沙丁魚的沙拉油一起放入鍋子中，以小火煮3～4小時。

③將②連同油汁一起裝入容器中，在常溫中冷卻之後，放入冷藏室中保存。上桌時讓沙丁魚恢復常溫，或是稍微加熱之後再盛盤。

煮文蛤（㐂寿司）

只在文蛤肉成長變大、鮮味最濃郁的春季3個月期間供應的煮文蛤。上桌前在文蛤肉的內側暗藏山葵泥。

作法

①將數個文蛤肉排列在一起，以鐵籤穿過出水管。放在水龍頭底下，以流入缽盆中的清水嘩啦嘩啦地清洗文蛤肉，洗掉泥沙等。

②將①的文蛤肉放入已經煮滾的熱水中，煮大約1分半。為了避免煮過頭之後，肉質變硬，在內臟即將煮熟時從鍋子中取出。

③將②的文蛤肉放在網篩中放涼。將煮汁撈除浮沫之後，加入酒、醬油、砂糖，煮乾水分直到煮汁剩下8成左右。放涼之後用來醃漬文蛤肉，放置1天使之入味。

④上桌時從③的醃漬液中取出文蛤肉，以菜刀從側面切入，片開成一片。去除內臟，內側抹上山葵泥之後閉合。

⑤將④盛入鋪有竹葉的器皿中，淋上濃縮煮汁（省略解說）。

九孔和生蓴菜冷盤（鮓 きずな）

將用酒煮軟的九孔與煮汁一起做成凝凍，添加生蓴菜，製作出爽口的初夏料理。

作法

①將九孔（兵庫縣淡路產）以棕刷搓磨之後用水清洗，然後取下外殼。

②將煮到酒精成分蒸發的酒和水混合之後，放入①，煮1小時半～2小時製作成酒煮料理。將煮汁煮乾水分，直到幾乎完全變乾。

③將九孔從②之中取出之後放涼。在剩餘的煮汁中加入柴魚高湯（省略解說）、酒、味醂、淡口醬油之後煮滾。移離爐火，加入泡水回軟的明膠片溶勻，鍋底墊著冰水使之冷卻。

④將在③中取出備用的九孔切成一口大小之後放入容器中，倒入③的凝凍液，放在冷藏室中冷卻凝固。

⑤將生蓴菜用水清洗之後，放在網篩中瀝除多餘的水分。

⑥將④盛入器皿中，添上⑤。

❖帶卵長槍烏賊（鎌倉 以ず美）

將只在春季短暫的時節才能品嘗到的長槍烏賊以醬油烹煮。製作重點在於稍微加熱到卵巢變溫熱的程度，煮出軟嫩的口感。

作法

①拔除帶卵長槍烏賊的腳、頭、內臟、墨囊和軟骨，再將眼睛和口器從頭部去除。這道料理使用的是內有卵巢的身軀、腳和頭部。將各個部分全部用水清洗乾淨之後擦乾水分。

②將醬油、味醂、酒、粗粒糖放入鍋子中煮滾之後，放入①的烏賊。煮2～3分鐘，直到卵巢變得溫熱，稍微變硬的程度。以筷子夾住身軀確認軟硬度。

③將②的身軀以適當的寬度切成圓片，與煮汁一起盛入鋪有竹葉的盤子中。這裡是將頭部和腳放入身軀中然後盛盤，但是如果卵巢的分量很多時則分開盛放。

❖滑蛋螢烏賊和銀魚（西麻布 鮨 真）

備齊3種初春的當令食材製作而成的該店招牌下酒菜。添加山椒芽的香氣，讓客人盡情品嘗春季美味。

作法

①去除螢烏賊（在漁港先水煮過）的眼睛和口器。

②以淡鹽水清洗銀魚，放在冰鎮過的酒中浸泡2～3分鐘，然後倒在網篩中瀝乾水分（加熱完後銀魚就不易彎曲變形）。將第一次高湯、酒、味醂、淡口醬油、鹽加在一起煮滾，放入銀魚煮1～2分鐘之後取出。待煮汁放涼之後，再將銀魚放回煮汁中浸漬。

③以加了鹽的熱水煮油菜花，擠乾水分。放入第一次高湯、酒、淡口醬油混合而成的醃漬液中醃漬。

④將①、煮汁中取出的②、③以蒸鍋加熱之後盛盤。

⑤將第一次高湯、酒、味醂、淡口醬油、生薑的搾汁、太白芝麻油混合之後加熱，加入葛粉水溶液攪拌，增加濃稠度。倒入打散的全蛋蛋液，使之凝固。

⑥將⑤淋在④的上面，然後撒上切碎的山椒芽。

❖墨煮烏賊腳（継ぐ 鮨政）

取出大量甲烏賊的墨汁時所製作的墨煮料理。在剖開烏賊的當天，趁著正新鮮時立刻調理。

作法

①剖開甲烏賊（墨烏賊），使用腳和墨囊製作。將腳以數隻一組分切開來，墨囊過濾之後取出烏賊墨汁。

②將酒、砂糖、醬油加入柴魚高湯（省略解說）中煮滾，再加入①的烏賊墨汁。放入①的腳，煮熟。

③將②盛盤，添上白蔥的蔥花。

❖伏見辣椒魩仔魚乾拼盤（おすもじ處 うを徳）

這是店主小宮先生在京都學到的一道家庭料理。用來調味的山椒粒與魩仔魚乾一起炒煮之後冷凍保存。

作法

①將生的山椒粒煮滾之後倒掉熱水，重複這個步驟去除澀味，然後瀝乾水分（大量備料之後冷凍保存）。

②將①的一部分解凍，與魩仔魚乾一起以醬油、淡口醬油、酒、味醂炒乾至沒有水分為止（集中製作之後冷凍保存）。

③在伏見辣椒上縱向切入切痕，去籽。

④將③、已經解凍的②的一部分放入鍋子中，以第二次高湯（省略解說）、淡口醬油、味醂調味之後，煮至沒有水分。放置2～3天使之入味。

⑤將④盛盤。

❖燉煮小芋頭（すし豊）

將鮮味濃郁的煮鮑魚煮汁再利用所製作的燉煮小芋頭。放置一晚使之入味，與凝固的煮汁凝凍一起冰涼之後上桌。

作法

①削除小芋頭的外皮，以加了鹽的滾水煮得稍硬一點，然後瀝乾水分。

②將製作煮鮑魚時的煮汁（以醬油、酒、砂糖、水調味而成）倒入鍋子中，再放入①的小芋頭，煮大約20分鐘。放涼之後，放在冷藏室中靜置一個晚上使之入味。

③將②的小芋頭與煮汁凝凍一起盛盤，撒上切成粗末的鴨兒芹。

蒸鮑魚（鮨 一新）

以「更軟嫩、更美味」為目標，經過「煮→蒸」的2道步驟製作而成的蒸鮑魚。與富有鮮味的煮汁一起上桌。

作法

①取下黑鮑魚的外殼，一邊以棕刷搓刷一邊用水清洗。

②將酒、鹽、昆布、水放入鍋子中，再放入①的鮑魚之後以火加熱。煮滾之後，轉為小火，煮8～10分鐘。中途只要煮到水分不足時就再加入熱水。

③將②的鮑魚放入蒸鍋中蒸5小時。鮑魚蒸好之後放入②的煮汁中加熱，直到上桌前都浸泡在煮汁中備用。

④將③的鮑魚分切成一口大小，與煮汁一起盛入器皿中。

❖蒸鮑魚（鮨 まつもと）

通常是以重視「又香又軟」的眼高鮑製作，但這次是以黑鮑魚製作。在酒、鹽、水之中加入上次的煮汁蒸煮完成。

作法

①取下鮑魚（眼高鮑或黑鮑魚）的外殼和肝，將鮑魚肉用水清洗乾淨。保留鮑魚肝備用。

②在煮到酒精成分蒸發的酒中加入水和鹽煮滾，再加入上次製作時剩餘的鮑魚煮汁。

③將①的鮑角放入長方形淺盤中，倒入②的煮汁，剛好蓋過鮑魚。放入蒸鍋中，蒸煮約3小時。就這樣泡在煮汁中放涼。

④快到營業時間之前將③的鮑魚從煮汁中取出，再將煮汁煮乾水分之後沾裹在鮑魚上面（下次備料時可以利用這個煮汁）。

⑤將保留備用的①的鮑魚肝用滾水稍微煮一下，瀝乾水分。在煮到酒精成分蒸發的酒中加入醬油、水煮滾，關火之後放入鮑魚肝，浸泡20分鐘。取出鮑魚肝保存。

⑥將④的鮑魚和⑤的鮑魚肝分別切成適當的大小，盛入器皿中，再附上山葵泥。

❖蒸鮑魚（鮨 よし田）

將帶殼鮑魚放入加了昆布的酒中蒸2小時。鮑魚肝也一起調理，切成小片之後添放在旁。有時會視鮑魚的肉質，取下外殼之後再進行調理。

作法

①將黑鮑魚帶殼用水清洗乾淨。

②將煮到酒精成分蒸發的酒和利尻昆布放入長方形淺盤中，再放上①的帶殼鮑魚，然後包覆保鮮膜。放入蒸鍋中蒸大約2小時。一開始開大火，中途將火勢稍微轉小，或是取下外殼，視鮑魚的肉質和狀態調整，將鮑魚蒸軟。

③將②連同長方形淺盤從蒸鍋中取出，放在常溫中放涼，使之入味。

④將③的鮑魚連同鮑魚肝一起分切成適當的大小之後盛盤。

❖蒸鮑魚 柚子胡椒風味（匠 達広）

蒸煮約8小時的柔軟鮑魚。在器皿中倒入足量的煮汁，添加柚子胡椒，增加香氣和辣味。

作法

①將鮑魚（千葉縣產）清理乾淨之後取出鮑魚肉和鮑魚肝。將昆布高湯（省略解說）和酒倒入鍋中煮滾之後放入鮑魚肉和鮑魚肝，連同鍋子放入蒸鍋中蒸煮8小時。就這樣浸泡在煮汁中放涼。

②將①的煮汁的一部分以淡口醬油和鹽調味，調整成比清湯湯底稍微濃一點的味道。

③將①的鮑魚分切成容易入口的大小之後盛盤，附上柚子胡椒。倒入②的煮汁。

❖鮑魚海膽拌湯凍（おすもじ處 うを徳）

將肉質柔軟、鮮味濃郁的眼高鮑做成酒蒸鮑魚，與紫海膽、鮑魚煮汁的湯凍、白肉魚的魚湯凍盛裝在一起做成冷盤。

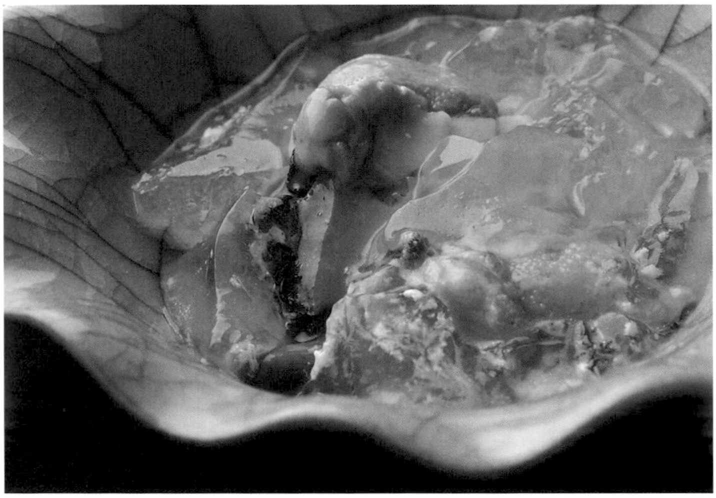

作法

①將帶殼的鮑魚*清理乾淨之後放入蒸盒中，倒入酒，蓋過鮑魚。加入利尻昆布和少量的淡口醬油，放入蒸鍋中蒸2〜4小時。

②將①的煮汁移入鍋子中，保留鮑魚備用。以第二次高湯稀釋煮汁之後煮滾，加入泡軟的明膠片煮溶。過濾之後放涼，移入容器中，放在冷藏室中冷卻凝固。

③將潮汁（參照P.256）的一部分放在冷藏室中冷卻凝固之後做成魚湯凍。

④將②的鮑魚分切成一口大小之後盛入器皿中，再放上紫海膽。拌入②和③的凝凍。

*鮑魚 這次使用的是千葉縣大原產的眼高鮑，但平常多半使用雌貝鮑製作

❖ 酒蒸文蛤（銀座 寿司幸本店）

作為寒冬時期第一道下酒菜供應，溫熱柔嫩，剛煮好的文蛤。寬度3～4㎝的文蛤肉，味道、觸感都恰到好處。

作法

①將酒煮到酒精成分蒸發掉之後，加入一撮鹽，然後放入文蛤肉。一邊撈除浮上表面的氣泡，一邊將文蛤肉靜靜地加熱。

②將①的文蛤肉連同煮汁一起盛入器皿中，再放上小片的柚子皮。

❖ 酒蒸甘鯛（鮨 ます田）

幾乎一整年都供應，以酒和昆布調味，製作出味道清淡的酒蒸甘鯛。香辛佐料是在醬油中稍微浸漬一下的細香蔥。

作法

①甘鯛以梳引法刮除魚鱗之後，帶著魚皮直接以三片切法剖開。魚肉那面撒上極少量的鹽，放置30分鐘左右，然後擦乾魚肉滲出來的水分。

②將①切成小塊，與少量的酒和昆布一起放入器皿中。以蒸鍋蒸大約7分鐘。

③將醬油淋在細香蔥的蔥花上，浸漬1分鐘左右。

④將②的甘鯛盛盤，淋上蒸汁之後放上③的細香蔥。

❖ 酒蒸石斑（鮨 わたなべ）

將以高雅的鮮味廣受歡迎的大型高級魚褐帶石斑魚製作成酒蒸料理。放上燙芹菜，連同器皿以蒸鍋加熱後，請客人享用熱騰騰的料理。

作法

①以三片切法剖開褐帶石斑魚，帶皮修整切塊，然後切成一口大小。

②將切成小片的昆布鋪在容器中，放上①的石斑魚，撒上鹽和酒。放入蒸鍋中以大火蒸3分鐘。

③將芹菜放入加了鹽的熱水中煮，擠乾水分之後浸泡在八方高湯醃漬液（省略解說）中。

④上菜時將②的石斑魚和③的芹菜盛盤，再連同盤子一起放入蒸鍋中迅速加熱一下。

❖鮟鱇魚肝（鮨 大河原）

北海道余市產的鮟鱇魚肝
鮮味濃郁，口感滑順，
剛蒸好就端上桌。
佐以使用3種柑橘果汁製成的
酸橘醋和生海苔享用。

作法

①去除鮟鱇魚肝（北海道余市產）的血管等，清理乾淨。浸泡在水、酒、鹽的混合液中1小時，去除血水。仔細擦乾水分，以廚房紙巾包起來，放置一會兒，再次去除血水。

②以保鮮膜等包住①的肝，調整形狀，要上菜之前以蒸鍋蒸大約20分鐘。

③製作酸橘醋。將苦橙、檸檬、酢橘的果汁與醬油、味醂、昆布、柴魚加在一起，以火加熱煮滾，放涼之後放在冷藏室中釀造1週，然後過濾。

④將②的肝切成容易入口的大小之後盛盤，淋上③的酸橘醋，再添上生海苔。

❖ 蒸鮟鱇魚肝（鮨処 喜楽）

調整成圓柱狀之後蒸熟的鮟鱇魚肝。在調理的當天附上鹽供應，隔天則是附上自製酸橘醋、紅葉蘿蔔泥和蔥的基本調味上桌。

作法

①剝除鮟鱇魚肝的薄膜，去除血管。切成大小適中的塊狀，然後撒上鹽。放置30分鐘去除多餘的水分，再以流動的清水洗淨。

②以廚房紙巾擦乾①的肝的水分，集中在一起以保鮮膜包住，調整成圓柱形。以蒸鍋蒸30分鐘。

③將②取出之後放涼，然後保存在冷藏室中。

④上菜前撕下保鮮膜，分切成一口大小，然後盛盤。淋上自製酸橘醋*，再添加九條蔥的蔥花和辣椒蘿蔔泥。

***自製酸橘醋**　將酢橘汁、醬油、溜醬油、昆布、柴魚加在一起，靜置1週之後過濾而成

❖ 蒸海膽（すし処 小倉）

吸收了昆布、酒和醬油的鮮味，蒸得很濕潤的馬糞海膽。也把昆布切成小片，讓客人一起享用。

作法

①將日高昆布鋪在長方形淺盤中，放上馬糞海膽之後，灑點酒，放置一會兒使之入味。

②將①放入蒸鍋中蒸8分鐘，淋上醬油之後再蒸3分鐘。

③將②的海膽盛盤，墊底的昆布也分切成小片之後添放在旁。

❖醬油蒸螢烏賊（鮓 きずな）

該店的招牌下酒菜是「醬油蒸」。照片中是以螢烏賊製作的春季風味，冬季時則採用鱈魚的白子和舞菇等，隨著季節的更迭組合時令的素材。

作法

①以加入米糠的熱水預煮竹筍（大阪府貝塚產）。剝除筍殼之後，在使用之前都浸泡在八方高湯（省略解說）中備用。

②將生的海帶芽（兵庫縣淡路產）迅速預煮一下。

③將①的竹筍和將②海帶芽切成容易入口的大小，與先前醃漬竹筍的八方高湯一起放入蒸鍋中蒸。

④將在漁港先水煮過的螢烏賊（富山產）放入醬油高湯調味液*中，以蒸鍋蒸。保留蒸汁備用。

⑤將③的竹筍、海帶芽和④螢烏賊一起盛入器皿中，倒入④的蒸汁。添上山椒芽。

***醬油高湯調味液**　將柴魚高湯以味醂、淡口醬油調味而成

❖海參腸茶碗蒸（西麻布 鮨 真）

為了可以單純地品嘗到茶碗蒸的質地，配料減少到只剩1種。冬季時混入海參腸，夏~秋時則放上鮭魚卵再端上桌。

作法

①將打散成蛋液的全蛋、第一次高湯（省略解說）、味醂、淡口醬油加在一起，過濾之後做成茶碗蒸的蛋液。

②將海參腸*（石川縣能登產）放入器皿中，倒入①的蛋液。放入蒸鍋中蒸熟凝固。

③在第一次高湯中加入味醂、淡口醬油之後加熱，再加入用水溶勻的葛粉攪拌，做成芡汁。

④在②中倒入薄薄一層的③。

***海參腸**　海參腸子的鹽辛

❖撥子茶碗蒸（鮨 わたなべ）

以引出撥子（乾燥的口子）風味的高湯為基底做成的茶碗蒸。在蒸好的茶碗蒸上添加鹽辛海鼠子。

作法

①將撥子*浸泡在酒和水混合而成的醃漬液中半天左右恢復原形。
②將①連同醃漬液一起放入蒸鍋中，以大火蒸5分鐘左右使酒精成分蒸發。放涼之後以昆布高湯（省略解說）稀釋，過濾之後做成撥子高湯。
③將全蛋打散成蛋液，與②混合，以淡口醬油和味醂調味。
④將③的茶碗蒸蛋液倒入茶碗蒸專用的器皿中，蓋上蓋子。放入蒸鍋中以大火蒸3分鐘，轉為小火之後蒸2分鐘。
⑤在④的上面擺放鹽辛海鼠子（省略解說）。

***撥子**　乾燥的海鼠子。海鼠子是海參的卵巢

❖冷製茶碗蒸（鮨 ます田）

將冰涼的葛粉芡汁淋在蒸過之後已經冷卻的蒸蛋上面，再盛上秋葵、山藥、梅肉、山葵泥所做成的茶碗蒸。製作出適合夏季的順喉感。

作法

①將全蛋、柴魚高湯（省略解說）、淡口醬油、鹽混合攪拌後過濾，做成茶碗蒸蛋液。
②將①倒入端上桌使用的器皿中，以蒸鍋蒸7～8分鐘。放涼之後，放在冷藏室冷卻。
③製作芡汁。將柴魚高湯加熱之後以味醂、淡口醬油調味，加入葛粉水溶液增添濃稠度。放涼之後冷卻。
④將③的葛粉芡汁淋在②的上面，然後盛上秋葵*、切成長方柱形的山藥、梅肉醬（省略解說）、山葵泥。

***秋葵**　以滾水迅速汆燙之後泡在冷水中，然後擦乾水分，切成圓片

❖明石水煮章魚（木挽町 とも樹）

店主小林先生將明石的章魚製作成水煮章魚和煮章魚2種料理提供客人品嘗。水煮章魚採用水煮之後附上鹽的簡單型式，突顯出章魚的香氣。

作法

①去除章魚（兵庫縣明石產）的內臟、眼和口器等，用鹽搓揉去除黏液，然後用水清洗乾淨。分解後使用4隻腳。

②在上次製作的章魚煮汁中追加酒和水之後煮滾，放入①的章魚腳煮6分鐘。關火之後就這樣放置3分鐘。

③將②的章魚腳倒入網篩中放涼，煮汁則先經過濾再冷卻，然後冷藏保存供下次使用（以1季為單位重複使用）。

④將③的章魚腳切成圓片之後盛盤，附上粗鹽和山葵泥。

❖鹽水煮水章魚（すし処 めぐみ）

將大型的水章魚以鹽水烹煮。為了避免風味散失，以1隻（2～6kg）為單位購入水章魚，徹底敲鬆之後以純水烹煮。

作法

①以1尾為單位購入水章魚，以活締法處理之後搓洗10～15分鐘左右，去除黏液。用水清洗乾淨。

②將①的身軀和腳切離，以磨缽棒徹底敲鬆章魚腳的纖維。將章魚腳1隻1隻分切開來。

③將純水裝入鍋子中直到⅔左右的高度，煮滾之後加入鹽，將鹽分濃度調配成0.05～0.1％。放入2隻②的章魚腳，以鋁箔紙為落蓋，保持大火煮到沒有水分為止。放涼。

④將③的章魚腳只取出要使用的份數，放入蒸鍋中加熱，切成一口大小之後盛盤。

❖釜煮螢烏賊
（鎌倉　以ず美）

上菜前將在漁港先水煮過的螢烏賊以加了鹽的熱水迅速煮過，當成溫熱的料理上桌。請沾取加入了生薑和細香蔥的醬油享用。

作法

①拔除螢烏賊（在漁港先水煮過）的眼睛、口器、軟骨。

②將①以加了鹽的熱水稍微煮到溫熱的程度，然後瀝乾水分。

③將②盛盤，以濱防風裝飾。將生薑泥、細香蔥的蔥花裝入另一個器皿中，倒入醬油，附在一旁。

◆牡蠣和白子淋生海苔芡汁

（すし処 小倉）

以第一次高湯迅速煮熟的真牡蠣和鱈魚的白子。將冬季美味的2種食材組合在一起，製作出讓身體變暖和的溫製料理。

作法

①將真牡蠣取下外殼，取出牡蠣肉，用水清洗。與清理乾淨之後切成適當大小的鱈魚白子一起放入第一次高湯（省略解說）中煮熟。

②取出①的真牡蠣和白子，盛入器皿中。將生海苔放入煮汁中迅速加熱，以畫圓的方式倒入葛粉水溶液，增添濃稠度，製作芡汁。

③將②的真牡蠣和白子淋上芡汁，再添上山葵泥。

❖白子（鮨 はま田）

剛煮好時熱騰騰地上桌，作法簡單的鱈魚白子。只靠加入煮汁中的酒和稍多一點的鹽調味，煮好時淋上酢橘汁。

作法

①將鱈魚的白子用水清洗乾淨之後，切成一口大小。

②將酒和分量稍多一點的鹽加入水中煮滾之後，放入①的白子。煮1~2分鐘充分煮熟。

③將②瀝乾熱水之後盛盤，淋上酢橘汁之後熱騰騰地上桌。

❖昆布高湯煮白子（鮨 なかむら）

將迅速煮過之後飽含昆布高湯鮮味的鱈魚白子放涼之後，連同鍋子浸泡在冰水中。據說降至低溫可使味道更突出。

作法

①將鱈魚的白子（北海道羅臼產）清理乾淨後，迅速汆燙一下。瀝乾水分之後分切成容易入口的大小。

②將酒煮到酒精成分蒸發之後加入水、鹽、較多的昆布煮滾，然後放入①。再次沸騰之後關火，就這樣放涼使之入味。待溫度降至常溫之後，連同鍋子一起泡在冰水中，冷卻至比體溫稍低的溫度。

③將②的白子瀝乾煮汁之後盛盤，撒上粗鹽（如果白子的味道相當濃郁的話，就不需撒鹽）。

烤物　炸物

烤赤鮭（鮨 福元）

赤鮭（喉黑）的油脂肥美，以遠火烘烤的話，可以藉由本身豐富的油脂烤成就像油炸過的狀態。魚鰭和魚骨也都香脆可食。

作法

①以兩片切法剖開赤鮭，分別分切成1人份的大小（魚片連骨帶鰭直接調理）。

②將①泡在鹽分濃度約10%的鹽水中醃漬1小時之後，擦乾水分，排列在網篩之類的器具中，花7小時以風扇吹乾。

③將②的魚皮那面朝下，以烤箱烘烤。以遠火烘烤13分鐘之後翻面，再烤4分鐘。

④將③盛盤。

❖燻製喉黑（鮨 わたなべ）

將撒鹽之後風乾半天的喉黑魚塊以山毛櫸木屑快速地燻製一下。一整年都供應的該店招牌料理。

作法

①以三片切法剖開喉黑，連皮直接切成魚塊。撒上鹽，穿入鐵籤之後風乾半天。

②將山毛櫸木屑放入燻製用的鍋子中，烤網先鋪上廚房紙巾，再放上①的魚塊。蓋上鍋蓋之後點火，燻製1分鐘。熄火之後再放置1分鐘。

③從②取出魚塊，要上菜之前放在燒烤架上將魚皮那面烤得酥脆。

④切除零餘子的頭尾，放入以大火加熱的蒸鍋中蒸1分30秒。

⑤將③的魚塊盛盤，附上④的零餘子，撒上鹽和切碎的粉紅胡椒。

❖鹽烤喉黑（すし処 めくみ）

油脂豐富的喉黑不做成握壽司，而是做成鹽烤魚當做下酒菜。要烘烤之前才撒鹽，為了避免油脂流失，請以一口或兩口享用。

作法

①以三片切法剖開喉黑。連皮直接切成魚塊，兩面撒上鹽之後以烤箱的強火一口氣烘烤完成。

②將①盛盤，附上酢橘。

炙烤石斑（鮨処 喜楽）

石斑魚皮的膠質和皮下脂肪是絕妙的美味，所以連皮一起調理。將魚塊烤到半熟的程度，搭配種子島產的鹽和山葵泥一起上桌。

作法

①將剖開的褐帶石斑魚連皮直接切成小片。如果要一次調理數人份的話，最好切成集合了數人份的大小。

②以鐵籤穿入①的魚塊，放在熱騰騰的烤網上或是擧在烤網上，全面均勻地慢慢加熱。加熱至中心變熱的半熟程度即可。

③從②的魚塊中抽出鐵籤，分切成適當的大小，盛盤。附上山葵泥、鹽、酢橘。

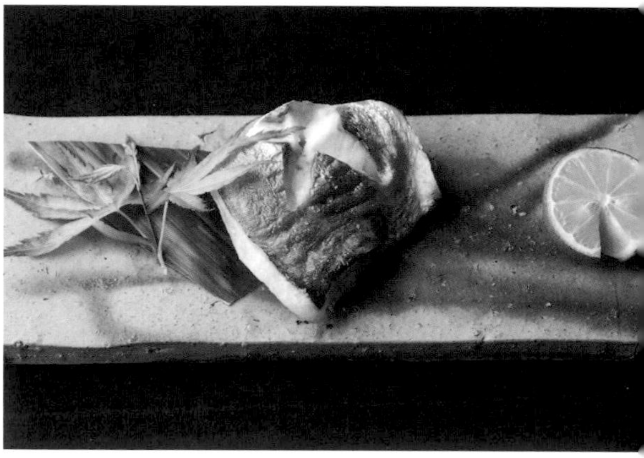

烤疣鯛（鮨 一新）

先以料理酒醃漬再曬乾的烤疣鯛。將喉黑、白帶魚、鯖魚、喜知次魚等時令鮮魚依照順序更換內容提供上桌。

作法

①以三片切法剖開疣鯛，仔細去除腹骨和小魚刺。以料理酒醃漬20分鐘。

②將①的水分擦乾，排列在網篩中，放在陽光下曬乾5～6小時。

③將②分切成容易入口的大小，在魚皮上劃入切痕，以烤箱烘烤。

④將竹葉栽切成小片之後鋪在器皿中，盛入③，附上切半的酢橘，再以楓葉裝飾。

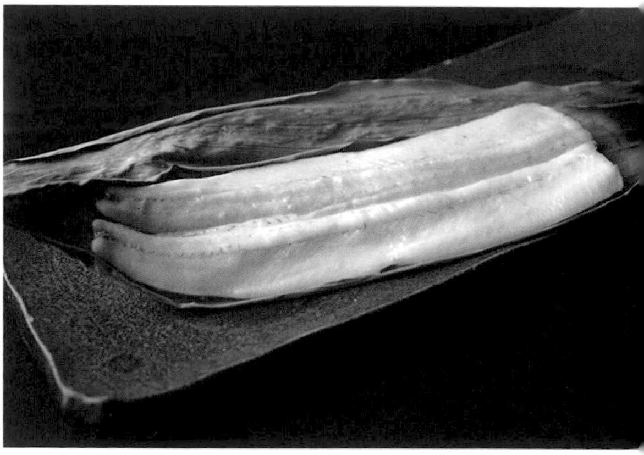

針魚竹葉燒（西麻布 拓）

將剖開成一片的針魚以2片山白竹葉夾住，放入烤箱中蒸烤。佐以日本酒或葡萄酒皆宜的味道，是從開店當初就開始提供的料理。

作法

①切除針魚的魚頭和魚鰭，剖開成一片之後清除內臟。撒點鹽，放置2～3分鐘醃漬之後用水洗掉鹽分。擦乾水分。

②將①的針魚魚皮朝下，放在山白竹葉上，魚肉撒上鹽之後再以另1片山白竹葉覆蓋。以烤箱烘烤至魚肉變白，中心熟透為止。

③將②直接放在竹葉上盛盤，附上酢橘。

❖鰆魚幽庵燒（すし処 小倉）

將油脂肥美的鰆魚製作成濕潤芳香的幽庵燒料理。最後潤飾時撒上磨碎的柚子皮增添香氣。

作法

①將鰆魚的魚塊浸泡在幽庵醃汁*中1天。

②將①的水分擦乾，穿入鐵籤之後烤出香氣。

③將②拔出鐵籤之後盛入鋪有竹葉的器皿中，撒上磨碎的柚子皮。一旁附上蘿蔔泥，再淋上醬油。

*幽庵醃汁 以醬油、酒、味醂、柚子切片調配而成的醬汁

❖炙烤鰆魚 洋蔥醬油（新宿 すし岩瀬）

將熟成大約5天的鰆魚魚塊烘烤至半熟。調味時所使用的洋蔥醬油多半用於以油脂多的魚製作的烤物或生魚片。

作法

①將鰆魚修整切塊，薄薄地撒滿鹽之後放入冷藏室中熟成大約5天。

②將①切成一口大小，放在烤網上烘烤至中心呈半熟的狀態。

③製作洋蔥醬油。將磨碎的洋蔥泥浸泡在醃漬醬油*中，放置數小時。

④將②的鰆魚盛盤，再淋上③的洋蔥醬油。

*醃漬醬油 將醬油、酒、味醂分別煮至酒精成分蒸發之後調配而成的醬油

❖ 涮烤鰤魚（鮨処　喜楽）

「涮烤」是像涮涮鍋那樣瞬間迅速燒烤加熱因而以此為名。只烤單面2秒鐘而已，依然保留生魚的風味。

作法

①將鰤魚的背肉擴大切面，分切成極薄的魚片。

②待烤網燒紅之後，將①的魚片攤平放在烤網上，只烘烤單面2秒左右。立刻盛盤，附上自製酸橘醋、九條蔥的蔥花、辣椒蘿蔔泥。

❖ 烤白鮒下巴（銀座　寿司幸本店）

富有彈性、肉質緊實的下巴很適合當成下酒菜。不過，「下巴也切忌燒烤過度」。保留濕潤柔嫩的觸感。

作法

①將白鮒的下巴撒上鹽，以烤網烘烤。將表面烤得香氣四溢，但是魚肉不要烤到變得乾柴。

②將①盛盤之後淋上檸檬汁。一旁盛放蘿蔔泥，淋上壽司醬油，再添上分蔥的蔥花。

❖烤下巴蔥鮪（蔵六鮨 三七味）

將與大腹肉相鄰、油脂肥美的大型黑鮪魚的下巴和烤蔥一起盛盤的蔥鮪料理。以七味辣椒粉增添香辛風味。

作法

①將鮪魚下巴切成容易入口的大小，泡在特製醬汁*中醃漬10分鐘。以鐵籤穿入魚塊炙烤。

②將白蔥切成5㎝長的大段，再縱切成2等份。抹上與①相同的特製醬汁2次，同時以烤箱烘烤。

③將①和②一起盛盤，附上七味辣椒粉。

***特製醬汁** 醬油、酒、味醂製作而成的專用醬汁

❖鋁箔紙包烤比目魚鰭邊肉（すし家 一柳）

以鋁箔紙包住比目魚的鰭邊肉做成包烤料理，帶出甜味，裹上青紫蘇葉的香氣和醬油的焦香。

作法

①剖開比目魚之後切下鰭邊肉，再切成適當的大小。

②攤開鋁箔紙，疊上青紫蘇葉、①的鰭邊肉、細香蔥的蔥花，然後淋上醬油。以鋁箔紙將全體包成四方形，放在以大火燒熱的烤網上，燒烤兩面，烤熟。

③取下②的鋁箔紙，將鰭邊肉連同香辛蔬菜一起盛盤。附上酢橘切片。

❖乾烤星鰻和魚子醬（銀座 鮨青木）

乾烤星鰻添加了魚子醬的鹹味和鮮味。
將西洋食材也納入料理中是青木先生的風格，魚子醬也會用來製作其他料理。

作法
①將菜刀切入星鰻的背部，剖開成一片。去除內臟和中骨，切除魚頭，將鐵籤穿入貼近魚皮的魚肉中。
②將①稍微撒上鹽，烘烤兩面，做成乾烤料理。
③將②分切之後盛入器皿中，放上魚子醬，再附上山葵泥。

❖乾烤星鰻（新宿 すし岩瀬）

用烤網烤到半熟的乾烤星鰻。
不用大火烤到油脂流失，目的是為了入口之後，香氣和精華能在口中擴散開來。

作法
①將在前置作業中處理好的星鰻剖開成一片，然後切成一口大小，放在烤網上烘烤至裡面呈半熟的狀態。
②將山葵泥和擠乾水分的蘿蔔泥混合在一起。
③將①的星鰻分成２等份之後盛盤，附上②。兩者都淋上壽司醬油。

乾烤鰻魚（鮨 ます田）

只選用1．5kg以上的天然鰻魚供客人享用的乾烤鰻魚。鰻魚的肉厚且鮮味濃，但是剛以活締法處理過的魚身很僵硬，所以要靜置3天以上。

作法

①鰻魚*是購入以活締法保鮮，已從背部剖開的鰻魚。用紙包住之後裝入塑膠袋中，放在冷藏室中靜置3天～1週左右，使魚身變軟。

②將①的小魚刺全部拔除。

③將②切成適當的大小，以烤箱只烘烤皮面，加熱至6成左右的熟度。從烤箱移出，放涼備用。

④在快要上菜前將③的兩面炙烤出香氣，加熱至中心熟透為止。

⑤將④盛盤，附上鹽和山葵泥。

*鰻魚 1．5kg以上的天然鰻魚。這裡使用的是島根縣宍道湖產的鰻魚

乾烤鰻魚（おすもじ處 うを徳）

這是主要以天然鰻魚製作的「うを徳」名菜，每次都是購入1kg以上的大型鰻魚來製作。照片中為木曾川產的鰻魚，產地每次都不一樣。

作法

①將天然鰻魚（只選用1kg左右的大型鰻魚）從背部剖開，去除內臟、中骨、腹骨、魚頭，用水清洗乾淨。

②將①分成3等份，穿入鐵籤之後，以陶瓷烤網將兩面充分烘烤得稍微熟一點。從魚肉那面開始烤起，翻面之後將魚皮那面特別烘烤得又香又脆。

③將鐵籤從②拔出，分切成一口大小之後盛盤。附上山葵泥和海鹽（法國．給宏德產）。

❖ 鹽烤香魚（鮨 よし田）

將活的天然香魚以炭火烘烤。最初是將魚身烤得鬆軟之後上桌。而後再將取下的魚頭和中骨重新烤香，充分烤透之後上桌。

作法

①在蓼葉中加入少量的鹽，以研磨缽研磨，再以米醋稀釋，做成蓼醋。

②以呈現躍動之姿的「舞串」串法將活香魚穿入竹籤，再撒上鹽。不撒上化妝鹽作為裝飾，將鹹淡調整得恰到好處。

③以炭火烘烤②的香魚。花5～6分鐘烘烤兩面，將魚身烤到快要熟透的柔軟度。

④從③拔出竹籤之後盛盤，取下魚頭和中骨附在魚身旁邊。將①的蓼醋倒入另一個器皿中一起上桌。

⑤客人品嘗完④的香魚魚身之後，將魚頭和中骨再度烤到觸感酥脆的程度重新上桌。

❖ 香魚一夜干（鮨 大河原）

將多半當成鹽烤料理品嘗的香魚，製作成適合當成下酒菜的一夜干。稍微烤一下，烤出香氣之後再上桌。

作法

①去除香魚的魚頭和內臟，以三片切法剖開之後去除腹骨等小魚刺。在料理酒中醃漬約15分鐘之後陰乾半天。

②稍微炙烤①的兩面之後盛盤，附上切成適當大小的酢橘。

❖烤藻屑蟹（すし処 めぐみ）

藻屑蟹是帶有濃郁甜味的蟹黃和內子很美味的一種川蟹。在「めぐみ」是將蟹身分成2塊，連同蟹殼以烤箱烤得香氣四溢。

作法

①將藻屑蟹連殼用水清洗乾淨。將鹽分濃度1%的純水煮滾之後，預煮5秒鐘左右，再次用水清洗，這次改用鹽分濃度3%的純水煮大約5分鐘，正式烹煮。

②將①倒在網篩上瀝乾水分之後，放涼。此外，上述步驟與香箱蟹的前置作業（參照P.98）相同。

③卸下②的蟹腳和內側的腹蓋。將蟹身卸下蟹殼之後分成左右各一塊。將切面朝上，與裡面放入內子和蟹黃的蟹殼一起放入烤箱烘烤5分鐘左右，烤出香氣。

④將③盛盤。

❖炙烤生蝦蛄（匠 達広）

當成壽司料的話以水煮之後使用的情形居多的蝦蛄，以生鮮狀態直接炙烤之後上桌。烤到半熟，帶出軟嫩黏稠的口感。

作法

①切下活蝦蛄（石川縣七尾產）的頭，剝除外殼。1整尾放在烤網上烘烤，烤成半熟的狀態。此外，剝除蝦蛄的外殼時，預先稍微冷凍一下，就能輕易剝除乾淨。

②將①盛盤，塗抹壽司醬油。

❖平貝磯邊燒（㐂寿司）

在平貝上面撒七味辣椒粉是「㐂寿司」的作法。據說是因為創業地・藥研堀與七味唐辛子有關的緣故。

作法

①將平貝的貝柱切成薄片。

②在①的貝柱兩面塗上醬油，撒上七味辣椒粉之後，將兩面烤香。

③以炙烤過的海苔夾住②之後上桌。

❖象拔蚌西京燒（匠 達広）

把在帶甜味的白味噌中醃漬一晚的象拔蚌烤得香氣四溢的西京燒料理。還有供應其他貝類、螢烏賊和白肉魚的西京燒。

作法

①取下象拔蚌（愛知縣產）的殼，去除內臟和外套膜。將水管和連著水管的根部分切開來，分別剝除外皮。將水管縱向切入切痕之後剖開成一片，與水管的根部一起清洗乾淨。

②將①放在西京味噌中醃漬一個晚上之後，擦掉味噌（平常營業時會放入密閉容器裡，然後保存在冷藏室中）。

③將②的水管縱向切入細細的切痕，與②的水管根部一起用烤網烤香。盛盤後附上山葵泥。

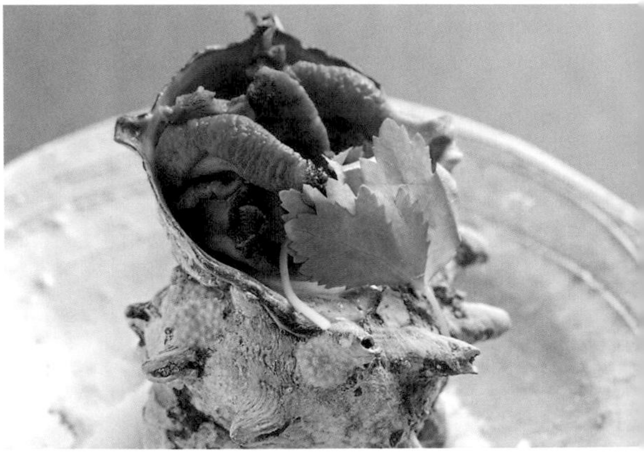

❖蠑螺壺燒（鮨 よし田）

「追求柔嫩、高雅的美味」的壺燒料理。先將蠑螺肉切成一口大小，再以淡味的醬油味煮汁迅速烹煮。

作法

①從帶殼的蠑螺取出蠑螺肉和肝臟，用水清洗乾淨。分別切成一口大小。保留外殼備用。

②將①的蠑螺肉和肝臟迅速汆燙之後瀝乾水分。

③將煮汁*煮滾，放入②的蠑螺肉和肝臟煮大約1分鐘。

④將在①中保留備用的外殼在燒烤爐上，以直火加熱。將③的蠑螺肉、肝臟和煮汁裝入外殼中，以大火煮滾。煮滾之後立刻移離爐火，連殼盛裝在鋪有鹽的器皿中。添上鴨兒芹。

*煮汁　將柴魚高湯以淡口醬油、味醂、酒、鹽調味而成

❖ 烤白子（鮨 福元）

店主福元先生表示，鱈魚的白子「如果烤上色，或是薄膜變硬的話就糟蹋了」。以遠火加熱至微熱的程度。

作法

①將鱈魚的白子清理乾淨之後用水清洗，然後擦乾水分。切成一口大小之後撒上鹽，以烤箱烘烤。為了避免烤出焦色，以遠火烘烤，加熱至中心。

②將①盛入器皿中，附上酢橘。

❖ 海膽竹葉燒（鮨 一新）

放在竹葉上，以炭火炙烤至微熱程度的蝦夷馬糞海膽。竹葉燒的調理方式也運用在製作握壽司使用的煮星鰻的完成階段。

作法

①將蝦夷馬糞海膽數片份盛在竹葉上，連同竹葉以炭火炙烤加熱。

②將①就這樣放在竹葉上盛盤，淋上少量的壽司醬油。

烤醬油漬鯨肉排

（鮨 ます田）

以加熱的最大極限烤出柔嫩多汁的鯨尾肉排。有時也會做成生魚片，與生薑醬油一起上桌。

作法

①將鯨尾肉切成一口大小的薄片，放在壽司醬油中醃漬4分鐘左右，做成醬油漬。
②以烤箱稍微烘烤①的兩面，烤成五分熟。
③將②盛盤，附上山葵泥。

烤竹筍（鮨 まるふく）

炙烤水煮竹筍，做成烤物。將當季的蔬菜盛放在海鮮的空隙處，讓客人享受到與海鮮大異其趣的「時令美味」。

作法

①將經過水煮去除澀味的竹筍切成一口大小。

②將①烤香之後盛盤，然後撒上鹽。

蔬菜

加賀蓮藕　香菇　Batten茄子（西麻布 拓）

切成厚片的蓮藕和肉厚的香菇以炭火烘烤，可以生食的熊本產「Batten茄子」以生鮮狀態切成薄片之後，再以壽司醬油調味。

作法

①加賀蓮藕（石川縣產）切成厚約1cm、容易入口的大小，以炭火烤出香氣。完成時撒上鹽。

②肉厚的香菇（新潟縣魚沼產）切下菇柄，以炭火將菇傘的兩面烤出香氣。烤好時淋上壽司醬油和酢橘汁。

③Batten茄子*以生鮮狀態直接縱切成薄片，塗上壽司醬油。

* **Batten茄子** 熊本縣宇城特產的小茄子。糖度高，水嫩多汁

紅醋飯鍋巴（西麻布 拓）

將以紅醋100%調味、用來製作握壽司的醋飯晾乾，再炸成觸感酥脆輕盈的中式鍋巴風味炸物。

作法

①將以2種紅醋（酒粕醋）、鹽、砂糖調味的醋飯薄薄地鋪平在長方形淺盤中，放在室溫中2~3天晾乾。

②將①切成適當的大小，以180℃的沙拉油將兩面炸得酥脆（油炸數10秒鐘）

③將②盛盤，撒上胡椒，再附上鹽。

❖乾炸香魚的魚骨和魚皮（すし豊）

天然香魚的魚身做成生魚片之後所剩下的魚雜和魚皮，裹滿片栗粉之後炸得酥酥脆脆的。撒上鹽之後上菜。

作法

①剖開香魚的時候產生的魚雜（魚頭、魚下巴、中骨、腹骨、胸鰭）和魚皮，擦乾水分之後裹滿片栗粉。以170℃左右的沙拉油炸得酥脆。

②盛入鋪上紙的器皿中，撒上鹽，再添上蓼葉。

❖骨煎餅 炙烤魚皮和肝臟（鎌倉 以ず美）

星鰻和針魚的骨煎餅（左），以及鹽烤針魚皮和星鰻的肝（右）是該店的招牌下酒菜。也可以利用各種白肉魚的魚皮製作。

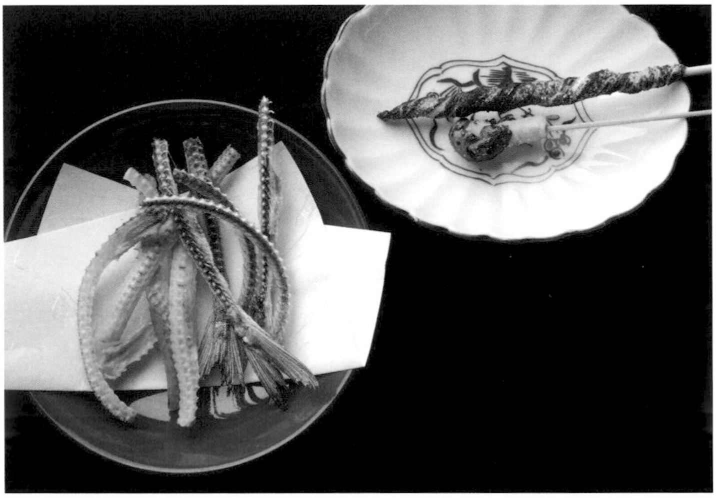

作法

骨煎餅

①將剖開星鰻和針魚的時候取出的中骨（連著魚頭備用）用水清洗，去除血合肉等髒污。泡在水中1小時左右，去除血液和腥味。

②將鐵籤穿入①的魚頭，掛在室內3天，將魚骨陰乾。之後，去除魚頭，再切成容易入口的大小。

③將②以低溫的沙拉油花時間慢慢清炸，炸得酥脆。

④瀝乾③的油分，趁熱撒上鹽。盛入鋪上紙的器皿中。

炙烤魚皮和肝臟

①將針魚的魚皮捲在竹籤上，捲成螺旋狀。撒鹽之後炙烤。

②將星鰻的肝臟和胃清理乾淨之後，以加了鹽的熱水汆燙一下。擦乾水分之後穿入竹籤，撒上鹽，炙烤一下。

③將①和②盛盤。

❖乾炸目板鰈（鮨 よし田）

為了將目板鰈的所有部位都以最佳狀態呈現，依照魚頭、中骨、鰭邊肉、魚皮、魚身的順序相隔一些時間下鍋，每次都以新的油去炸。

作法

①將目板鰈用水清洗乾淨之後，去除內臟，切除魚頭，以五片切法剖開。去除魚身的魚皮，切下附著在中骨側面的鰭邊肉。除了內臟以外，全部保留備用，切成一口大小之後沾裹片栗粉。

②將油（不論油的種類，使用新的油）加熱至約160℃，從不易炸熟的部位開始（依照魚頭、中骨、鰭邊肉、魚皮、魚身的順序），相隔一些時間放入炸油中，後半階段以提高溫度等方式調節，將全部同時炸得酥脆。

③將②的油分瀝乾之後盛盤，附上岩鹽。

❖脆炸花林糖煮鮑魚（鮨 くりや川）

將煮鮑魚裹滿片栗粉之後做成炸物。將加入甜味，炸成酥脆的焦褐色狀態比擬成「花林糖」，由此得名。

作法

①以棕刷用水刷洗帶殼的蝦夷鮑，然後從冷水煮起，煮滾之後倒掉熱水，去除黏液和澀味。

②將①放入鍋子中，倒入水和酒之後以火加熱。煮滾之後轉為小火，煮1小時30分鐘左右，將鮑魚煮軟。加入砂糖，再煮30分鐘左右使之入味。完成時加入醬油調味，然後移離爐火，就這樣醃漬在煮汁中放涼。

③取下②的外殼，將鮑魚肉裹滿片栗粉，以180℃的沙拉油油炸。

④將③切成一口大小之後盛盤，附上粗鹽和分切開來的平兵衛醋*。

* **平兵衛醋**　宮崎縣日向特產的柑橘。酸味清爽，沒有特殊的異味

拼盤

❖八寸（すし処 みや古分店）

隨著季節變換素材，而且一整年都供應的前菜拼盤。照片中是包含了鮑魚、海膽、小鰭、才卷蝦的海鮮，搭配風呂吹蘿蔔和醋漬紅白蘿蔔絲所組成的1月的八寸。

作法

半熟鵪鶉蛋和才卷蝦

①將鵪鶉蛋浸泡在滾水中1分50秒，加熱成半熟狀態，再放入冷水中。冷卻之後剝去蛋殼。

②將柴魚高湯（省略解說）、醬油、味醂以相當於麵味露濃度的比例混合，煮滾之後冷卻。

③將①的蛋浸泡在②的醃漬液中一整天。

④挑除才卷蝦（小型明蝦）的泥腸，以加入酒的熱水將才卷蝦煮熟之後，剝除蝦頭和蝦殼。

⑤將裝飾竹籤插入③的鵪鶉蛋和④的才卷蝦中，然後盛盤，以蘿蔔的莖（細細撕開之後泡水而成）點綴。

風呂吹蘿蔔

①將三浦蘿蔔切成圓片之後，去皮，預煮一下。

②將白肉魚魚雜高湯（省略解說）和柴魚高湯以相同比例加在一起，放入羅臼昆布，以鹽、淡口醬油和味醂調味之後，將①的蘿蔔煮大約30分鐘。

③製作柚子味噌。將蛋黃和砂糖加入白味噌中，以火加熱，攪拌出漂亮的光澤，最後加入柚子汁攪拌。

④將②的蘿蔔切成一口大小盛盤，淋上③的柚子味噌。

醋漬紅白蘿蔔絲

①將三浦蘿蔔和金時胡蘿蔔切成細絲，稍微泡一下鹽水，將紅白蘿蔔絲泡軟。徹底擠乾水分。

②將①的蔬菜浸漬在以米醋、砂糖、水混合而成的甜醋中使之入味。

③將②瀝乾水分之後盛盤，頂端添加山椒芽。

煮鮑魚

①將蝦夷鮑用水清洗乾淨之後，取下外殼。

②將酒、水、分量稍多的羅臼昆布放入鍋子中煮滾，讓①的鮑魚沉入鍋子中煮軟。就這樣浸泡在煮汁中放涼。

③取出②的鮑魚，以波狀切法切成一口大小之後盛盤。

魚雜高湯凍

①將白肉魚的魚雜高湯以鹽和淡口醬油調味，調整成比清湯底稍淡一點的味道。倒入容器中，放在冷藏室冷卻凝固。

②將①的魚雜高湯凍盛入玻璃杯中，放上馬糞海膽（依季節更換種類），以紅紫蘇的紫芽點綴。

小鰭砧卷

①以桂剝法將三浦蘿蔔削切成薄片，浸泡在鹽水中將它泡軟。瀝乾水分之後浸泡在以米醋、砂糖、水混合而成的甜醋中，使之入味。

②將①的蘿蔔瀝乾水分，放上醋漬小鰭（省略解說）和青紫蘇葉捲起來，分切成一口大小之後盛盤，以紅葉點綴。

❖大瀧六線魚新子南蠻漬　明石章魚塊　蒸鮑魚（鮓きずな）

大瀧六線魚新子是被稱為「明石春季美味」的大瀧六線魚的幼魚，製作成南蠻漬。搭配簡單水煮過的章魚和蒸過之後再以酒煮成的鮑魚一起上桌。

作法

大瀧六線魚新子南蠻漬

①將大瀧六線魚的新子（體長7～8cm的幼魚。兵庫縣明石產）用水清洗乾淨，把水分徹底擦乾。整尾魚裹滿片栗粉，放入160℃的沙拉油中油炸。

②將①擺放在長方形淺盤中，撒上洋蔥絲和胡蘿蔔絲。

③將米醋、淡口醬油、砂糖、紅辣椒圓片放入鍋子中煮滾，淋在②的上面，靜置1天使之入味。

明石章魚塊

將1隻1.2～1.5kg的章魚（明石產）整隻用鹽搓揉去除黏液。用水清洗乾淨之後放入滾水中，蓋上鍋蓋煮25分鐘。取出之後放涼。

蒸鮑魚

①將帶殼的眼高鮑（德島縣鳴門產）用棕刷清洗乾淨之後，以湯霜法在殼上澆淋熱水。

②將①的眼高鮑連殼放入蒸鍋中蒸2小時。

③取下②的殼，以煮到酒精成分蒸發的酒和水製作成酒煮鮑魚。煮1小時～1小時半左右直到煮汁變成琥珀色，僅在鍋底留下一點點的程度。

④將柴魚昆布高湯（省略解說）、鹽、味醂和淡口醬油加入③之中，沾裹鮑魚之後就這樣放涼。

⑤從④的鮑魚切下鮑魚肝，然後放入以味醂稀釋白粒味噌做成的味噌醃床中醃漬一整天。

最後潤飾

在盤子右側盛放大瀧六線魚新子南蠻漬，盤子中央則鋪上青紫蘇葉，盛放切成一口大小的明石章魚塊。分切蒸鮑魚的鮑魚肉和鮑魚肝，盛放在左側。

❖生鮑魚片綴鮑魚肝 海參腸拌鮑魚外套膜（鮨 なかむら）

由鮑魚肉、鮑魚肝、外套膜組合而成的各種鮑魚料理拼盤。鮑魚肉做成生切片，附上以濾篩濾細成泥的鮑魚肝增添風味。另一方面，外套膜經過水煮之後以海參腸調拌。

作法

①將蝦夷鮑（三陸產）清理乾淨之後取下外殼，然後分成鮑魚肉、鮑魚肝、外套膜。

②將①的鮑魚肉切成寬1.5cm的棒狀，然後在上下兩面斜斜地切入細細的切痕。切痕要深入至大約鮑魚肉的中間為止。

③將①的鮑魚肝放入滾水中煮，煮到中心熟透。瀝乾水分，用濾篩濾細之後再以醬油調稀。

④將①的外套膜迅速汆燙一下，擦乾水分之後切成一口大小。以海參腸（鹽辛海參腸。省略解說）調拌。

⑤將②的鮑魚肉切成2塊盛盤，上面擺放③的鮑魚肝和山葵泥。將④的外套膜盛裝在一旁，撒上磨碎的柚子皮。

❖櫻煮水章魚和日本鳥尾蛤拼盤（鮨 渥美）

櫻煮北海道產水章魚是開店後沒多久就開始供應的名菜。日本鳥尾蛤則是藉由加熱階段的差異，斟酌生熟程度分別用來製作握壽司和下酒菜。照片中為半熟的日本鳥尾蛤。

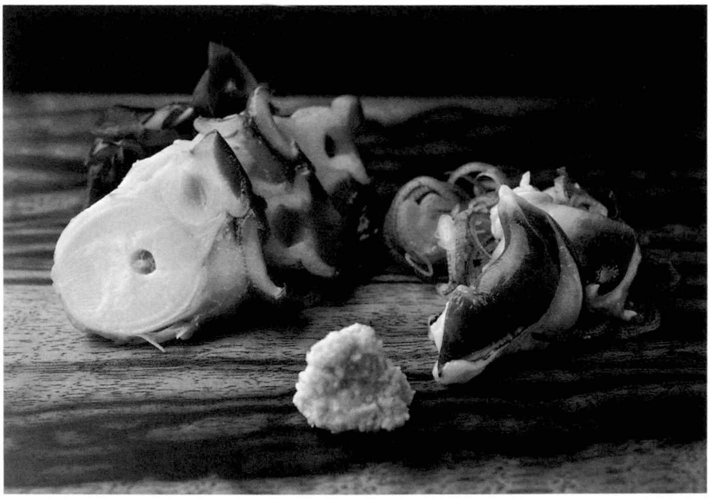

作法

①以1隻為單位購入的水章魚（北海道產）的腳，不抹鹽，直接搓揉10分鐘左右，去除黏液。用水清洗乾淨之後擦乾水分。

②將水、砂糖、醬油加在一起煮滾之後，把①的水章魚放進去煮。仔細地撈除浮沫，以砂糖、醬油調味，燉煮約1小時。移開爐火之後放涼。

③將日本鳥尾蛤清理乾淨之後水煮成半熟狀態（參照P.138）。

④將②的水章魚切成圓片，與③的日本鳥尾蛤一起盛盤。附上生海帶芽、茗荷薄片、山葵泥。

湯品

❖文蛤清湯（鮨 なかむら）

在套餐的開始所供應的清湯。
以濃縮了文蛤風味的湯底，
搭配以白肉魚的肉泥結合而成的文蛤肉。

作法

①將已經煮掉酒精成分的酒、水和昆布放入鍋子中煮滾，將文蛤肉放進去煮。充分煮至文蛤的味道完全釋出為止，製作成風味濃郁的湯汁。

②將①過濾，留取湯汁備用。將文蛤肉細細剁碎，加入白肉魚的肉泥和鹽混合，捏製成小丸子當成湯料。

③將②的湯汁和湯料一起加熱，然後盛入器皿中。

❖文蛤清湯（鮨 まるふく）

將韓國文蛤用水煮出味道，用鹽調味製成的清湯。
建議在客人吃掉文蛤肉之後，將醋飯捏製成小丸子，
放入湯汁中，做成雜燴粥的樣子。

作法

①將文蛤（帶殼）放入水中煮滾，殼開了之後過濾，將帶殼的文蛤肉和湯汁分開。湯汁以鹽調味。將文蛤肉和湯汁分別保存。

②要上菜之前將①的文蛤和湯汁混合在一起加熱，盛盤後上菜。建議一開始先只吃文蛤肉。

③在②剩下的湯汁中加入揉圓成桌球大小的常溫醋飯，以及細香蔥的蔥花之後上菜。建議將醋飯團弄散連同湯汁一起享用。

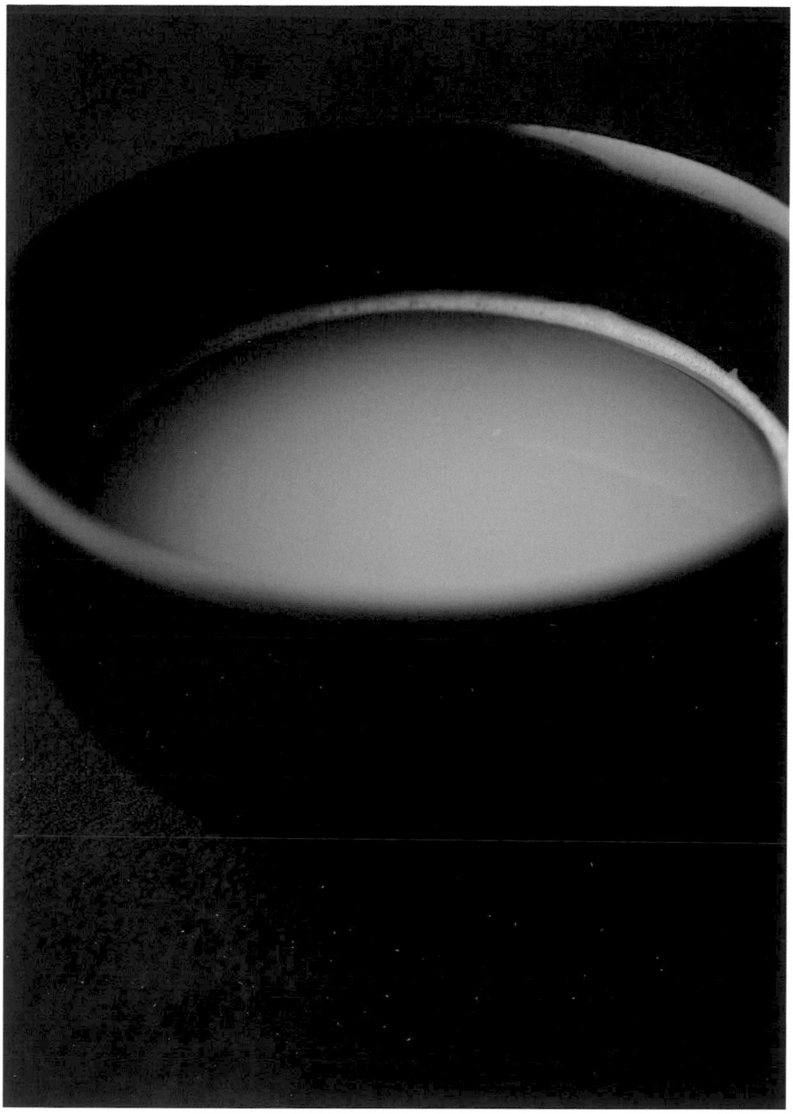

❖文蛤清湯
（鮨 はま田）

重複使用預煮文蛤時所釋出的精華，提高濃度，做成清湯。不添加調味料，表現出素材本身的味道。

作法

①在調理壽司料煮文蛤時所使用的煮汁（參照P.124）過濾之後，保存在冷藏室中。

②在進行第2次的煮文蛤備料工作時，將少量的酒和水加入①之中，加至差不多蓋過文蛤肉的程度，再以相同的方式，煮滾之後過濾。共計重複4～5次之後才使用。

③將②加熱之後盛入器皿中。

❖鱉清湯（鮨 わたなべ）

花時間熬煮，萃取出精華的鱉清湯。在12～1月時，作為用餐中途的果腹料理，或是收尾用的湯品上桌。

作法

①剖開鱉，去除鱉殼、鱉頭和內臟等，然後澆淋熱水去除薄皮。用水清洗乾淨之後分切成適當的大小。

②將元昆布（高湯用昆布的根部）放入相同比例的水和酒之中煮滾，然後放入①的鱉肉。煮滾之後轉為文火，以水面不會滾動的程度慢慢煮數小時，製作出透明的清湯。

③將九條蔥的蔥白部分分切成一口大小，烘烤。蔥青部分切成蔥花，泡一下水之後瀝乾水分。

④從②的鱉湯中依照人數取出所需的分量，倒入小鍋子中加熱，然後以鹽、淡口醬油、味醂調味。加入少量生薑的搾汁。將鱉的裙邊（甲殼周圍柔軟的部分）切成一口大小加入清湯中，加熱之後與蔥一起盛盤。

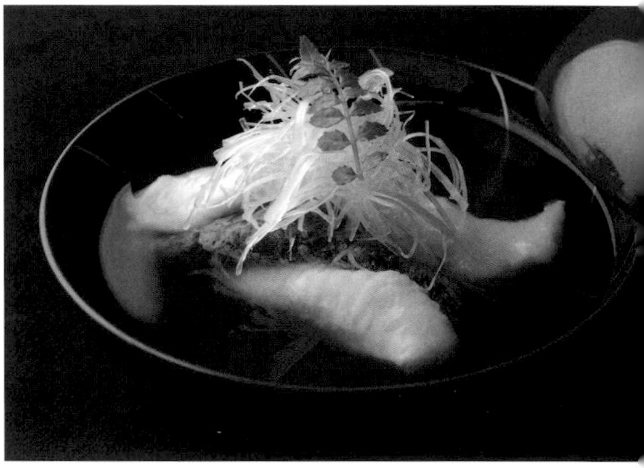

❖虎魚清湯（すし処 みや古分店）

撒上葛粉，放入加了酒和鹽的滾水中，煮得很軟嫩的虎魚清湯。另外準備以柴魚高湯為基底的湯底，加在一起。

作法

①將虎魚以三片切法剖開，去除腹骨和小魚刺之後，連皮直接切成容易入口的大小。撒上葛粉，將酒、鹽加入水中煮滾之後，把虎魚放進去煮，然後撈起來。

②將柴魚高湯（省略解說）加熱，以鹽和淡口醬油調味，再加入用水溶開的葛粉稍微勾芡。

③將①的虎魚盛在木碗中，倒入②的湯底。淋上生薑的搾汁，再添上白髮蔥絲和山椒芽。

❖潮汁（おすもじ處 うを徳）

使用當季白肉魚的魚雜製作，在餐點結束時提供的潮汁。照片中是星鰈，其他也可用真子鰈、鱸魚、鯛魚等製作。

作法

①將白肉魚（這裡使用的是星鰈）的魚雜分切成一口大小。以鹽水清洗，清除血和汙垢。以沸騰的滾水預煮之後放入冷水中，再將汙垢清洗乾淨。放在網篩上瀝乾水分。

②將①放入鍋子中，裝滿水。以利尻昆布、酒、淡口醬油、鹽調味，熬煮一下，煮出味道。仔細撈除浮沫。

③從②取出利尻昆布，將魚雜和湯盛在器皿中，再添上柚子皮。

❖ 高湯稀釋的白子（新宿　すし岩瀬）

將濾細的鱈魚白子以較濃的湯底稀釋，在白子的甘甜和黏糊觸感中添加柴魚高湯的鮮味做成的清湯。

作法

①將清理乾淨的鱈魚白子以細孔濾篩濾細。

②將柴魚高湯（省略解說）、淡口醬油、酒、鹽加在一起，製作成濃度較高的湯底。

③在上菜之前將①的白子和②的湯底在鍋子中混合，煮到熱騰騰的，倒入器皿中。

❖ 蔥鮪湯（寿司處　金兵衛）

鮪魚肚小方塊和蔥絲製作而成的蔥鮪湯。分別於冬季時使用本鮪，夏季時使用印度鮪和當令魚種，一整年都可提供。

作法

①將鮪魚（中腹肉或大腹肉）切成小方塊，撒上鹽，放置10分鐘左右，排除有腥味的水分。

②將①放入沸騰的滾水中，待表面變白之後立刻舀起來。泡在流動的水中20～30分鐘去除澀味。

③將②瀝乾水分之後放入鍋子中，裝滿水，以火加熱。加熱至快要沸騰時，撈除浮上來的肉沫，以醬油、鹽、極少量的味醂調味，然後再次加熱至快要沸騰。移離爐火之後一邊冷卻一邊萃取出鮪魚的高湯。

④上桌時將蔥絲（蔥綠和蔥白兩個部分）盛入木碗中，將③的湯汁加熱，與鮪魚一起倒入碗中。

海藻味噌湯（すし豊）

加入了5種海藻的味噌湯。將柴魚高湯加上等量的文蛤煮汁，既可增添鮮味，又可減少海藻的海腥味。

作法

①將柴魚高湯（省略解說）和製作煮文蛤時的文蛤煮汁（省略解說）以相同比例一起倒入鍋中，加熱。加入生海帶芽、生石蓴和切成小丁的絹豆腐加熱，再將米味噌溶入湯中。

②趁熱將①盛入木碗中，再分別放入生的初摘海苔、海蘊、銅藻*。

*銅藻　一種海藻，日本稱為「赤藻屑（アカモク）」。帶有黏性，在熱水中加熱之後會由茶褐色變成鮮綠色

鯛魚濃醬湯（鮨 くりや川）

將真鯛的魚頭和魚骨熬煮3天，製作成味噌風味。味道非常濃醇的湯汁和入口即化的魚骨是絕妙的美味。味噌使用的是京都產的2種甜味噌。

作法

①將鯛魚清理乾淨之後，把魚頭和魚骨切成一口大小，放入加了水、酒、醃梅的鍋子中。以大火加熱煮滾之後轉為小火，仔細地撈除浮沫，熬煮約8小時。

②隔天、第三天也以同樣的方式繼續熬煮①。熬到魚骨變軟，變成可以輕易弄碎的程度就完成了（中途水分變少的話，隨時加水補足）。

③將西京味噌和京櫻味噌*溶入②的鍋子中，取出醃梅。

④將③的湯連同魚骨倒入器皿中，再盛入細香蔥的蔥花，撒上山椒粉。

*京櫻味噌　將米味噌和豆味噌的原料混合之後釀造，靜置數個月而成的甜味噌

❖浸製炸賀茂茄子（おすもじ處 うを徳）

從京都訂購寄來的賀茂茄子，肉質厚實，先油炸再浸泡在醬汁中，好讓果肉保留扎實的咬勁。

作法

①切除賀茂茄子的頭尾，再橫切成2等份。把數根鐵籤綁在一起，從果肉和皮面兩邊戳刺好幾個地方，戳出洞來，好讓油分充分滲入茄子中。
②以170℃的棉籽油炸①。不要炸得太軟，炸到果肉仍保有咬勁的程度。
③瀝除②的油分，分切成一口大小之後，浸泡在加熱過的八方醬汁*中。
④將第一次高湯（省略解說）加熱之後以淡口醬油調味，再放入松茸薄片稍微煮一下。將葛粉用水溶勻之後，以繞圓的方式淋入高湯中勾芡。
⑤將③的茄子瀝除水分之後盛入器皿中，然後淋上④。

***八方醬汁** 將第二次高湯以淡口醬油、鹽、味醂調味而成

❖烤茄子擂湯（鮨 くりや川）

茄子烤過之後，將果肉打成泥，做成的冷製擂湯。茄子用大火一口氣烤好，水分沒有流失，保留住鮮味和好聞的香氣。

作法

①用長筷子在茄子的末端戳一個洞，作為加熱時排出蒸氣的管道。以大火直火燒烤，烤到外皮整個變得焦黑為止，同時將裡面烤熟。放入冰水中消除餘溫。
②剝除①的茄子外皮，切除蒂頭，以果汁機將果肉攪打成泥狀。
③將淡口醬油和煮到酒精成分蒸發的味醂加入②之中調味，放入冷藏室中充分冰鎮。倒入器皿中。

米飯

❖鮑魚肝飯（鮨 渥美）

將煮鮑魚的肝拌入醋飯中做成的肝飯。有時會添加鮑魚薄片，有時也會加入海膽或鮭魚子，以「海寶散壽司」之名供客人享用。

作法

①取下黑鮑（三陸產）的殼之後用水清洗，然後以加了酒和鹽的水煮2小時左右。

②從①的鮑魚身上取下鮑魚肝，細細切碎之後混入醋飯中，以壽司醬酒調味，混拌均勻。

③將①的鮑魚肉切成薄片。

④將②的飯盛入器皿中，擺放③的鮑魚肉，然後附上山葵泥。

❖鯖之千鳥（すし処 みや古分店）

這是「鰤魚千枚漬博多押壽司」（參照P. 52）的變化形，以千枚漬將醋漬鯖魚和醋飯捲起來所做成的。做成小尺寸，當成果腹的料理端上桌。

作法

①將2片醋漬鯖魚（省略解說）薄片和醋飯放在1片千枚漬的上面，撒上炒芝麻後捲起來，插入裝飾竹籤（照片中為了呈現內餡，所以切成2等份）。

②將醃梅放入酒之中以火加熱，熬乾水分到剩下半量之後，再度倒入酒補足原來的分量。還要加入羅臼昆布，再次熬乾水分到剩下半量為止（煎酒的液體成分可用來製作其他料理，只利用醃梅）。

③將①的千枚漬卷盛放在器皿中，附上②的醃梅。添加柚子皮細絲和山椒葉。

❖毛蟹殼蟹肉團和蟹肉飯（木挽町　とも樹）

將毛蟹蒸熟後剝鬆的蟹肉1碗份填裝在蟹殼中做成的料理是「とも樹」的名菜。蟹肉飯有新的變化，將醋飯等混入蟹肉中，然後以海苔捲成細卷壽司。

作法

毛蟹殼蟹肉團

①將活的毛蟹用水清洗乾淨，整隻放入蒸鍋中蒸25分鐘。

②拆解①的螃蟹，將蟹身和蟹腳的肉以及蟹黃全部取出。將蟹肉和蟹黃比例均勻地混拌在一起之後全部填入蟹殼中，然後放入冷藏室中讓形狀固定。

蟹肉飯

①將製作毛蟹殼蟹肉團的一部分蟹肉放入容器中拆散，與醋飯、白芝麻、細香蔥蔥花、去除花莖的紫蘇花穗、醬油加在一起，輕輕混拌。

②以海苔將①捲起來。

最後潤飾

①將毛蟹殼蟹肉團連同蟹殼分成數份盛在器皿中。附上酢橘的果肉、紫蘇花穗和粗鹽。

②將蟹肉飯盛放在①的旁邊。

③將三杯醋倒入另一個器皿中，讓紫蘇花穗浮在表面，然後附在一旁。

❖香箱蟹小蓋飯（新宿　すし岩瀬）

使用整隻香箱蟹製作而成的冬季料理。調味的基底是蟹黃的鮮味，再加入少量的壽司醬油到補足味道的程度。

作法

①將香箱蟹（松葉蟹的雌蟹）蒸大約20分鐘。取下蟹殼，將蟹肉、蟹黃、內子、外子拌在一起。以極少量的壽司醬油調味。

②在上桌之前將①放入蒸鍋中加熱，先將少量的醋飯鋪在器皿中，再盛入香箱蟹。

❖小竹筴魚棒壽司（鮨 大河原）

將一口大小的棒壽司當做下酒菜端上桌，讓套餐的流程多點變化。魚的種類，以及要採用生魚或是醋漬等方式備料，每次都有所不同。

作法

①去除小竹筴魚的魚頭和內臟，以三片切法剖開。拉掉魚皮之後去除腹骨等小魚刺，然後以觀音開法片開背身那一側，使厚度一致。在皮面縱向切入切痕。

②將①翻面之後放在青紫蘇葉上面，擺上醋飯之後調整成棒壽司。

③將②分切成容易入口的大小之後盛放在器皿中，抹上壽司醬油，撒上炒過的白芝麻。附上山葵泥。

❖櫻花蝦手卷（匠 達広）

在兩道握壽司之間的空檔所供應的一口大小手卷壽司。為了可以品嘗到海苔的香氣和清脆的觸感，請客人親自動手捲起來享用。

作法

①將生的櫻花蝦（靜岡縣駿河灣產）放入鍋子中乾炒，最後灑入少量的醬油增添香氣。快速地過一下山葵醬油。

②將分切成小片的海苔鋪在器皿中，放置少量的醋飯之後盛上①的櫻花蝦。頂端添放少量的山葵泥。

❖唐津產紅海膽 佐奈良漬（木挽町 とも樹）

將甜味濃郁的紅海膽擺在醋飯上，再添放奈良漬薄片。奈良漬的鹹甜風味突顯紅海膽的甜味。

作法

①將白瓜奈良漬切成薄片。斜斜下刀加大寬度，厚度則切得極薄。

②捏握少量的醋飯置於器皿中，再鋪上紅海膽（佐賀縣唐津產），覆蓋住醋飯。放上2片①的奈良漬，頂端添放山葵泥。因為奈良漬的味道很濃，所以要對照紅海膽的分量，控制在少量即可。

❖海膽飯鍋巴（鮨 大河原）

以醋飯製作的焦香鍋巴。拌入海膽、小柱、毛蟹等數種海鮮之後薄薄地攤平，淋上醬油之後烘烤而成。

作法

①在醋飯中拌入海膽、小柱、撕散的毛蟹腳肉、生海苔。

②將①薄薄地貼在鮑魚殼中，放在烤網上烘烤。下面烤好之後，淋上兩圈左右的醬油，再放入烤箱中烘烤上面。最後完成時撒上炒過的白芝麻，附上山葵泥。

35家店的店主和店家

油井隆一（㐂寿司）

ゆいりょういち 1942年生於東京都。大學畢業後，於東京會館（東京・大手町）學習了3年法式料理。之後，進入老家「㐂寿司」工作，從頭開始研習壽司。1975年成為第3代店主。

自江戶前握壽司的始祖「與兵衛ずし」一脈相傳下來，承襲該店的技術。像是近年來大家少用的壽司料，以及備料、製作方法等，處處保留著傳統的作法。除了真旗魚、煮烏賊和烏賊印籠之外，其他如蝦鬆握壽司、水煮蛋握壽司「雛鳥」、將小鰭和明蝦揑製成條紋模樣的「手綱卷」也都照常供應。對於時令也有強烈的意識，多半只在素材的風味達到最高點的短暫時期用來製作壽司料，從這一點也可以看出守護傳統的老店所展現的氣概。

地址／東京都中央区日本橋人形町2-7-13　電話／03-3666-1682

*油井隆一先生於2018年5月逝世。現在由長男油井一浩先生擔任第4代店主，繼承家業。

安田豊次（すし豊）

やすだ とよつぐ
1948年生於東京都。在江戶前壽司老店「新富寿し」（東京・銀座）開始修業。花了6年時間學習之後，在22歲時移居至大阪市。在大阪市內的壽司店工作3年之後，於1974年獨立門戶。

「當初我喜歡上大阪是因為白肉魚和蝦子的種類豐富得令人吃驚。」安田先生說道。採購地點是規模雖小，卻是以大阪灣內為中心、優質的當地魚貨非常齊全的大阪木津批發市場，並且以在東京學習的道地「江戶前」技法來調理。據說營業上的壽司料適當的分量在20種以內，但是「光是想要端出的壽司料不知不覺就增加到將近25種」（安田先生）。將天然香魚的姿壽司和醋漬黃尾鰤，搭配紅蕪菁和自家栽種的天王寺蕪菁所做成的蕪菁壽司是招牌料理。

地址／大阪市阿倍野区王子町2-17-29　電話／06-6623-5417

岡島三七（蔵六鮨 三七味）

「以前的客人只隨自己高興享用自己喜歡的料理。那樣的『任性』正是壽司店的樂趣所在。」以蘇打水、醬油、粗粒糖、酒烹煮得仍保留咬勁的「大膳煮章魚」是岡島先生喜歡的料理。此外，醬油漬中腹肉採用傳統的備料方法，將中腹肉以霜降法處理後放入醃漬液中醃漬1小時，然後靜置一個晚上。使用的是10月～隔年1月青森縣大間產的黑鮪魚，除此之外也使用「味道好，品質又穩定」的愛爾蘭黑鮪魚。

おかじま さんしち
1951年生於長野縣。於東京・惠比壽的「割烹入船」學習日本料理之後，在同一家公司經營的「入船寿司」修業7年。1980年，「蔵六鮨」開業時入店工作，1984年成為店主。

地址／東京都港区南麻布4-2-48 TTCビル2階　電話／03-6721-7255

杉山 衞（銀座 寿司幸本店）

すぎやま まもる
1953年生於東京。大學畢業之後進入老家經營的「銀座寿司幸本店」工作，開始研習壽司。該店為創業於1885年的老店，1991年杉山先生38歲時繼承家業，成為第4代店主。

「壽司店要在與客人的對話中，對於調味和調理方法、大小、軟硬等各方面臨機應變找出對應之道，可以營造出每個客人的世界這點充滿了樂趣。」杉山先生說道。創業以來經歷了130多年所累積的經驗奠定了壽司幸本店工作的厚度。杉山先生一方面貫徹追求原點的傳統技法，另一方面也具有採納時代感覺的靈活度，兩者恰如其份地交雜。蝦鬆的工作屬於前者，使用紅酒的醬油漬為後者就是最好的例子。

地址／東京都中央区銀座6-3-8　電話／03-3571-1968

神代三喜男（鎌倉 以ず美）

在江戶前的工作多數是承襲傳統作法的情況下，為了引出更多魚貝的味道和香氣，不斷嘗試摸索的神代先生，對於引進新的壽司料也非常積極。採用春季的竹筍作為增添風味和呈現季節感之用，水煮後刷上醬油味的醬汁烘烤，然後捏製成握壽司。此外，以柚子汁和米醋醃漬而成的香魚幼魚捏製的姿握壽司，和稀少的鮭兒（鮭魚的幼魚）也是經典的季節料理。採購是前往「魚種豐富，品質又好的築地」（神代先生），2018年也在東京・銀座開設了分店。

かみしろ みきお
1957年生於千葉縣。在「いずみ」（東京・目黑）工作10年後，於1987年獨立，成為分店的店主。2018年3月，於東京・銀座開設「鎌倉 以ず美 ginza」。

鎌倉 以ず美　地址／神奈川県鎌倉市長谷2-17-18　電話／0467-22-3737

鎌倉 以ず美 ginza　地址／東京都中央区銀座4-12-1 銀座12ビル8階　電話／03-6874-8740

*基本上週一～週五在銀座營業，隔週的週六在鎌倉營業。詳情請洽詢。

福元敏雄（鮨 福元）

福元先生著重的是「可以佐酒享用的壽司」。他表示，捏製得稍微小一點，以一口的大小很容易入口，醋飯的調味也是設計成可以搭配酒。以將味道香醇、酸味溫和的2種紅醋（粕醋）調製而成的混合醋、藻鹽、砂糖調味而成的醋飯，特色是米粒分明、稍硬一點的觸感。主廚搭配套餐中包含下酒菜6~7品和握壽司10~11貫。煮星鰻經常以濃縮煮汁和鹽2種作法提供。此外，桌上會放置板子寫上當天全部壽司料的產地，頗獲好評。

ふくもと としお
1959年生於鹿兒島縣。在東京和神奈川・橫濱的壽司店修業之後，擔任東京・下北澤的「すし処澤」的店長。之後成為店主，2000年搬遷至現址，並且改名為「鮨 福元」。

地址／東京都世田谷区代沢5-17-6 はなぶビル地下1階　電話／03-5481-9537

橋本孝志（鮨 一新）

除了鮪魚的腹肉之外，幾乎全部的壽司料都經過一番調理的就是「鮨 一新」的握壽司。作法包括醋漬、昆布漬、醬油漬、煮物、鹽水煮、酒蒸等類型。醬油漬不是在短時間內醃漬而成，而是只採用傳統的技法，在以醬油為基底的醃漬液中醃漬一個晚上。此外，一般都是帶著魚皮供應的沙鮻，也因為橋本先生「在意魚皮的硬度」，所以一定會去除很難取下的魚皮。對於米飯也有獨到的見解，以大正~昭和時期的壓力鍋式蒸灶（熱源是木炭）炊煮出鬆軟的米飯。

はしもと たかし
1961年生於東京都。從15歲起踏入料理這一行，在東京都內的日本料理店工作之後，在3家壽司店修業。1990年，於29歲時在淺草當地獨立開業。

地址／東京都台東区浅草4-11-3　電話／03-5603-1108

太田龍人（鮨処 喜楽）

主廚搭配套餐的握壽司是12貫。「我以讓客人享用到均衡的壽司料變化為優先考量。」太田先生說道。此外，比起製作出就像是店家的招牌、獲得好評的握壽司，他說：「我更希望以讓客人覺得全部都很美味的全能選手為目標。」自從繼任為第3代店主以來，他對於米醋和紅醋的靈活運用和米飯的炊煮方法等都重新思考，至今仍每天不斷地摸索。他的興趣之一是釣魚，以黃尾鰤為主，也常常將釣到的魚放進菜單中。

おおた たつひと
1962年生於東京都。高中畢業之後，曾擔任飯店的營業人員，21歲時進入老家經營的壽司店工作。在身為第2代店主的父親指導下修業，累積經驗，1999年，在36歲時繼任為第3代店主。

地址／東京都世田谷区経堂1-12-12　電話／03-3429-1344

青木利勝（銀座 鮨青木）

あおき としかつ
1964年生於埼玉縣。大學畢業之後，在「与志乃」（東京・京橋）修業2年，之後進入父親經營的「鮨青木」（東京・麴町）工作。1992年該店搬遷至銀座，隔年於29歲時繼承家業。2007年在西麻布也開設另一家店。

前代店主是眾所周知的握壽司名人，青木先生繼承前代店主的工作，同時採納符合時代的口味，確立了具有自己風格的壽司。照片中介紹的烏賊印籠和形似「唐子」（頂著中國式髮型的孩童）的才卷蝦唐子付，現在已經是只有一部分老店才會製作的傳統握壽司，而鮨青木也依然持續製作。另一方面，以大顆的酒煮牡蠣捏製而成的握壽司是青木先生發想的提案。此外，以關西為主要產地的海鰻也製作成握壽司和棒壽司，受到好評。

地址／東京都中央区銀座6-7-4　銀座タカハシビル2階　電話／03-3289-1044

野口佳之（すし処 みや古分店）

のぐち よしゆき
1964年生於東京都。高中畢業之後，在「てら岡」（福岡・博多）工作2年，學習日本料理和壽司。1987年繼承老家的壽司店成為第3代店主，也曾師事日本料理店「御料理いまむら」（東京・銀座）的前代店主。

以將近10道下酒菜、料理和握壽司8貫構成的主廚搭配套餐為基本餐點。料理的種類也很多，而握壽司的壽司料也會隨著季節更迭利用豐富的魚種來製作。鰤魚以書中介紹的博多押壽司為經典品項，不過脂肪最多的魚腹底部「蛇腹」有時也會捏製成一般的握壽司。此外，作為壽司料很珍貴的高級魚棘鬣魚，也是冬季常見的壽司料。「以鹽和醋醃漬的壽司料，製作時考慮到以醋飯的味道為基準予以調整」就是所謂「みや古分店的風格」。

地址／東京都北区赤羽西1-4-16　電話／03-3901-5065

大河原良友（鮨 大河原）

主廚搭配套餐包括下酒菜、握壽司、湯品總共大約20道。魚貝區分為下酒菜用和握壽司用來使用，但也會視客人的要求臨機應變採取對策。最近把魚熟成之後再使用的店家越來越多，但是大河原先生以「重視新鮮度的握壽司」為座右銘。此外，加熱後的壽司料，如果在加熱之後冷藏的話，味道會變差，所以在營業時間開始前才一口氣製作，並以常溫保存。當天使用完畢是基本原則。

おおがわら よしとも
1966年生於大阪市。在東京的割烹店學習日本料理5年半，26歲時踏入壽司的世界。在10家以上的壽司店修業之後，擔任「椿」（東京・銀座）等3家壽司店的板長，2009年時獨立開店。

地址／東京都中央区銀座6-4-8 曽根ビル2階　電話／03-6228-5260

小宮健一（おすもじ處 うを徳）

こみやけんいち
１９６８年生於東京都。大學時代在法式料理店的廚房工作３年，畢業後在「割烹やました」（京都・木屋町三条）工作了２年多，學習日本料理。１９９２年進入老家的壽司店工作，２００８年繼承家業成為第３代店主。

小宮先生在前代店主供應典型江戸前壽司的工作中，加入獨創的備料方法和提供方法，打造出嶄新的「うを徳」風格。本書中介紹的昆布漬和稻草燒都是在小宮先生這一代才開始製作的。此外，一般都以芝蝦製作的玉子燒，「受到甜味和鮮味的強度吸引」（小宮先生），改以明蝦備料，海膽不是做成軍艦卷壽司，而是與醋飯一起做成海苔卷，加強整體感等，嘗試「讓客人吃起來很美味的方法」。

地址／東京都墨田区東向島4-24-26　電話／03-3613-1793

西 達広（匠 達広）

にしたつひろ
１９６８年生於石川縣。在金澤的日本料理店修業之後，立志成為壽司師傅而前往東京。在數家店工作之後，獨立門戶前曾在「すし匠」（東京・四谷）學藝５年。２００９年開業，２０１２年８月遷至現址。

下酒菜８種搭配握壽司12貫、壽司卷１種的主廚搭配套餐，是「匠 達広」的基本餐點。仿效修業的店家「すし匠」的作風，在用餐中途交替供應下酒菜和握壽司，或是分別以紅醋（粕醋）和米醋製作成壽司飯，配合壽司料的風味分別捏製握壽司。直接以生食狀態捏製的壽司料僅限海膽等一部分的素材。大部分的素材幾乎都會多費一些工夫，以鹽漬、醋漬、利用柑橘汁的香漬、昆布漬、熟成和醬油漬，還有水煮、烹煮等方式處理。

地址／東京都新宿区新宿1-11-7　電話／03-5925-8225

伊佐山 豊（鮨 まるふく）

いさやま ゆたか
1969年生於東京都。19歲開始，在東京都內的5家壽司店修業，2011年10月獨立開業。店名是承襲老家在東京都內其他地區經營的壽司店的店名。

以握壽司所使用的壽司料依照「江戸前的做法」為宗旨，除了赤貝和日本鳥尾蛤等貝類之外，大部分的素材幾乎都會再費點心思加工。以照片中的握壽司為例，將鮪魚的中腹肉修整切塊之後，以壽司醬油醃漬7小時做成醬油漬鮪魚。此外，小鰭是以向年長的壽司師傅學來的罕見技法，剖開魚身之後泡水30分鐘左右，適度地去除油脂，然後先以醋醃漬，再以醋昆布醃漬3～4天製作而成。費工處理過的壽司料深受顧客的支持。

地址／東京都杉並区西荻南3-17-4　電話／03-3334-6029

中村将宜（鮨 なかむら）

なかむら まさのり
1969年生於長野縣。從廚師學校畢業之後，於東京和大阪的日本料理店修業9年。之後在東京都內的壽司店學習製作壽司2年。2000年在東京・六本木獨立開業，2002年搬遷至現址。

以包含5～10種豐富的下酒菜和13貫左右的握壽司為1組套餐的主廚搭配套餐為主。壽司料的特色在於，不只是像烏賊之類的硬質食材，大部分的食材多半都會切入細細的切痕，做出口感柔軟、容易感受到鮮味的壽司料。醋飯是間隔一些時間用小釜鍋每次炊煮少量，再以米醋和少量的紅醋（粕醋）調味。中村先生獨立之後也藉由閱讀書籍等方式研究壽司的技術，採用據說是數種握壽司手法的原形、程序稍多的「本手返」方式捏製握壽司。

地址／東京都港区六本木7-17-16 米久ビル1階　電話／03-3746-0856

渥美 慎（鮨 渥美）

あつみ しん
1970年生於神奈川縣。從15歲開始就在橫濱市內的2家壽司店修業。20歲時轉往「奈可田」（東京・銀座）工作了8年磨練技術。1999年回到橫濱，獨立開業。

「鮨 渥美」是從橫濱市內的橫濱中央批發市場購入魚貨。全國的魚貝種類豐富，非常齊全，而且渥美先生說：「小柴的蝦蛄和明蝦、松輪的鯖魚、佐島的章魚、平塚海域當地的魚等，包含知名品牌的當地產品豐富多樣，這點深具魅力。」渥美先生從年輕時就充滿進取心，除了傳統的魚貝之外，也不斷採用新奇的魚貨作為握壽司的壽司料。他說，除了照片中的鯡魚之外，也常使用金眼鯛、鯒魚和三線雞魚製作。

地址／神奈川県横浜市港南区日野南6-29-7　電話／045-847-4144

佐藤卓也（西麻布 拓）

さとう たくや
1970年生於東京都。在「銀座 久兵衛」（東京・銀座）等店修業，2005年獨立開業。現今主要是在美國・夏威夷「すし匠」的調理場工作，不在日本的期間，由店長石阪健二先生坐鎮店中。

用餐的流程從下酒菜開始，中途下酒菜和握壽司交替出菜，然後轉移到握壽司。有一段時期只點下酒菜的客人增多，佐藤先生說：「壽司屋的基礎是握壽司。」因而設計出這種上菜型式。按照客人的喜好調整上菜的順序、間隔、握壽司的大小等。醋飯準備了2種，紅醋做的醋飯搭配醬油漬、醋漬和昆布漬的壽司料。另一方面，以米醋（米醋和紅醋的比例是5比1）為主體的醋飯則配合鮪魚赤身、白肉魚、銀魚等魚種和備料工作，分別使用。

地址／東京都港区西麻布2-11-5 カパルア西麻布1階　電話／03-5774-4372

鈴木真太郎（西麻布 鮨 真）

すずき しんたろう
1971年生於東京。在高中時代打工3年的「小かん鮨」（東京・東松原）工作了11年。之後又任職於2家壽司店，在2003年於西麻布開業。2011年搬遷至現址。

以5盤左右的下酒菜（一部分是將數個品項盛在一起）和握壽司11～12貫的主廚搭配套餐為主，也接受客人點用只有握壽司的主廚搭配套餐。鈴木先生秉持的態度是，除了重視江戶前傳統的壽司料之外，如果有覺得適合握壽司的魚貝類也會積極的採用。梭魚、甘鯛、石斑魚等即是其中一個例子。魚貨大部分都是以用鹽醃漬、用吸水紙包起來等方法處理，配合魚種的特性、個體差異和部位調整水分，盡可能引出最多的鮮味。

地址／東京都港区西麻布4-18-20 西麻布CO-HOUSE 1階　電話／03-5485-0031

吉田紀彥（鮨 よし田）

以傳統的江戶前壽司為基礎，再加上代表夏季「京都美味」的海鰻和香魚作為壽司料。隨意變換海鰻的調理法，除了照片中的「汆燙海鰻」握壽司和「醬烤海鰻」棒壽司之外，還有以「生海鰻」和炙烤兩面的「燒霜海鰻」捏製的握壽司。棒壽司是關西才有的傳統壽司，一定都會備料，在套餐的最後供應，視季節不同，以海鰻或鯖魚製作。棒壽司用的醋飯是以米醋製作的關西風味，味道稍甜，而握壽司用的醋飯只以紅醋製作，減少甜度。

よしだ のりひこ
1971年生於京都府。在割烹「ます多」（京都・河原町）學習日本料理7年之後，以京都為中心，在數家壽司店修業。2009年在京都・北大路獨立開業，2014年11月搬遷至現址。

地址／京都市東山区祇園町南側570-179　電話／080-4239-4455

植田和利（寿司處 金兵衛）

うえだ かずとし

1972年生於東京都。大學畢業後進入老家的壽司店工作，在同時期繼任為第2代店主的父親指導下修業。2013年4月，在40歲時繼任為第3代店主。

第3代店主植田先生的祖父活躍於昭和時期，他透過父親的傳承，學習祖父的技術，作為自身的基礎。除此之外，植田先生有時會調整食材的醃漬時間，有時會更換調味料或食材的種類，嘗試配合現代素材或味覺傾向的變化款，以追求「平成的江戶前壽司」為目標。此外，也要藉由鑽研基本的刀法——如何剖開魚貝、如何迅速進行作業、如何不把魚肉留在魚骨上——等，「投注心力在味道的革新。」植田先生說道。

地址／東京都港区新橋1-10-2 植田ビル1階　電話／03-3571-1832

山口尚亨（すし処 めくみ）

除了青森的鮪魚、北海道的海膽和九州的星鰻等之外，大半的壽司料都是採用以能登為中心的北陸魚貝製作。大清早就前往能登半島・七尾漁港和金澤中央批發市場，購入經過活締處理的最上等魚貨。活締法的技術就不用說了，運送到店裡時的水質管理、經過活締處理之後的溫度和濕度的管理等，都希望能萬無一失，保持品質和新鮮度，這就是山口先生的作風。醋飯是以號稱「流失很少的澱粉，米飯粒粒分明」的羽釜，將米放入滾水中烹煮，僅以紅醋調味。

やまぐち たかよし

1972年生於石川縣。自22歲起在東京・銀座的老字號壽司店「ほかけ」等東京都內的4家壽司店修業約8年的時間。2002年回到故鄉獨立開業。

地址／石川県野々市市下林4-48　電話／076-246-7781

一柳和弥（すし家 一柳）

握壽司的決勝關鍵，「不僅在於調味，還要調整壽司料切出來的形狀和大小，以及醋飯的分量。」一柳先生說道。壽司料要切成怎樣的形狀、怎樣的大小，這類的刀法是重點，以能使外形美觀、品嘗時容易感受到鮮味的切法為目標。此外，握壽司是藉由充分咀嚼讓味道在口中擴散。一柳先生說，因為咀嚼時「握壽司必須有高度」，所以讓醋飯的長度變短，製作出高度，以這種方式捏製很重要。

いちやなぎ かずや
1973年生於千葉縣。高中畢業之後，在東京・銀座的壽司店修業12年。在數家壽司店任職之後，自2009年起在西洋銀座飯店內的「すし屋真魚」擔任板長，2013年6月獨立開業。

地址／東京都中央区銀座1-5-14 銀座コスミオンビル1階　電話／03-3562-7890

岩瀬健治（新宿 すし岩瀬）

「新宿 すし岩瀬」的主廚搭配套餐大約有20貫左右的握壽司。與下酒菜一樣，壽司料的種類豐富齊全，不論哪種壽司料都是「一項重要的工作，要致力於確實地引出美味」（岩瀬先生）。在下方照片中的醋牡蠣，就是發揮岩瀬先生那樣的創意製作出來的壽司料之一。將以軟黏濃郁的味道為特色的北海道・仙鳳趾產大顆真牡蠣，使用湯霜法處理之後，再以甜醋醃漬5分鐘左右而成。因為廣受好評，現在全年都提供這款握壽司。

いわせ けんじ
1973年生於神奈川縣。當過3年的上班族之後，在「すし秀」（東京・四谷）、「すし匠 まさ」（東京・廣尾）、「すし昴」（東京・青山）學習，2012年9月獨立開業。

地址／東京都新宿区西新宿3-4-1 福地ビル1階　電話／03-6279-0149

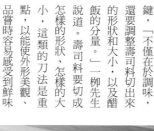

小倉一秋（すし処 小倉）

「自從獨立開業之後，變成一個人進行備料的工作，有重新注意到的要領，也有很多要反覆試驗的事情。」小倉先生說道。醋漬法的味道，以及醋飯的煮法和調味需要特別深思熟慮。握壽司方面，以白板昆布搭配鯖魚，以千枚漬搭配春子的組合等，將承襲自老師傅的獨特提供法也在自己的店裡確立下來。此外，視當天情形，有時會分別製作醬油煮章魚和櫻煮章魚，有時會經常準備2種玉子燒，分別是高湯蛋卷和加入魚肉泥或蝦泥的玉子燒，以便應付客人多樣的喜好。

おぐら かずあき
1973年生於千葉縣。自廚師學校畢業之後，在「羽生」（東京・自由之丘）修業17年。2008年在位於同一條私立鐵路沿線的學藝大學前開業，由夫妻倆共同經營。

地址／東京都目黒区鷹番3-12-5　RHビル1階　電話／03-3719-5800

渡邉匡康（鮨 わたなべ）

「即使是種類相同的魚貝，也致力於如何將因產地和季節帶來的不同風味傳達給客人，請他們享用。」渡邉先生說道。他與盤商和同業的壽司師傅密切地交換情報，也以自己的眼睛和舌頭確認，在引出各種壽司料優點的備料工作上非常用心。迷你蓋飯風味的海膽可以同時享用不同產地差異的設計，成為該店的招牌品項。從西日本各地的紅海膽和北海道的蝦夷馬糞海膽中，選用4～6種海膽盛裝在一起。

わたなべ まさやす
1973年生於東京都。在「岡崎つる家」（京都・岡崎）學習日本料理2年之後，曾赴澳洲的日本料理店工作，從25歲起在東京都內的壽司店修業11年。擔任過板長的職務，而後在2014年獨立開業。

地址／東京都新宿区荒木町7 三番館1階　電話／03-5315-4238

石川太一（鮨 太一）

いしかわ たいち
1974年生於東京都。老家經營壽司店。在東京都內的數家壽司店累積學習經驗之後，曾擔任「逸喜優」（東京・碑文谷）等壽司店的板長，2008年獨立開業。

「鮨 太一」的握壽司，有很多品項是承襲了江戶前壽司的傳統。下方照片中的正式醬油漬鮪魚，是將鮪魚赤身修整切塊之後，以湯霜法處理使表面變硬，再以將酒精成分煮到蒸發的醬油醃漬半天而成，夏季的鮪魚可以利用這個作法。此外，煮烏賊至今也是很稀少的壽司料，將達磨烏賊（劍尖槍烏賊的幼烏賊）和麥烏賊（錫烏賊的地方名）以醬油和味醂煮軟之後捏製成握壽司。為了不破壞烏賊的雪白感，要訣是減少淡口醬油的用量。

地址／東京都中央区銀座6-4-13 浅 ビル2階 電話／03-3573-7222

小林智樹（木挽町 とも樹）

小林先生對於壽司料的備料，一點一點地調整調味料的配方、使用區分，和使用的時間點等，反覆地試做，致力於追求理想的味道。進貨地點以築地市場為主，但是也會直接訂購各地方的稀有素材，增加素材的變化。主廚搭配套餐的基本流程是，在開胃小菜之後捏製3貫握壽司，以鮪魚等代表江戶前的當日推薦食材為壽司料，接下來是每隔數款握壽司與下酒菜交替供應。在那之後，再配合喝酒的客人臨機應變來對應。

こばやし ともき
1974年生於東京都。大學畢業後在「さゝ木」等壽司店修業約10年。2007年在鄰近歌舞伎座的銀座・木挽町獨立開業。

地址／東京都中央区銀座4-12-2 電話／03-5550-3401

周嘉谷正吾（継ぐ 鮨政）

すがや しょうご

１９７４年生於東京都。大學畢業之後，先在東京都內的２家壽司店學習，而後在「和心」（西麻布）工作5年，擔任副手的職務。在「徳山鮓」（滋賀・長濱）學習鮒壽司的技術1年，２００８年獨立。

隨興順路經過，然後拎著數貫握壽司回家——「継ぐ 鮨政」也歡迎客人以這樣的方式惠顧。雖然也備有主廚搭配套餐，但是客人多半點用自己喜歡的壽司。該店握壽司的特徵之一就在壽司醋。將紅醋（粕醋）煮乾水分至剩下半量，以鹽和砂糖調味之後讓它靜置，然後在與米飯調拌之前才與米醋混合。因為紅醋的酸味容易消失，無法持續至深夜時段，所以設計出這個方法，將紅醋濃縮成鮮味的精華，再補加酸味持久的米醋。

地址／東京都新宿区荒木町8 カインドステージ四谷三丁目 1階 電話／03-3358-0934

松本大典（鮨 まつもと）

「不管在哪裡開店，端出自己所學的江戶前壽司是我的工作。」松本先生說道。在關西很受歡迎的甘鯛和琵琶湖產的為數稀少的琵琶鱒，都是運用京都的風俗習慣所採用的壽司料，其他的則與在東京時期沒有不同。在進行魚的備料時，多加一點醋或鹽，或是以紅醋來製作醋飯，這些技法也是貫徹江戶前壽司的傳統。「雖然京都的壽司文化與東京的不一樣，但是對於衝擊感強烈的江戶前壽司也毫無反感地接納了。」

まつもと だいすけ

１９７４年生於神奈川縣。自18歲起就在老家經營的壽司店工作，24歲轉往東京的壽司店任職。自隔年起，在「新ばししみづ」（東京・新橋）修業5年，２００６年4月在京都獨立開業。

地址／京都市東山区祇園町南側570-123 電話／075-531-2031

岩 央泰（銀座 いわ）

「對於握壽司，我最注重壽司料和醋飯分量的平衡、捏製時的力道。」岩先生說道。醋飯以紅醋（粕醋）100%調拌，注意讓它的口感稍硬一點。客人點用的大致上都是下酒菜和握壽司構成的套餐，但是像壽司料的種類、上菜的順序、山葵泥的添加方式等，岩先生會心思細膩地採納客人的喜好，以此為服務的宗旨。此外，作為用餐收尾的海苔卷，也會湊齊提供給多位客人的時間點，各以少量的數種海苔卷盛裝在一起。

いわ ひさよし
1975年生於東京都。從廚師學校畢業之後，在東京都內的壽司店「久兵衛」、「鮨かねさか」修業。自2008年起擔任「鮨いわ」（銀座）的板長，2012年9月開設「銀座 いわ」。2016年搬遷至現址。

地址／東京都中央区銀座8-4-4 三浦ビル　電話／03-3572-0955

近藤剛史（鮓 きずな）

壽司料除了鮪魚等之外，多數是使用以明石和淡路為中心的瀨戶內海一帶的魚貝。以鯛魚為首，有各種白肉魚、青背魚、烏賊、章魚、鮑魚等，豐富多樣。據說關西地區的握壽司，與生魚片一樣都是以具有咬勁、鮮活的壽司料捏製，而近藤先生則是讓魚肉適度地熟成，提高鮮味，突顯出與醋飯渾然一體的柔軟度。此外，醋飯在這幾年已經從偏甜的關西風味轉變成拌入紅醋的江戶前風味。

こんどう たけし
1975年生於大阪府。大學畢業之後開始研習壽司。在「ひでずし」（大阪・都島）學習了4年，在「明石菊水」（兵庫・明石）學習了5年半，2008年在大阪獨立開業。

地址／大阪市都島区都島南通2-4-9　藤美ハイツ1階　電話／06-6922-5533

浜田 剛（鮨 はま田）

はまだ つよし
1975年生於三重縣。從17歲起，在當地的壽司店「はましん」修業4年。為了學習江戶前的壽司，在「銀座 鮨青木」（東京・銀座）鑽研了9年，2005年獨立開業。

自從立志成為壽司師傅以來，浜田先生便以徹底研究江戶前壽司為目標。他說：「即使1貫也好，希望盡可能讓客人多吃握壽司。」所以縮減下酒菜的種類，投注心力在握壽司上。醋飯的紅醋（粕醋）味道較濃，因此，有的壽司料也以鹽或醋充分地醃漬，有的則是加入煮汁的甜味，努力使「每一貫都有清楚鮮明的味道」（浜田先生）。醋飯的份量、力道的輕重也會視壽司料而改變，像是這類的基本原則都會貫徹到底。

地址／神奈川県横浜市中区太田町2-21-2 新関内ビル1階　電話／045-211-2187

厨川浩一（鮨 くりや川）

「鮨 くりや川」的主廚搭配套餐是以1貫握壽司揭開序幕。在這之後，緊接著是下酒菜，再下來是握壽司。一開始的那一貫是「為了讓肚子餓的客人，心情沉靜下來」（厨川先生）。剛開業時是以時令的魚貝製作，讓客人感受到季節感，而現在則改成使用衝擊感強烈、客人的支持度很高的鮪魚中腹肉製作。此外，在下酒菜之間的空檔也以相當於日本料理中「御凌」的位置，加進一道使用少量醋飯製作的料理。

くりやがわ こういち
1977年生於靜岡縣。高中畢業之後，在神奈川縣的壽司店和東京的日本料理店共計修業10年。自2005年起在東京都內西麻布的壽司店擔任板長6年，2011年12月獨立開業。

地址／東京都渋谷区恵比寿4-23-10 ヒルサイドレジデンス地下1階　電話／03-3446-3332

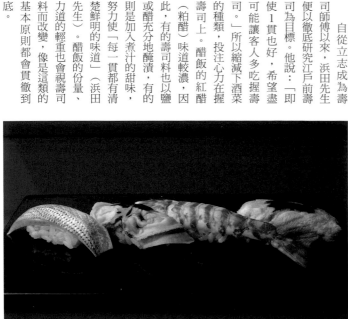

佐藤博之（はっこく）

醋飯是以2種紅醋調拌，突顯出濃醇的味道和香氣。「目標是做出不會輸給鮪魚的味道、有強烈衝擊感的風味。」佐藤先生說道。其他的壽司料也配合醋飯調整味道。依照慣例，第一道是以位於鮪魚頭部附近的「突先」做成的手卷開場。將只以酒和水烹煮的「爽煮」星鰻，佐以竹炭鹽和濃縮煮汁供應，除此之外，像是將有溫冷溫差的2種海膽盛裝在軍艦卷上，或是上面已經焦糖化的玉子燒等，有很多獨特的作法。

さとう ひろゆき
1978年生於東京都。曾在餐廳擔任服務人員，而後在「鮨 秋月」（東京・神泉）修業。在「尾崎幸隆」（東京・麻布十番）學習日本料理之後，2013年擔任「鮨とかみ」的料理長。2018年，「はっこく」開始營業。

地址／東京都中央区銀座6-7-6 ラペビル3階　電話／03-6280-6555

增田　励（鮨 ます田）

「鮨 ます田」處理的壽司料種類繁多，從傳統的壽司料到新加入的壽司料，「覺得適合作為壽司料的就積極地採用。」增田先生說道。以米醋調拌的醋飯，酸味比較強烈，製作的壽司料要與醋飯的味道達到平衡，而且對於壽司料的「適當溫度」也煞費苦心。本書中介紹的金眼鯛要比常溫略高一點，而文蛤是常溫，小鰭介於常溫和冷藏之間，至於竹筴魚和沙丁魚，切成薄片之後要放在冷凍室冷卻1~2分鐘等，制定得很仔細。

ますだ れい
1980年生於福岡縣。在當地的壽司店「天寿し」和日本料理店等處學習壽司和料理的基礎。自2004年起在「すきばやし次郎」（東京・銀座）修業9年，2014年獨立開業。

地址／東京都港区南青山5-8-11 BC南青山PROPERTY地下1階　電話／03-6418-1334

壽司工作的基本用語

紅醋（酒粕醋、粕醋）

以酒粕為原料釀造而成的醋，因為與米醋相較之下顏色偏紅，所以一般通稱為「紅醋」。本書中也以紅醋表示。以具有鮮味，而且香氣和酸味醇厚溫和等為特徵。紅醋的歷史比米醋短，在江戶時代後期才開始製造，連同江戶前壽司一時之間蔚為風潮。之後，米醋再度復活，紅醋因而消聲匿跡，但是最近回歸江戶前的原點之後，使用紅醋的店家逐漸增多。除了酒粕100%的製品之外，還有調配了米醋、釀造用酒精、果實醋等的淺色製品。也有許多店家會將自家店裡的數種紅醋混合，或是與米醋混合之後再使用。

赤身

狹義上指的是，位於鮪魚的背骨周邊、脂肪少的鮮紅色魚肉。在昭和初期之前，若說到鮪魚，指的是赤身，比腹肉更受重視。廣義的赤身，指的是鮪魚、鰹魚、旗魚等紅肉魚。

炙烤

將壽司料的表面以木炭、稻草、瓦斯等稍微烤一下。一般來說是炙烤油脂多的壽司料，適度地去除油脂成分，讓口感變得清爽，同時還有增加酥脆觸感和香氣的目的。這是油脂多的大腹肉變得頗受歡迎，以及採用霜降牛肉作為壽司料之後開始使用的新技法。將星鰻、帶皮或油脂豐富的白肉魚、北寄貝等以炙烤方式調理的店家也很多。

活締法

趁新鮮的魚還活著的時候瞬間宰殺之後（切斷中骨之後再切斷血管和脊髓，或是以手鉤破壞腦部），放血的處理法。死後僵硬的速度變慢，不只可以長時間保持新鮮度，還能增加鮮味。根據魚種的不同，有時會接續進行將鐵絲等通過脊髓以破壞組織的「拔除神經（神經締）」的工序。藉由拔除神經，可以更加提高效果。在這之後，以將魚鰓、內臟和血塊清除乾淨的狀態，或是以三片切法剖開之後靜置適當的時間之後才使用。

煎酒

指的是將醃梅的風味轉移過來的酒，主要用來代替生魚片沾用的醬油。將醃梅放入酒中，以小火煮乾水分，過濾而成，有的人會以柴魚片和淡口醬油等調味。

印籠

清除材料的中心或內臟之後再塞入餡料所製作而成的料理。以壽司來說，以將醋飯和配料填入煮烏賊中的料理為代表。原本印籠是裝入印章和印泥，或是藥品的攜帶用容器，因為料理的外形很像印籠所以取了這個名稱。

江戶前

原本指的是江戶前面的海域，江戶灣（東京灣）。由此衍生出來，漸漸演變成也意指在江戶灣捕獲的魚貝、還有將那種魚貝做成壽司料之後所捏製的握壽司、天婦羅、鰻魚等料理。如今，已經變成不論魚貝的產地在哪裡，遵照傳統的調理方法和提供方法的壽司，一律稱為江戶前。

緣側

以壽司料來說，指的是比目魚的鰭邊肉。這是魚鰭根部的肉，以油脂肥美，觸感飽滿有彈性而深受喜愛，但是可以取得的量很少，所以稀少又昂貴。在壽司料之外，還有鰈魚的鰭邊肉、鮑魚的緣側。

蝦鬆／蛋黃醋鬆

以壽司來說，日文おぼろ指的是以蝦子和白肉魚（鯛魚、比目魚等）做成的蝦鬆，或者是以蛋做成的蛋黃醋鬆（醋鬆）。兩者都是以調味料調味，經過炒煮之後製作成顆粒細小的乾鬆狀態。

◇蝦鬆

傳統的蝦鬆是以芝蝦和白肉魚製作的，但也有店家是使用明蝦製作。水煮之後研磨成泥狀，以酒和砂糖調味，然後炒煮成細小的顆粒狀。可將蝦鬆料捏製成握壽司，或是將少量的蝦鬆添加在蝦子、沙鮻、針魚、玉子燒等上面捏製成握壽司，這些都是傳統的手法。也可以運用在細卷壽司、粗卷壽司、散壽司。

◇蛋黃醋鬆（醋鬆）

將加了醋的蛋液（蛋黃或全蛋）炒成顆粒極細小的乾鬆狀態，以帶有醋的些微酸味為特色。將春子（小鯛魚）或明蝦以醋鬆醃漬，或是沾裹醋鬆之後捏製成握壽司。

薑片
甜醋漬生薑。將生薑保持塊狀，或是切成薄片之後以甜醋醃漬。在品嘗多數是以生魚製作的壽司時，為了解毒和清除口中的餘味而漸漸開始添加薑片。壽司店的行話稱之為「がり」。

生醋
未經稀釋，或是未經調味·加熱，維持原樣的醋。

切成薄片
從已經切整成長方形魚塊（→長方形魚塊的條目）的魚切片，薄薄地切下魚片，用來製作壽司料和生魚片。

軍艦卷
在昭和時代，為了增加握壽司的變化所設計出來的品項。在捏製完成的醋飯周圍繞上一圈海苔，上面擺放壽司料，因為這個型式令人聯想到軍艦的形狀所以取了這個名稱。這是遇到像鮭魚卵、海膽、銀魚、小柱等體型小或是很柔軟，因而容易潰散的素材時所使用的手法。

昆布漬
這是以昆布夾住白肉魚的魚片，或是只貼著單面魚片，然後靜置，將昆布的鮮味轉移到魚肉中，同時讓昆布吸收魚肉的水分使魚肉緊實的技法。有的以握壽司一貫份的小魚片醃漬，有的則是以用三片切法或五片切法剖開的魚片，或是修整成長方形的魚塊來醃漬，有各式各樣的方法。此外，昆布的種類、昆布的前置作業、醃漬的時間也會因各個店家和魚種而有所不同。

長方形魚塊
將魚經過預先處理，切整成淨肉之後，去除魚皮、小刺、血合肉等，然後修整成可以立刻切成生魚片或壽司料大小的魚塊。這個作業稱為「修整切塊」。

櫻煮
章魚的調理方法之一。壽司店多半採用的是，以酒、砂糖、醬油等調味之後煮得很柔軟的章魚，因為章魚的外皮煮成漂亮的紅色，所以稱為櫻煮。現在，櫻煮一般都是指長時間烹煮整隻章魚腳的調理方法，但是記載在江戶料理文獻上的櫻煮是指將章魚腳切成薄薄的小圓片之後，以醬油味的煮汁迅速煮一下而成的料理。將章魚圓片收縮後的形狀比擬為櫻花的花瓣，因而取了這個名稱。

醃漬
藉由將魚撒上鹽、浸泡在醋中、緊貼著昆布等作法，排出魚肉中多餘的水分，讓肉質緊實，引出鮮味。
→昆布漬的條目
→醋漬的條目

出世魚
從幼魚到成魚，每個成長的階段都有不同的名稱，在各個階段都很珍貴的魚。
舉例／標題是成魚的名稱

窩斑鰶
新子→小鰭→中墨／中墨→窩斑鰶

鰤魚
若鰤→NADA／魬→稚鰤→鰤魚
TSUBASU→魬→目白→鰤魚

鱸魚
SEIGO→FUKKO→鱸魚

此外，也有雖然不叫做出世魚，但會隨著成長更換名稱的魚。

黑鮪魚（本鮪魚）
KOMEJI→MEJI→／橫輪→中鮪魚／鮪魚→黑鮪魚／本鮪魚／大鮪魚

星鰻
星鰻苗→星鰻

鰆魚
狹腰→NAGI→鰆魚

血鯛
春子→血鯛

乾烤
材料沒有以調味料調味，直接乾烤加熱。

醋洗
將材料迅速通過醋液中，或是以灑上醋之類的作法，稍微沾上醋的風味。以壽司來說，常用在醋漬魚貝的調理，將以鹽醃漬的壽司料用水清洗之後，再經由醋洗處理，然後浸泡在新的醋液中。藉由預先利用醋洗掉魚貝的腥味和髒汙，進行醋漬時的醋不會變濁，可以做出風味佳的成品。進行醋洗時會使用生醋、以水稀釋的醋、在上次醋漬時用過的醋等，使用的材料依照各個店家而有所不同。

姿壽司

直接以一整尾魚的形狀製作而成的壽司。從帶著魚頭、剖開的魚身去除內臟和魚骨，以醋醃漬之後在內側填入醋飯。以疣鯛、竹筴魚、小鯛魚、香魚、鯖魚、秋刀魚等為代表。

壽司醋

醋飯使用的調和醋。以江戶前壽司來說，基本上是使用醋和鹽，但是近年來加入砂糖變得很普遍。加入砂糖除了可以增添甜味之外，還可以產生光澤，並且讓味道變得圓潤。

醋漬

主要用於亮皮魚壽司料的備料方法。撒上鹽，去除多餘的水分之後，醃漬在醋液中去除腥味，同時引出魚的鮮味。醋漬鯖魚是大家所熟知的，而具有代表性的壽司料小鰭，基本上也是以醋醃漬。使用的醋的種類有米醋、紅醋（粕醋）、釀造醋等，依各個店家而有所不同。

立鹽

製作成與海水的鹽分濃度（3％）差不多相同的鹽水。用來為材料增添鹹味，或是去除鹽分時使用。

食材（TANE）

料理的材料。以壽司來說，指的是魚貝類和玉子燒、蝦鬆、煮葫蘆乾等壽司料。倒過來念的「NETA」，原本是壽司師傅使用的行話。

醬油漬

指的是將鮪魚的赤身以壽司醬油醃漬而成的東西。在現代也有將鮪魚腹肉和白肉魚做成醬油漬的例子。最初是在沒有冷藏設備的江戶時代，為了不讓鮪魚腐壞所想出來的保存方法，所以是以大塊的魚肉做成醬油漬，但是現在也會採用將切成壽司料大小的魚片在極短的時間內醃漬的方法。

深度醃漬

對文蛤和蝦蛄等所採用的調理方法，預煮之後，浸泡在以醬油、味醂、砂糖等調味然後降至常溫的煮汁中深度醃漬，花時間使食材入味。這是傳統江戶前壽司的技法之一。

波形切法

要將像鮑魚或章魚一樣肉質硬又富有彈性的食材切成薄片時的切法。將菜刀平放，以起起伏伏的動作削切，使切面呈現波浪般的紋路。又稱為「波紋切法」。

壽司醬油

握壽司沾抹的醬油。基本上是將醬油和酒，或是味醂混合之後煮滾，使酒精成分蒸發製作而成的醬油。近年來，有的店家會加入高湯。除了捏製完成之後以刷子在壽司料的表面塗上一抹壽司醬油再上桌之外，也可以用來作為醬油漬的醃漬液等壽司料的調味液，或是隨生魚片附上的醬油。

握壽司

這是江戶前壽司的代表，在聚攏成一小團的醋飯上面擺放壽司料，以使兩者結合為一體的方式捏製而成。在誕生的初期，握壽司的大小像飯團那麼大，但是到了現代已經變成可以一口吃進嘴裡的大小，近年來演變成更加小型化。

濃縮煮汁

這是塗抹在以星鰻為首，其他像是文蛤、蝦蛄、章魚、煮鮑魚、煮烏賊等煮物類壽司料上面的醬汁。字面上的意思是「已經煮乾水分的東西」。通常經常使用的是星鰻的煮汁，以調味料調整味道，煮乾水分至黏糊濃稠的程度之後使用。一般都是以1種濃縮煮汁運用在各種不同的壽司料上，但是也有店家會依照每種素材分別製作濃縮煮汁。

NETA

料理的材料「TANE（食材）」的反讀。是壽司業界使用的行話之一，但是一般人也常用。

箱壽司

這是發源於大阪的押壽司，將壽司料和醋飯填裝在木製模具中，脫模之後成為長方體的壽司。使用白肉魚、青背魚、蝦子、星鰻等各種壽司料製作。以鯖魚製作的稱為「BATEIRA（鯖魚押壽司）」。

亮皮魚

青背魚或魚皮帶有光澤的小魚。帶著魚皮以醋醃漬，或是以昆布醃漬。指的是小鰭、新子、竹筴魚、鯖魚、針魚、春子、沙鮻等。因為備料工作很麻煩，必須具備調理的本領，所以有句話說：「吃亮皮魚就能了解店家的水準。」

裙邊小黃瓜

以赤貝的裙邊和小黃瓜為中心做成的海苔卷。同樣的作法還有星鰻小黃瓜、蝦子小黃瓜。

棒壽司

將做成醋漬物等的壽司料擺放在醋飯上，以壽司捲簾和布巾等捲起來，整理成棒狀。以鯖魚壽司為代表，但也可以用星鰻、海鰻、白肉魚等做成各式各樣的壽司料。

壽司卷

使用壽司捲簾捲起來的海苔卷。以江戶前壽司來說，指的是以海苔和醋飯捲住1種壽司料（葫蘆乾、魚鬆、小黃瓜、鮪魚等）所做成的「細卷壽司」，而以大阪壽司和各地區的鄉土壽司來說，則有將數種壽司料組合在一起的各式「粗卷壽司」。

丸付

這是小鰭和新子的捏製方法，指的是將一整尾魚製作成壽司料。魚身較大的小鰭切成半邊魚身捏製的稱為「片身付」。另一方面，因為魚身小的新子會增加片數來捏製，所以將片數加在一起，稱為「一枚半付」、「二枚付」、「三枚付」……等。

蒸鮑魚

原本指的是以蒸鍋蒸煮，或是蒸煮之後加熱到很柔軟的鮑魚，但在壽司店對於以燉煮的方式煮軟的鮑魚也習慣稱之為「蒸鮑魚」。後者正確的名稱是「煮鮑魚」。

燒霜法

這是將帶皮的魚剖開之後的處理方法，指的是將魚皮那面以大火炙烤出焦色，然後迅速泡一下冷水。這麼做的目的是為了附加香氣，消除腥味，更進一步引出鮮味，或者是為了使魚皮變軟。

湯霜法

剖開魚貝之後，將滾水迅速地澆淋在魚貝的肉上，或是將魚貝的肉從滾水中通過，使表面變硬。因為變成好像降霜一樣的白色，所以又稱為「霜降法」。用意是為了去除腥味、黏液或多餘的油脂，或者是為了使魚皮變軟。為了不使魚貝的肉受熱過度，所以多半都會先蓋上布巾，再從上方澆淋滾水，然後立刻浸泡在冷水中冷卻。有的店家則是放在冷凍室中瞬間冷卻，取代浸泡在冷水中。如果是魚皮漂亮的魚、魚皮具有鮮味的魚，為了充分發揮魚皮的特色而採用這個手法時，也可以稱為「皮霜法」。

稻草燒

以燃燒的稻草炙烤魚，稍微沾染燻煙的香氣，同時把表面稍微烤硬的調理方法。還有去除多餘的油脂，讓味道變得爽口的功效。以鰹魚的土佐生魚片（鰹魚半敲燒）最具有代表性，但是本書中是以黑鮪魚幼魚、鰆魚、醋漬鯖魚為例來介紹。

貝類

其他的魚貝

海藻、蔬菜等

素材別索引

本索引匯整了出現在本書中的主要素材。數字表示頁數，上是上欄，中是中欄，下是下欄。

魚

蝦子、蝦蛄、螃蟹

烏賊、章魚

壽司師傅的海鮮備料技法

74種壽司料×161道下酒菜

2019年7月1日初版第一刷發行
2022年7月15日初版第二刷發行

編　　著　柴田書店
譯　　者　安珀
編　　輯　吳元晴
美術編輯　竇元玉
發 行 人　南部裕
發 行 所　台灣東販股份有限公司
〈地址〉台北市南京東路4段130號2F-1
〈電話〉(02)2577-8878
〈傳真〉(02)2577-8896
〈網址〉http://www.tohan.com.tw
郵撥帳號　1405049-4
法律顧問　蕭雄淋律師
總 經 銷　聯合發行股份有限公司
〈電話〉(02)2917-8022

國家圖書館出版品預行編目資料

壽司師傅的海鮮備料技法：74種壽司料×161道下酒菜 / 柴田書店編著；安珀譯. -- 初版. -- 臺北市：臺灣東販, 2019.07
288面；18×25.5公分
ISBN 978-986-511-044-4(平裝)

1.食譜 2.日本

427.131　　108008715